Fachtheorie nach Lernfeldern für Chemielaboranten – Teil 3

Biochemische und mikrobiologische Arbeiten

Angelika Janß

H&J
Best.-Nr. 1620
Holland + Josenhans Verlag Stuttgart

Bildquellenverzeichnis

1-1 Universität Ulm, Vorlesungssammlung Physik; **1-4** Gilbert, P. u. a. (Hrsg.): Zellbiologie (Grüne Reihe), 2006, Schroedel Verlag Braunschweig; **1-6** Jaenicke, J. (Hrsg.): Biologie heute, 2004, Schroedel Verlag Braunschweig; **1-7** Kampf, M. und Starke, A. (Hrsg.): Biologie heute – Arbeitsheft, 2006, Schroedel Verlag Braunschweig; **1-9** http://rsb.info.nih.gov/ij/images von http://en.wikipedia.org/wiki/File:FluorescentCells.jpg; **1-10** Bast, Eckhard: Mikrobiologische Methoden. Eine Einführung in grundlegende Arbeitstechniken, 3. Aufl. 2012, Spektrum Akademischer Verlag; **1-13** Campbell, N.A.: Biologie, Pearson Education, USA

2-6 Mikrobiologische Methoden. Eine Einführung in grundlegende Arbeitstechniken, Bast, Eckhard, 3. Aufl., 2012, Spektrum Akademischer Verlag; **2-7** Angelika Janß, Hamburg; **2-8** www.schoolwork.de; **2-24** Wikipedia (bacterial lawn)

3-3 Brock: Mikrobiologie, Pearson, USA; **3-4** THALETEC GmbH, alle Rechte vorbehalten; **3-5** Folienserie des Fonds der Chemischen Industrie 20, Frankfurt; **3-7** modifiziert nach Dellweg, Hanswerner: Biotechnologie verständlich, 1994, ISBN 978-3-540-56900-8; **3-9** Brock: Mikrobiologie, Pearson, USA

4-4 File:Human-insulin-hexamer-3D-ribbons.png von Wikipedia (Insulina), User Benjah-bmm27 http://es.wikipedia.org/wiki/Archivo:Human-insulin-hexamer-3D-ribbons.png

6-1 FIZ CHEMIE http://www.chemgapedia.de; **6-7** Richter, G.: Praktische Biochemie 2003, Thieme-Verlag, Stuttgart; **6-8** © BAM Bundesanstalt für Materialforschung und -prüfung; **6-9** Eppendorf AG, Hamburg

7-9 Angelika Janß, Hamburg; **7-13** Angelika Janß; **7-15** Roche Diagnostics GmbH, Mannheim; **7-19** nach Richter, G.: Praktische Biochemie, Georg Thieme Verlag, Stuttgart; **7-20 links** Hochschule Hannover, Abteilung Bioverfahrenstechnik, Fakultät 2

8-1 Bayrhuber, H. und Kull, U. (Hrsg.): Linder Biologie, 2005, Schroedel Verlag Braunschweig; **8-2** Campbell, N.A.: Biologie, Pearson Education, USA; **8-3** Heinzeller, Büsing: Histologie, Histopathologie und Zytologie für den Einstieg, 2001, Georg Thieme Verlag Stuttgart; **8-4** modifiziert nach Campbell, N.A.: Biologie, Pearson Education, USA; **8-5** Campbell, N.A.: Biologie, Pearson Education, USA; **8-6 oben** Nycomed GmbH, Institute of Pharmacology and Preclinical Drug Safety, Barsbüttel; **8-6 unten** K. I. Mühlenfeld: Untersuchungen zur Biotransformation und Toxizität mit der Hepatomzellinie Hep G2 im Vergleich zu Primärkulturen der Wistarratte". Dissertation, Humbolt Universität Berlin, 1999; **8-8** © Greiner Bio-One GmbH, 72636 Frickenhausen, Deutschland, 2011; **8-9** Mühlenfeld, Katrin: Dissertation der Humboldt-Universität zu Berlin, 1999; **8-10** Alcibiades, Wikipedia.de; **8-11** Cytonet GmbH & Co. KG, Weinheim; **8-12 rechts** Niedersächsisches Landesamt für Verbraucherschutz und Lebensmittelsicherheit; **8-15** Nycomed GmbH, Institute of Pharmacology and Preclinical Drug Safety, Barsbüttel; **8-18** Prof. Dr. Staudenmaier, Rainer, München; **8-19** Bayrhuber, H., Lucius, E. R. (Hrsg.): Handbuch der praktischen Mikrobiologie und Biotechnik Bd. 2, 1997, Schroedel Verlag Braunschweig; **8-20** Bayrhuber, H., Lucius, E. R. (Hrsg.): Handbuch der praktischen Mikrobiologie und Biotechnik Bd. 2, 1997, Schroedel Verlag Braunschweig; **8-21** www.biologie.uni-hamburg.de

Zeichnungen, sofern nicht oben aufgelistet, wurden von der Firma CMS – Cross Media Solutions, Würzburg erstellt.

Trotz intensiver Bemühungen ist es uns nicht gelungen, die Urheber einiger Abbildungen zu ermitteln. Die Rechte dieser Urheber werden selbstverständlich vom Verlag gewahrt und berechtigte Ansprüche im Rahmen der üblichen Regelungen abgegolten.

1. Auflage 2013

Die Normblattangaben werden wiedergegeben nach DIN Deutsches Institut für Normung e. V. Maßgebend für das Anwenden der Norm ist deren Fassung mit dem neuesten Ausgabedatum, die bei der Beuth Verlag GmbH, Burggrafenstraße 6, 10787 Berlin, erhältlich ist.

Dieses Werk folgt der reformierten Rechtschreibung und Zeichensetzung.

Telefon: 07 11/6 14 39 15, Fax: 07 11/6 14 39 22
E-Mail: verlag@holland-josenhans.de
Internet: www.holland-josenhans.de

Umschlagabbildungen: adpic Bildagentur, 53121 Bonn;
CMS – Cross Media Solutions GmbH, 97080 Würzburg
Technische Umsetzung: CMS – Cross Media Solutions GmbH, 97080 Würzburg
Druck und Bindung: Stürtz GmbH, 97080 Würzburg

ISBN: 978-3-7782-1620-0

Vorwort

Die Fachtheorie für Chemielaboranten Teil 3 folgt auf die beiden gleichnamigen Lehrbücher Teil 1 und 2, die bisher in den Verlagen Handwerk und Technik und Holland + Josenhans erschienen sind. Grundlage ist der Rahmenlehrplan für den Ausbildungsberuf Chemielaborantin/Chemielaborant, insbesondere die Lernfelder 14, 17 und 18, die die biologisch orientierten Wahlpflichtqualifikationseinheiten berücksichtigen.

Die dort beschriebenen Zielformulierungen sehen ein sachverständiges Arbeiten mit biologischem Material vor, wie es in chemischen Laboratorien normalerweise nicht üblich ist.

Deshalb wurden in einem lernfeldübergreifenden Einführungskapitel wichtige zellbiologische Grundlagen dargestellt sowie spezielle biologische Arbeitsmethoden beschrieben. Die 3 Lernfelder wurden sodann in 7 Kapitel unterteilt, die größtenteils unabhängig voneinander sind. Dieser Aufbau gestattet es den Lesern, für sie individuell wichtige Themen leichter aufzufinden und sich die Inhalte zu erarbeiten.

Damit kann das Buch auch für die Ausbildung in anderen biologischen und chemischen Laborberufen verwendet werden.

Der Zusammenhang zwischen den einzelnen Kapiteln und den Inhalten der Lernfelder und des Ausbildungsrahmenplans ist tabellarisch auf Seite 140 dargestellt.

Die naturwissenschaftlichen Grundlagen der Arbeitsmethoden wurden möglichst genau dargestellt, weil sie aus den häufig verwendeten vorgefertigten Kits und den speziellen Geräten oft nicht mehr ersichtlich sind.

Obwohl sich die Arbeit von Chemielaborantinnen und Chemielaboranten im Allgemeinen auf die laborpraktische Anwendung mikrobiologischer, biochemischer und molekularbiologischer Methoden beschränken wird, wurde versucht, in geraffter Form auch auf die biologischen Zusammenhänge im lebendigen Organismus einzugehen, um die große Bedeutung dieser Arbeiten herauszustellen. Für detailliertere Informationen sei auf Lehrbücher der Biologie verwiesen.

Die Autorin dankt beiden Verlagen für die Unterstützung. Sie und der Verlag Holland + Josenhans bitten die Benutzer des Buches um kritische Hinweise.

Die Verfasserin

Inhaltsübersicht

1 Charakterisierung und Untersuchung lebender Zellen und ihrer Inhaltsstoffe 9

1.1 Kennzeichen des Lebens 9

1.2 Feinbau von Zellen 9
1.2.1 Aufbau eukaryotischer Zellen 10
1.2.2 Aufbau prokaryotischer Zellen 11

1.3 Inhaltsstoffe der Zelle 11
1.3.1 Proteine 12
1.3.2 Lipide 12
1.3.2.1 Fette 12
1.3.2.2 Phospholipide 13
1.3.2.3 Steroide 13
1.3.3 Kohlenhydrate 13
1.3.3.1 Monosaccharide 13
1.3.3.2 Disaccharide 14
1.3.3.3 Polysaccharide 15
1.3.4 Nucleinsäuren 17

1.4 Mikroskopische Untersuchung von Zellen 17
1.4.1 Lichtmikroskopie 17
1.4.1.1 Vergrößerung und Beleuchtung 17
1.4.1.2 Auflösung 19
1.4.1.3 Kontrast 19
1.4.1.4 Fluoreszenzmikroskopie 20
1.4.2 Elektronenmikroskopie 21

1.5 Zellaufschluss und Zellfraktionierung 21
1.5.1 Zellaufschlussverfahren 21
1.5.1.1 Mechanische Aufschlussverfahren ... 21
1.5.1.2 Nicht-mechanische Aufschlussverfahren 22
1.5.2 Zellfraktionierung durch Zentrifugation 22
1.6 Aufgaben 24

2 Durchführung mikrobiologischer Arbeiten . 25

2.1 Wesen der Mikroorganismen 25
2.1.1 Bedeutung 25
2.1.2 Größe 25
2.1.3 Produktivität 25
2.1.4 Stoffwechselvielfalt und Anpassungsfähigkeit 26
2.1.5 Reizbarkeit und Bewegung 26

2.2 Lebensräume und Wachstumsbedingungen 26
2.2.1 Ernährungsweisen 26
2.2.1.1 Autotrophe und heterotrophe Ernährung 26
2.2.1.2 Phototrophe und chemotrophe Energiegewinnung 26
2.2.1.3 Lithotrophe und organotrophe Stoffwechselreaktionen 26
2.2.2 Lebensräume 27
2.2.2.1 pH-Abhängigkeit 27
2.2.2.2 Sauerstoffverträglichkeit 27
2.2.2.3 Temperaturabhängigkeit 27
2.2.3 Kultivierung 28
2.2.3.1 Nährmedien 28
2.2.3.2 Sauerstoff 29
2.2.3.3 Temperatur 29
2.2.4 Wachstum und Vermehrung 29

2.3 Hemmung des Wachstums 31
2.3.1 Sterilisation und Desinfektion 31
2.3.2 Sterilfiltration 31
2.3.2.1 Sterilwerkbänke 32
2.3.3 Sterilisation durch Hitze 32
2.3.3.1 Autoklavieren (Dampfsterilisation) ... 32
2.3.3.2 Heißluftsterilisation 32
2.3.3.3 Ausglühen und Abflammen 33
2.3.4 Bestrahlung 33

2.3.5 Desinfektionsmittel ... 33
2.3.6 Antibiotika ... 33

2.4 Wichtige Mikroorganismen und Viren ... 34
2.4.1 Nomenklatur ... 34
2.4.2 Pilze ... 34
2.4.2.1 Schimmelpilze ... 34
2.4.2.2 Hefen ... 35
2.4.2.3 Wichtige Vertreter der Schimmelpilze und Hefen ... 35
2.4.3 Bakterien ... 35
2.4.3.1 Besonderheiten von Bakterien ... 36
2.4.3.2 Wichtige Vertreter ... 38
2.4.4 Viren ... 38

2.5 Untersuchung von Mikroorganismen ... 39
2.5.1 Gewinnung und Reinigung von Mikroorganismen ... 39
2.5.1.1 Gewinnung von Mikroorganismen ... 39
2.5.1.2 Reinigung der Kulturen ... 39
2.5.2 Charakterisierung der Kolonien ... 40
2.5.3 Mikroskopische Untersuchung ... 40
2.5.3.1 Gramfärbung ... 40
2.5.3.2 Hängender Tropfen ... 41
2.5.4 Bestimmung von Zellzahl und Bakteriendichte ... 41
2.5.4.1 Lebendzellzahl = Keimzahl ... 42
2.5.4.2 Gesamtzellzahl ... 42
2.5.4.3 Trübungsmessung ... 43
2.5.5 Identifizierung ... 44
2.5.5.1 Kohlenhydratabbau ... 44
2.5.5.2 Oxidation und Fermentation ... 44
2.5.5.3 Oxidase und Katalase ... 45
2.5.5.4 Indol ... 45
2.5.6 Hemmstofftests ... 45
2.5.6.1 Agardiffusionstest ... 45
2.5.6.2 Reihenverdünnungstest ... 46

2.6 Mikrobiologische Sicherheitsanforderungen ... 46
2.6.1 Vorschriften ... 46
2.6.2 Biologische Agenzien ... 46
2.6.3 Technische Schutzmaßnahmen ... 47
2.7 Aufgaben ... 48

3 Durchführung biotechnologischer Arbeiten ... 49

3.1 Arbeitsgebiete der Biotechnologie ... 49

3.2 Zellwachstum und Produktbildung ... 50
3.2.1 Parameter und Berechnungen ... 50
3.2.1.1 Zellzahl ... 50
3.2.1.2 Zellmasse ... 50
3.2.2 Wachstumsphasen und Produkte ... 51

3.3 Bioreaktoren und Verfahren ... 51
3.3.1 Bioreaktoren ... 51
3.3.2 Maßstabsvergrößerung ... 52
3.3.3 Verfahren und Betriebsweisen ... 53
3.3.3.1 Emers- und Submersverfahren ... 53
3.3.3.2 Kontinuierliche und diskontinuierliche Fermentation ... 53
3.3.4 Aufarbeitung der Produkte ... 53

3.4 Wichtige Produkte und Prozesse ... 54
3.4.1 Gärungsprodukte ... 54
3.4.1.1 Hefe und Ethanol ... 54
3.4.1.2 Milchprodukte und Silagefutter ... 55
3.4.1.3 Essig ... 55
3.4.2 Antibiotika ... 55
3.4.2.1 Penicilline ... 55
3.4.2.2 Weitere Antibiotika ... 55
3.4.3 Organische Säuren und Aminosäuren ... 56
3.4.3.1 Citronensäure ... 56
3.4.3.2 Glutaminsäure ... 56
3.4.4 Enzyme ... 56
3.4.4.1 Amylasen und Proteasen ... 56
3.4.4.2 Alkohol-Dehydrogenase ... 57
3.4.5 Abwasserreinigung ... 57
3.4.6 Erzlaugung ... 57
3.5 Aufgaben ... 58

4 Durchführung biochemischer Arbeiten 59

4.1 Eigenschaften und Untersuchung von Aminosäuren 59
4.1.1 Säure-Base-Eigenschaften und isoelektrischer Punkt 61
4.1.1.1 Pufferwirkung 62
4.1.1.2 Isoelektrischer Punkt 62
4.1.2 Auftrennung und Nachweis 63
4.1.2.1 Dünnschichtchromatografie DC 63
4.1.2.2 Ionenaustauschchromatografie 63
4.1.2.3 Elektrophorese 64

4.2 Eigenschaften und Nachweis von Peptiden 64
4.2.1 Aufbau der Peptidbindung 64
4.2.1.1 Aminosäuresequenz 65
4.2.1.2 Geometrie der Peptidbindung 65
4.2.2 Nachweis der Peptidbindung durch Biuretreaktion 66

4.3 Aufbau und Eigenschaften von Proteinen 66
4.3.1 Räumliche Strukturen 66
4.3.1.1 Primärstruktur 67
4.3.1.2 Sekundärstruktur 67
4.3.1.3 Tertiärstruktur 68
4.3.1.4 Quartärstruktur 68
4.3.1.5 Proteinfaltung und Konformation 68
4.3.1.6 Denaturierung 69
4.3.2 Molekülmasse und physikalisch-chemische Eigenschaften 69
4.3.2.1 Molekülmasse 69
4.3.2.2 Physikalisch-chemische Eigenschaften 70
4.3.3 Einteilung der Proteine 70

4.4 Isolierung, Reinigung und Analyse von Proteinen 71
4.4.1 Isolierung und Reinigung 71
4.4.1.1 Ausfällung 71
4.4.1.2 Dialyse 72
4.4.2 Trennung von Proteingemischen 72
4.4.2.1 Gelfiltration 72
4.4.2.2 Gel-Elektrophorese 73
4.4.2.3 Polyacrylamidgel-Elektrophorese = SDS-PAGE 73
4.4.2.4 Isoelektrische Fokussierung IEF 74
4.4.3 Quantitative Bestimmung 74
4.4.3.1 Spektroskopisch durch UV-Absorption 75
4.4.3.2 Kolorimetrisch durch Absorption von sichtbarem Licht 75
4.4.3.3 Methoden zur Isolierung, Reinigung und Analyse von Proteinen 76
4.5 Aufgaben 77

5 Durchführung immunologischer und diagnostischer Arbeiten – Enzyme 78

5.1 Wirkungsweise von Enzymen 78
5.1.1 Katalyse 78
5.1.2 Spezifität 78
5.1.3 Reaktionsbedingungen 79
5.1.3.1 Temperatur 79
5.1.3.2 pH-Wert 79
5.1.3.3 Ionenstärke 79
5.1.4 Cofaktoren 80
5.1.5 Zusammenwirken von Enzym und Cosubstrat 80

5.2 Einteilung der Enzyme und Cofaktoren und wichtige Beispiele 81
5.2.1 Enzyme 81
5.2.2 Cofaktoren 83

5.3 Enzymaktivität und Enzymkinetik 84
5.3.1 Aktivität 84
5.3.2 Enzymkinetik 85
5.3.3 Hemmung von Enzymen 86

5.4 Enzymatische Analysen 87
5.4.1 Prinzip 87

5.4.2 Bestimmung von Ethanol 88
5.4.3 Bestimmung verschiedener Zucker nebeneinander 88
5.4.4 Bestimmung der Amylase-Aktivität 89
5.5 Aufgaben 90

6 Durchführung immunologischer und diagnostischer Arbeiten – Immunglobuline 91

6.1 Wichtige Bestandteile des Immunsystems 91
6.1.1 Antikörper 91
6.1.1.1 Klassen von Antikörpern 93
6.1.1.2 Gewinnung von Antikörpern 93
6.1.2 Antigene 93
6.1.3 Antigen-Antikörper-Reaktion 93
6.1.3.1 Bindungsstärke 93
6.1.3.2 Visuelle Auswertung 94
6.1.3.3 Spezifität 94
Biologischer Exkurs Wie wehrt der menschliche Organismus Krankheitserreger ab? . . 95

6.2 Immunologische Testverfahren 95
6.2.1 Grundlagen 95
6.2.2 Immunpräzipitation 95
6.2.2.1 Immundiffusion 95
6.2.2.2 Immunelektrophorese 96
6.2.3 Quantitative Immunoassays 96
6.2.3.1 Radioimmunoassay (RIA) 96
6.2.3.2 Enzyme-linked Immunosorbent Assay (ELISA) 96
6.2.3.3 Direkter ELISA 97
6.2.3.4 Kompetitiver ELISA 98
6.2.3.5 Sandwich-ELISA 98
6.2.4 Immunoblot = Western-Blot 99
6.3 Aufgaben 100

7 Durchführung molekularbiologischer Arbeiten 101

7.1 Aufbau der Nucleinsäuren 101
7.1.1 Bausteine der DNA 101
7.1.1.1 Nucleoside 101
7.1.1.2 Nucleotide 102
7.1.1.3 Polynucleotide 102
7.1.1.4 Aufbau der RNA 102
7.1.2 Räumliche Struktur der DNA 102
7.1.3 Molekülgröße 103
Biologischer Exkurs 1 Wie kann ein Molekül Informationen speichern? 104

7.2 Isolierung von DNA aus Zellen und Aufreinigung 104
7.2.1 Gewinnung von DNA durch klassische Extraktion 105
7.2.2 Gewinnung von DNA mit einem Präparationskit 106
7.2.3 Spezielle Präparationsmethoden 106
7.2.3.1 Plasmid-DNA 106
7.2.3.2 Pflanzen-DNA 106
7.2.4 Messung der DNA-Konzentration 106

7.3 Untersuchung der DNA 107
7.3.1 Vervielfältigung 107
7.3.1.1 Identische Replikation der DNA in der Zelle 107
7.3.1.2 Vervielfältigung von DNA-Abschnitten durch Polymerasekettenreaktion 108
7.3.2 Sequenzierung 111
7.3.3 Analyse der Produkte durch Elektrophorese 111
7.3.3.1 Gel-Elektrophorese 111
7.3.3.2 Kapillar-Gel-Elektrophorese 112
Biologischer Exkurs 2 Wie wird die genetische Information in Produkte umgesetzt? 112

7.4 Nucleinsäuren in der Diagnostik 113
7.4.1 Blotting-Verfahren 113

7.4.2 Hybridisierung mit Gensonden 114
7.4.3 Mikroarrays 114

7.5 Gentechnische Operationen 115
7.5.1 Schneiden und Verbinden von DNA-Molekülen 115
7.5.1.1 Schneiden mit Restriktionsenzymen 115
7.5.1.2 Verbinden mit Ligase 116
7.5.1.3 Rekombinante DNA 116
7.5.2 Einführen von DNA in Bakterienzellen 116
7.5.2.1 Molekulare Klonierung 116
7.5.2.2 Vektoren 116
7.5.2.3 Transformation 116
7.5.2.4 Kompetente Zellen 116
7.5.3 Nachweis einer erfolgreichen Klonierung 117
7.5.3.1 pUC-Plasmide 117
7.5.3.2 Blau-Weiß-Selektion = blue-white-screening 117
7.5.4 Anwendungen 118
7.5.4.1 Produkte gentechnisch veränderter Bakterien 118
7.5.4.2 Gentechnisch veränderte Nutzpflanzen 118
7.5.5 Gentechnische Sicherheitsanforderungen 118
7.5.5.1 Gentechnikgesetz 118
7.5.5.2 Weitere Vorschriften 119
7.6 Aufgaben 119

8 Durchführung zellkulturtechnischer Arbeiten 121

8.1 Besonderheiten eukaryotischer Zellen 121
8.1.1 Zellkern und Chromosomen 121
8.1.1.1 Chromosomensatz 121
8.1.1.2 Feinbau der Chromosomen 121
8.1.2 Wachstum und Zellteilung 122
8.1.3 Alter und Tod von Zellen 123

8.2 Differenzierung von Zellen und Typen von Geweben 123
8.2.1 Gewebe tierischer Organismen 124
8.2.2 Gewebe pflanzlicher Organismen 125

8.3 Haltung tierischer Zellen im Labor . . . 126
8.3.1 Gewinnung von Zellen 127
8.3.1.1 Primärkulturen 127
8.3.1.2 Zelllinien 127
8.3.2 Kultivierung 127
8.3.2.1 Wachstum und Proliferation 127
8.3.2.2 Nährmedien 128
8.3.2.3 Arten von Zellkulturen 129
8.3.3 Routinemethoden im Zellkulturlabor . 130
8.3.3.1 Wechsel des Mediums und Subkultivierung 131
8.3.3.2 Zellzählung 131
8.3.3.3 Langzeitlagerung und Kryokonservierung 131
8.3.4 Kontamination 132

8.4 Besondere Verfahren 133
8.4.1 Produktion größerer Zellmengen 133
8.4.2 Kultur von Hybridomazellen 134
8.4.3 Toxikologische Testverfahren 135
8.4.3.1 Ablösungsassay 136
8.4.3.2 Neutralrot-Test 136
8.4.3.3 MTT-Test 136
8.4.3.4 LDH-Test 136
8.4.4 Tissue Engineering 136

8.5 Pflanzliche Zellkulturen 137
8.5.1 Besonderheiten des pflanzlichen Organismus 137
8.5.2 Kalluskulturen 138
8.5.3 Kultivierung und Fusion von Protoplasten 138
8.6 Aufgaben 139

Fachtheorie nach Lernfeldern für Chemielaboranten Teil 3, Aufbau des Buches . . 140
Sachwortverzeichnis 141

1 Charakterisierung und Untersuchung lebender Zellen und ihrer Inhaltsstoffe

1.1 Kennzeichen des Lebens

Während sich die Chemie mit der unbelebten Natur, d.h. mit den Stoffen, ihren Eigenschaften und ihren Veränderungen beschäftigt, untersucht die Biologie Lebewesen und Lebenserscheinungen. Es ist also ein großer Unterschied, ob man das Wachstum von Kristallen in einer Salzlösung untersucht oder das Wachstum von Algen und Insektenlarven in einem Tümpel.

Abb. 1.1 chemischer Garten

Abb. 1.2 Wasserpflanzen im Aquarium

Wenn aus wenigen Kristallen von Schwermetallsalzen bizarre Gebilde entstehen, die an Aquarienpflanzen erinnern, so handelt es sich – naturwissenschaftlich betrachtet – um Kristallisationsvorgänge der unbelebten Natur. Lebendige Organismen dagegen wachsen, indem sie durch unzählige miteinander koordinierte biochemische Reaktionen Baustoffe und Energie gewinnen. Sie sind fähig, auf Reize aus ihrer Umgebung zu reagieren und sich an veränderte Lebensbedingungen anzupassen. Sie können sich fortpflanzen und dabei den größten Teil ihrer Erbinformationen an ihre Nachkommen weitergeben, und letztlich sind sie in der Lage abzusterben. Obwohl eine eindeutige Definition des Begriffs „Leben" sich äußerst schwierig gestaltet, fasst der folgende Satz die wesentlichen Charakteristika zusammen.

> Leben ist eine organisierte genetische Einheit, die zu Stoffwechsel, Fortpflanzung und Evolution befähigt ist.

Als Kennzeichen des Lebendigen fasst man auch die folgenden Merkmale zusammen:

- **Gestalt,**
- **Stoffwechsel,**
- **Reizbarkeit,**
- **Bewegung,**
- **Fortpflanzung,**
- **Entwicklung,**
- **Anpassung an die Umwelt.**

Alle lebensfähigen Organismen lassen sich auf einen Grundbaustein zurückführen: die Zelle. Schon Organismen, die wie Bakterien oder einige Algen nur aus einer einzigen Zelle bestehen, zählen demnach zu den Lebewesen. Viren dagegen, die weder über einen zellulären Aufbau noch über einen selbstständigen Stoffwechsel verfügen, sind lediglich Partikel ohne vollständige Kennzeichen des Lebendigen.

1.2 Feinbau von Zellen

Da die meisten Zellen kleiner als 0,1 mm sind, lassen sie sich nur mit Hilfe eines Mikroskops sichtbar machen. Dabei zeigt sich, dass ihrem Aufbau ein gemeinsames Prinzip zugrunde liegt. Alle Zellen werden durch eine **Zellmembran** von ihrer Umwelt abgegrenzt, die durch ihren komplizierten Aufbau (▶ s. Abb. 1.4, S. 11) aber auch einen Stoffaustausch mit der Umgebung ermöglicht. Der Zellinhalt mit Ausnahme des Zellkerns wird als **Cytoplasma** bezeichnet. Es besteht aus dem Grundplasma (Cytosol) und den darin eingebetteten **Zellorganellen**.

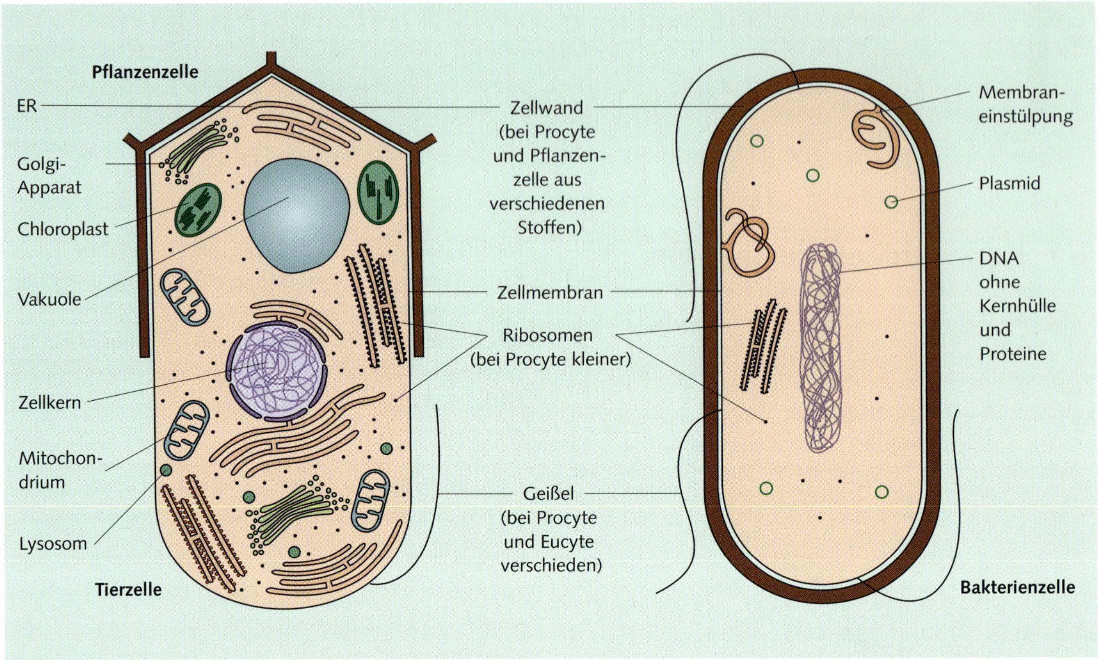

Abb. 1.3 Prokaryotische und eukaryotische Zelle im Vergleich

Dabei handelt es sich um Strukturen mit einer bestimmten Funktion wie z. B. der Zellatmung.

Außer vielfältigen Unterschieden in Größe, Gestalt, Aufbau und Funktion gibt es zwischen den Zellen von höheren Lebewesen und Bakterien vor allem *ein* wesentliches Unterscheidungsmerkmal:

- Zellen von Menschen, Tieren und Pflanzen, aber auch solche von Pilzen haben einen **Zellkern** (gr. *karyon*) und werden daher als **Eukaryoten** (gr. *eu*, wahr, echt) bezeichnet.
  Der Zellkern ist durch eine Kernhülle vom Cytoplasma abgegrenzt und enthält die Chromosomen mit ihrer Erbsubstanz Desoxyribonucleinsäure, DNS (engl. DNA = Desoxribonucleinacid, heute gebräuchlich).
- Zellen von Bakterien dagegen besitzen nur ein Kernäquivalent ohne Abgrenzung gegenüber dem Cytoplasma und werden daher **Prokaryoten** genannt. Das auch als Bakterienchromosom bezeichnete Kernäquivalent besteht aus einem DNA-Molekül ohne Hülle.

Insgesamt sind eukaryotische Zellen wesentlich stärker strukturiert als prokaryotische.

1.2.1 Aufbau eukaryotischer Zellen

Tierische und pflanzliche Zellen weisen viele Gemeinsamkeiten auf, unabhängig davon, ob sie der menschlichen Oberhaut oder dem Grundgewebe eines Laubblattes entstammen.

Ihre Gestalt wird nicht nur durch die Zellmembran bestimmt, sondern zusätzlich durch ein Netzwerk aus Proteinen, das **Cytoskelett**, stabilisiert.

Unter den Organellen stellt der von einer Kernhülle umgebene **Zellkern** (lat. *nucleus*) die größte Funktionseinheit dar. Er ist nicht nur für die Vererbung zuständig, sondern steuert alle Lebensvorgänge der Zelle, denn das Makromolekül Desoxyribonucleinsäure enthält alle dafür notwendigen Informationen. Der gesamte DNA-Gehalt des Zellkerns ist bei den Eukaryoten auf eine für jeden Organismus spezifische Anzahl von Chromosomen verteilt (▶ siehe Kapitel 8.1.1., S. 121).

Das gesamte Plasma eukaryotischer Zellen wird von einem Membransystem durchzogen, das die Zelle in verschiedene Reaktionsräume unterteilt, dem **endoplasmatischen Retikulum**, kurz: **ER**. Es dient der Synthese und dem Transport von Stoffen. Membranen, teilweise mehrfach gefaltet, ummanteln auch andere Organellen. Der **Golgi-Apparat** besteht aus Membransäcken, den **Dictyosomen**, von denen die

Golgi-Vesikel abgeschnürt werden. Diese Bläschen sorgen für den Abtransport der in den Dictyosomen synthetisierten oder modifizierten Stoffe. Für viele Stoffwechselvorgänge wird Energie benötigt, die in den „Kraftwerken der Zelle", den **Mitochondrien**, erzeugt wird. Diese Organellen tragen an ihren Membranen Atmungsenzyme mit deren Hilfe Kohlenhydrate abgebaut und das energiereiche Molekül Adenosintriphosphat = ATP, aufgebaut werden. **Ribosomen** sind die kleinsten, nicht einmal von einer Membran umgebenen, Organellen. Dennoch erfüllen sie eine äußerst wichtige Aufgabe, nämlich die Synthese der Proteine.

Während die bisher beschriebenen Zellbestandteile bei allen Eukaryoten vorkommen, weisen tierische und pflanzliche Zellen einige Unterschiede auf. In **tierischen Zellen** gibt es zusätzlich spezielle Vesikel, die **Lysosomen**. Sie enthalten Verdauungsenzyme und zerlegen damit Makromoleküle. In **pflanzlichen Zellen** übernimmt eine mit Zellsaft gefüllte **Vakuole** diese Aufgabe. Sie dient darüber hinaus der Speicherung von Farbstoffen, Reservestoffen und Stoffwechselendprodukten. Grüne Pflanzen sind außerdem in der Lage, ihre Energie überwiegend durch Photosynthese aus dem Sonnenlicht zu gewinnen, da sie zusätzlich besondere Organellen, die **Chloroplasten**, enthalten. Letztere gehören ebenso wie Chromoplasten und Leukoplasten zu den **Plastiden**. Eine weitere Besonderheit pflanzlicher Zellen stellt der zusätzliche äußere Schutz durch eine Zellwand aus **Cellulose** dar.

Auch Zellen von Pilzen weisen eine Zellwand auf, die aber in der Regel aus **Chitin** besteht. Weitere Informationen über Pilze folgen im ▶ Kap. 2.4.2, S. 34.

1.2.2 Aufbau prokaryotischer Zellen

Auch prokaryotische Zellen enthalten **Ribosomen** für die Biosynthese der Proteine. Sie sind aber kleiner als bei Eukaryoten. Prokaryotischen Zellen fehlen dagegen alle durch Membranen abgegrenzten Organellen. Häufig ist die Zellmembran nach innen eingestülpt, sodass Falten entstehen, die manchmal als **Mesosomen** bezeichnet werden. Man schreibt ihnen eine Beteiligung bei Energie liefernden Prozessen zu. Im Cytoplasma finden sich außer dem Bakterienchromosom noch kleinere ringförmige DNA-Moleküle, die **Plasmide**. Die meisten Bakterienzellen haben eine **Zellwand** aus **Murein**. Viele Bakterien sind durch **Geißeln** beweglich, andere können sich mit Hilfe einer **Schleimkapsel**, auch **Glykokalyx** genannt, an einer Oberfläche festsetzen. Ausführlichere Informationen zum Bau der Bakterienzelle sind im ▶ Kap. 2.4.3, S. 35, zu finden.

1.3 Inhaltsstoffe der Zelle

Der mengenmäßig bedeutendste Inhaltsstoff aller Lebewesen ist Wasser. Zellen von Bohnensamen bestehen zu etwa 20 % daraus, Zellen von Quallen bis zu 98 %.

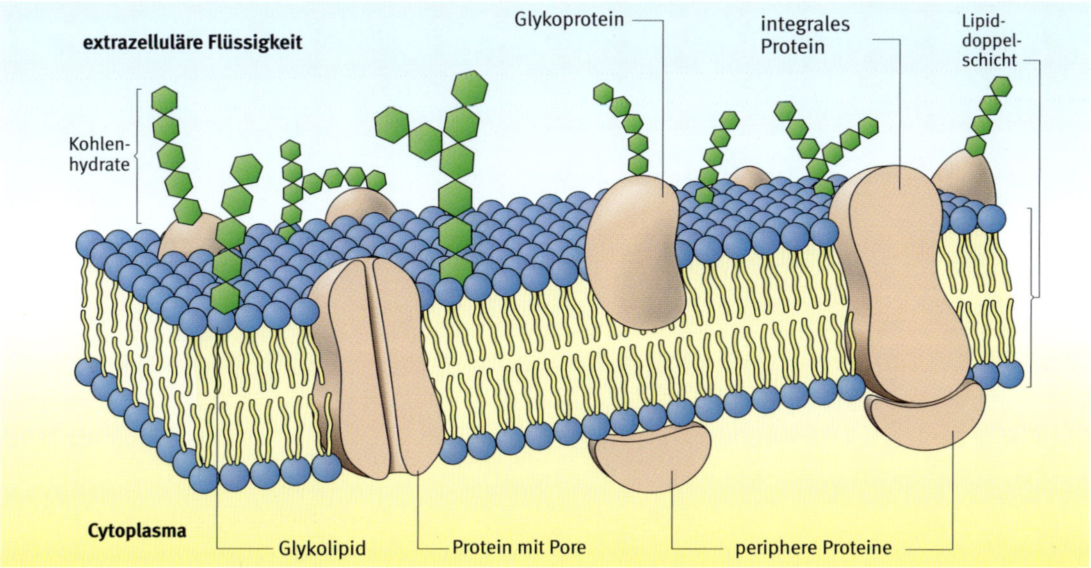

Abb. 1.4 Modell einer Biomembran

Aber natürlich sind ohne anorganische Salze und organische Moleküle keine physiologischen Vorgänge möglich. Vor allem organische Makromoleküle leisten wichtige Beiträge zum Aufbau von Zellen und zur Funktion aller Lebensvorgänge. Dabei wirken sie nicht nur als Reservestoffe, sondern nehmen wichtige Aufgaben wahr: Proteine wirken z. B. als Biokatalysatoren oder Hormone, Lipide sind wichtige Reservestoffe und stabilisieren Membranen, Kohlenhydrate verstärken Zellwände und Nucleinsäuren tragen die Erbinformationen eines Organismus.

Das komplizierte Zusammenspiel verschiedener Biomoleküle wird besonders beim Aufbau einer Membran deutlich. Eine Lipiddoppelschicht bildet die Grundlage dieser biologischen Begrenzung. Aufgelagert und eingebettet steuern Proteine die Durchlässigkeit, denn die Membran ist semipermeabel, d. h. sie lässt nur bestimmte Stoffe passieren. An der Außenseite findet man außerdem Kohlenhydrate.

1.3.1 Proteine

Proteine entstehen durch Polykondensation von 2-Aminocarbonsäuren.

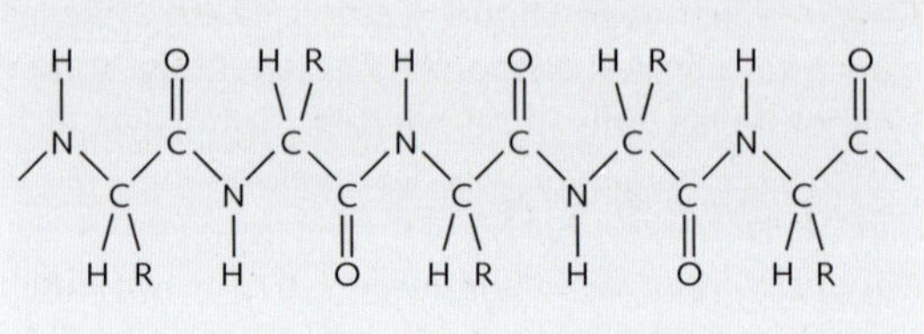

Dabei werden unter Mitwirkung der Seitenketten sterisch komplizierte Makromoleküle ausgebildet. Wegen ihrer großen Bedeutung ist den Proteinen das gesamte ▶ Kapitel 4, S. 59 gewidmet.

1.3.2 Lipide

Zu den Lipiden werden außer den Fetten auch andere hydrophobe Stoffe gezählt, die chemisch unterschiedlichen Verbindungsklassen angehören.

1.3.2.1 Fette

Fette entstehen durch Veresterung des dreiwertigen Alkohols Glycerol mit drei Fettsäuren zu **Triglyceriden**. Dabei können in einem Molekül gleiche oder verschiedene Fettsäuren gebunden sein. Es handelt sich bei diesen um langkettige, unverzweigte gesät-

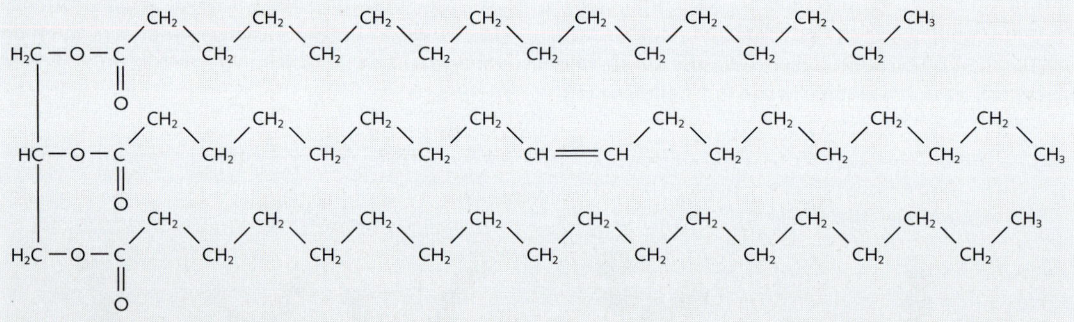

Triglycerid mit den Fettsäuren Palmitinsäure, Ölsäure, Stearinsäure

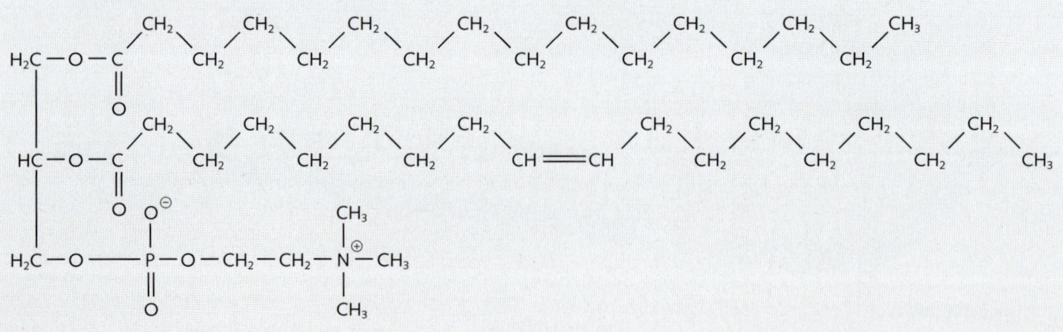

Phospholipid Lecithin

tigte oder ungesättigte Monocarbonsäuren mit einer geraden Anzahl von C-Atomen. (▶ s. Abb. Triglycerid, S. 12)

1.3.2.2 Phospholipide

In den Phospholipiden ist Glycerol mit zwei Fettsäuremolekülen und einem Molekül Phosphorsäure verestert. Letztere bildet eine weitere Esterbindung mit einem Alkohol aus. Bei den in den Membranen vorkommenden **Lecithinen** handelt es sich dabei um den Aminoalkohol **Cholin**. (▶ s. Abb. Phospholipid, S. 12)

1.3.2.3 Steroide

Obwohl sie chemisch völlig anders aufgebaut sind als Fette und Phospholipide, rechnet man die Steroide zu den Lipiden. An das polycyclische Ringgerüst Gonan (Steran) sind unterschiedliche Reste gebunden. Dadurch entstehen diverse wichtige Verbindungen wie die Hormone Östrogen und Testosteron, Vitamin D3 und der Fettbegleitstoff Cholesterol (Katzer/Katzer, Band 1, Kap. 16.5).

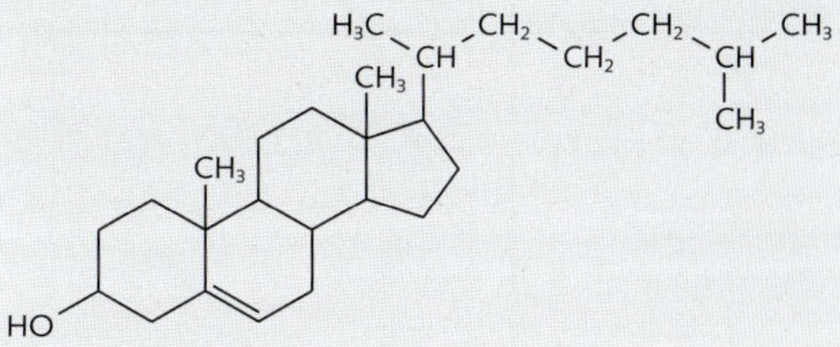

Cholesterol

1.3.3 Kohlenhydrate

Chemisch betrachtet sind Kohlenhydrate Polyhydroxycarbonylverbindungen, die auf Grund ihrer funktionellen Gruppen untereinander und mit anderen Stoffen verbunden sein können. Dadurch entsteht eine Vielzahl biochemisch wichtiger Stoffe vom einfachen Zucker Glucose bis zu den Makromolekülen der Zellwände (Katzer/Katzer, Band 1, Kap. 16.2.13).

1.3.3.1 Monosaccharide

Name	Strukturformel	Besonderheiten, Vorkommen und Bedeutung
β-D-Ribose	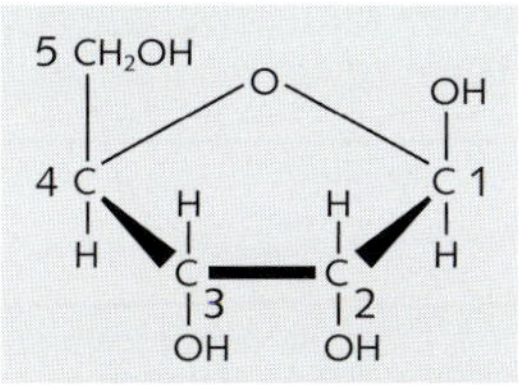	• Aldopentose. • Bestandteil der Ribonucleinsäure RNA.
β-D-Desoxyribose	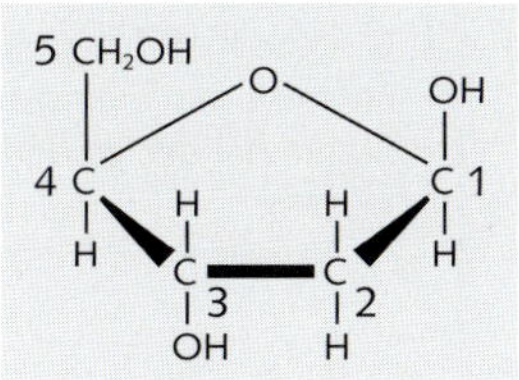	• Aldopentose. • Bestandteil der Desoxyribonucleinsäure DNA.
α-D-Glucose	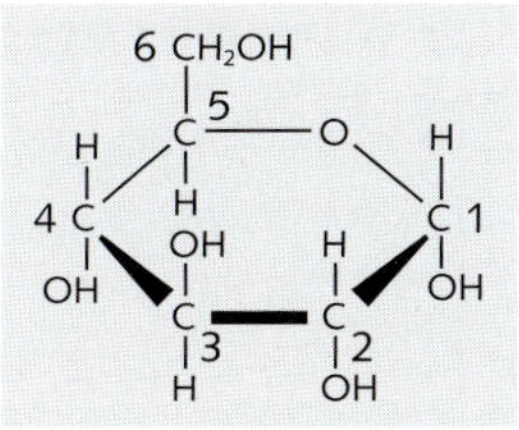	• Aldohexose. • Traubenzucker. • In freier Form in vielen Früchten und im Blut (Blutzucker). • Bestandteil der Disaccharide Maltose und Saccharose sowie der Polysaccharide Stärke und Glykogen.

Name	Strukturformel	Besonderheiten, Vorkommen und Bedeutung
β-D-Glucose	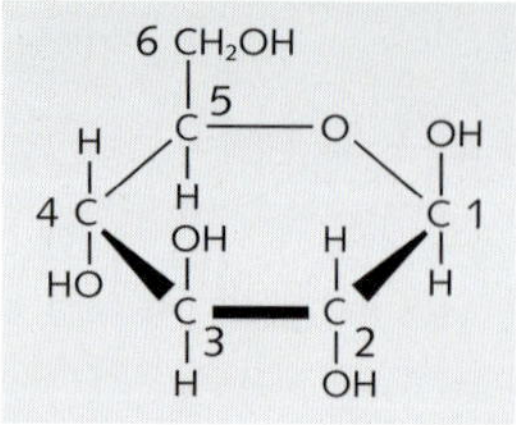	• Aldohexose. • Traubenzucker. • Bestandteil des Disaccharids Cellobiose und des Polysaccharids Cellulose.
β-D-Galactose	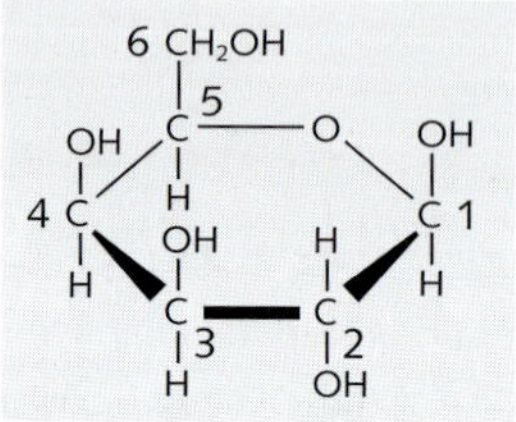	• Aldohexose. • Bestandteil des Disaccharids Lactose (Milchzucker).
β-D-Fructose	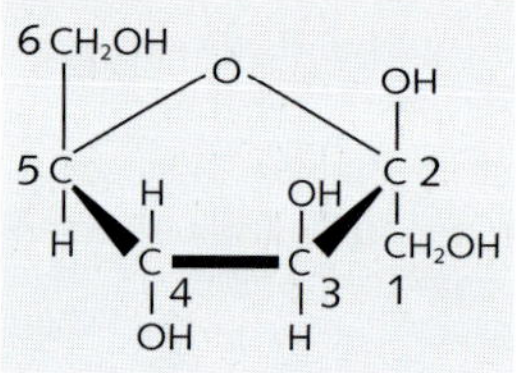	• Ketohexose. • in freier Form in vielen Früchten (Fruchtzucker). • Bestandteil des Disaccharids Saccharose. • Verwendung als Süßungsmittel.
β-N-Acetyl-glucosamin	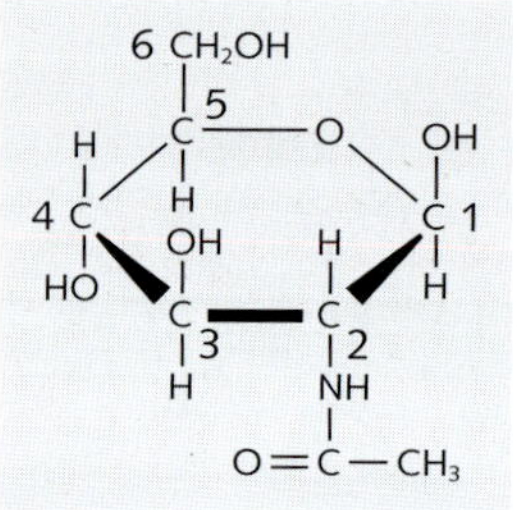	• Aminozucker. • Bestandteil von Chitin und Murein und der extrazellulären Matrix tierischer Zellen.

1.3.3.2 Disaccharide

Name	Strukturformel	Besonderheiten, Vorkommen und Bedeutung
Maltose	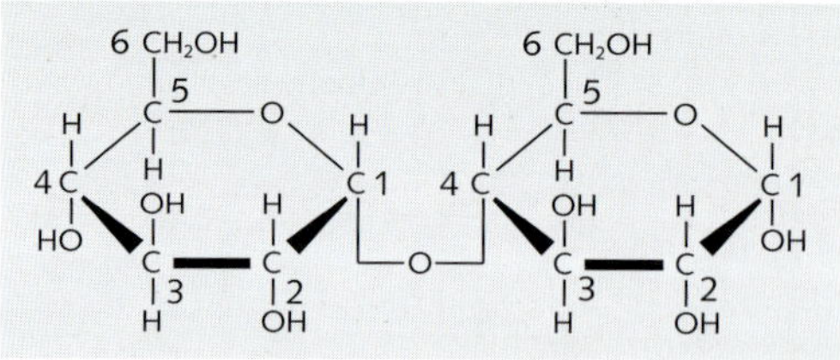	• Malzzucker. • Glucose in α-1,4-glykosidischer Bindung. • Entsteht durch enzymatischen Abbau von Stärke bei der Verdauung und beim Bierbrauen.
Cellobiose	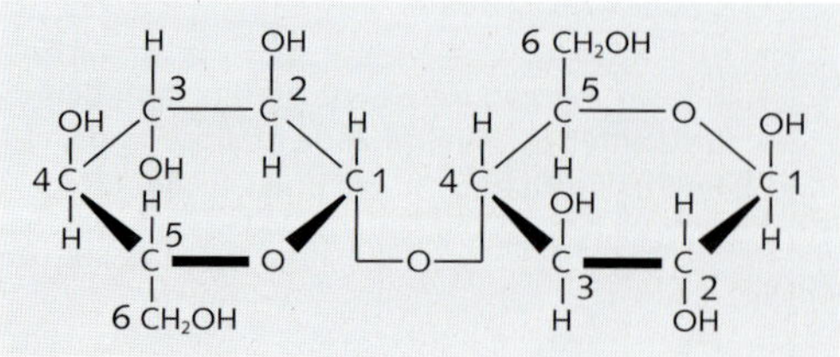	• Glucose in β-1,4-glykosidischer Bindung. • Baustein der Cellulose, • kommt in freier Form nicht vor.

Name	Strukturformel	Besonderheiten, Vorkommen und Bedeutung
Lactose	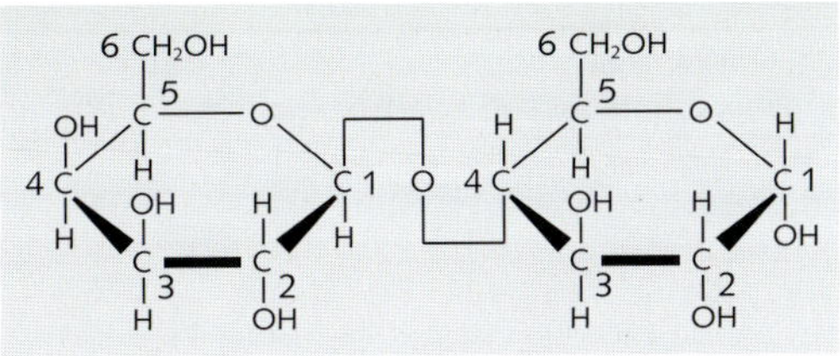	• Milchzucker. • β-Galactose und Glucose in 1,4-glykosidischer Bindung. • Bestandteil der Milch aller Säugetiere. • Wird von bestimmten Bakterien wie z. B. Milchsäurebakterien abgebaut.
Saccharose	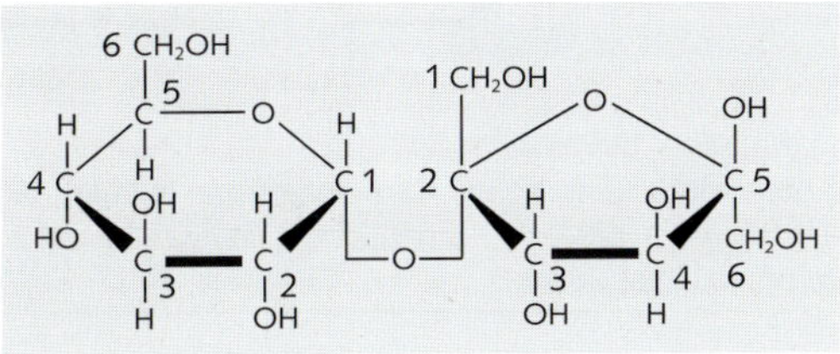	• Rohrzucker. • α-Glucose und β-Fructose in 1,2-glykosidischer Bindung. • Wichtigstes Disaccharid. • Kommt vor allem in Zuckerrohr und Zuckerrüben vor.

1.3.3.3 Polysaccharide

Name	Strukturformelausschnitt Besonderheiten, Vorkommen und Bedeutung
Stärke	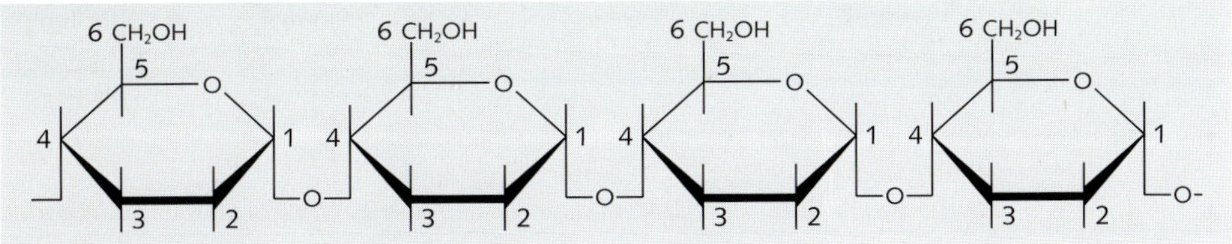 Amylose: Glucose in α-1,4-glykosidischer Bindung, schraubige Struktur, in deren Hohlraum sich elementares Iod einlagern kann und dadurch eine Blaufärbung erzeugt. 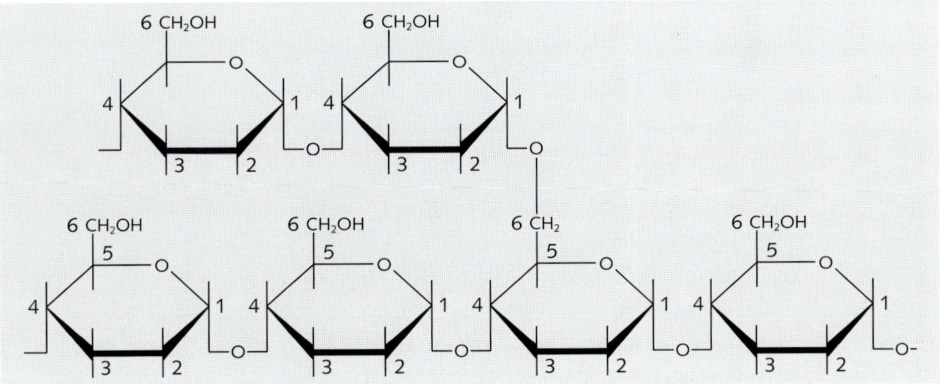 Amylopektin: durch 1,6-glykosidische Bindungen entstehen Verzweigungen.
Cellulose	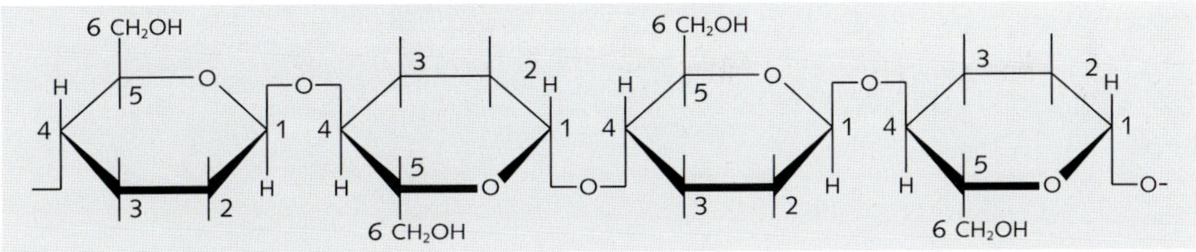 Glucose in β-1,4-glykosidischer Bindung, faserige Struktur, Baustoff pflanzlicher Zellwände.

Name	Strukturformelausschnitt Besonderheiten, Vorkommen und Bedeutung
Glykogen	• Aufbau wie Amylopektin, aber höhere Molmasse. • Reservestoff in Leber und Muskel, daher als „tierische Stärke" bezeichnet.
Pektin	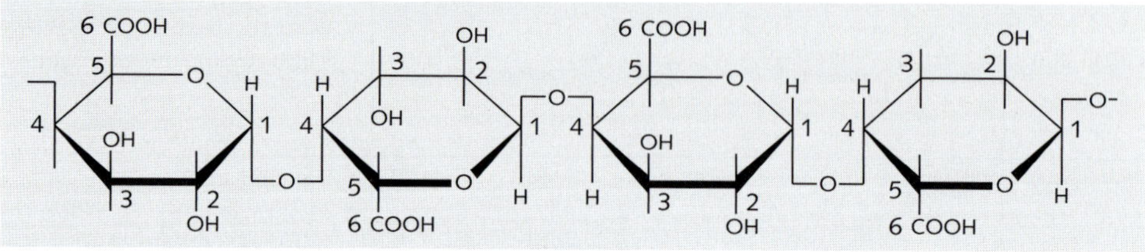 • α-D-Galakturonsäure in α-1,4-glykosidischer Bindung. • Primäre Hydroxylgruppe am 6. C-Atom der Galactose zur Carboxylgruppe oxidiert, deshalb als saures Polysaccharid bezeichnet. Ein Teil der Carboxylgruppen ist mit Methanol verestert. • Hauptbestandteil der Mittellamelle pflanzlicher Zellen.
Chitin	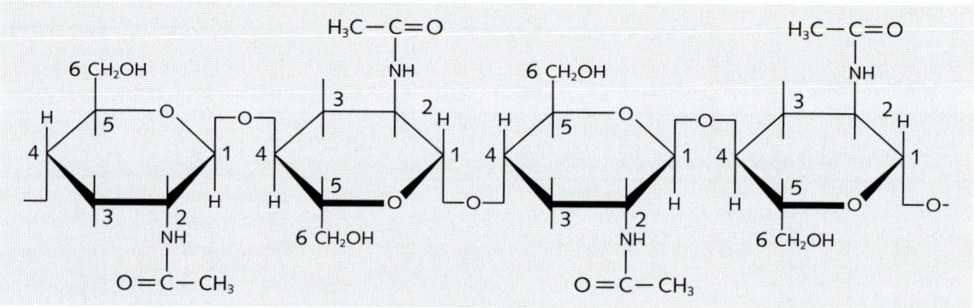 • N-Acetyl-glucosamin in β-1,4-glykosidischer Bindung. • Baustoff der Zellwände von Pilzen und des Außenskeletts von Insekten und Krebsen.
Murein	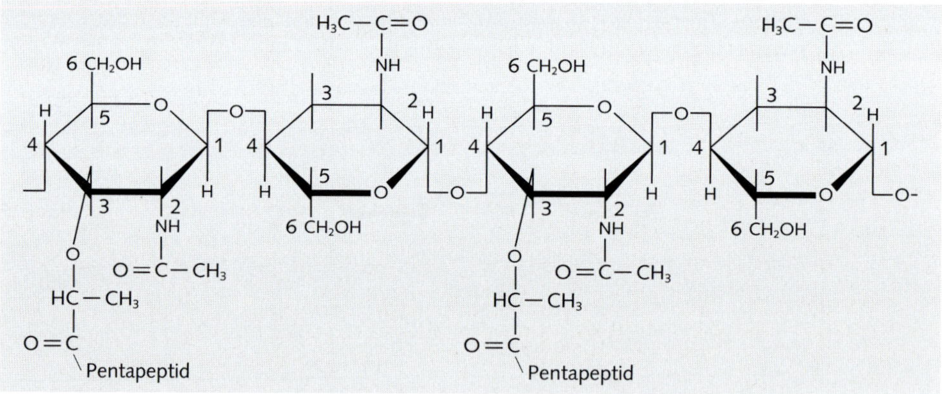 • N-Acetyl-glucosamin und eines seiner Derivate, das N-Acetylmuraminsäurepentapeptid in β-1,4-glykosidischer Bindung. • Baustoff der Zellwände von Bakterien.

1.3.4 Nucleinsäuren

Die langen Stränge der Nucleinsäuren entstehen durch fortlaufende Veresterung der Pentosen Desoxyribose bzw. Ribose mit Phosphorsäure. An das erste C-Atom der Pentose ist jeweils eine der Stickstoffbasen Adenin, Guanin, Cytosin und Thymin bzw. Uracil geknüpft, deren Reihenfolge maßgeblich die Erbinformation bestimmt. Während die RNA (= Ribonucleinsäure) der Organismen einzelsträngig vorliegt, werden durch Wasserstoffbrücken zwischen den Basen der DNA (= Desoxyribonucleinsäure) Doppelstränge ausgebildet.

Den biologischen Prozessen und den molekularbiologischen Arbeitsmethoden ist das ▶ Kapitel 7, S. 101, gewidmet.

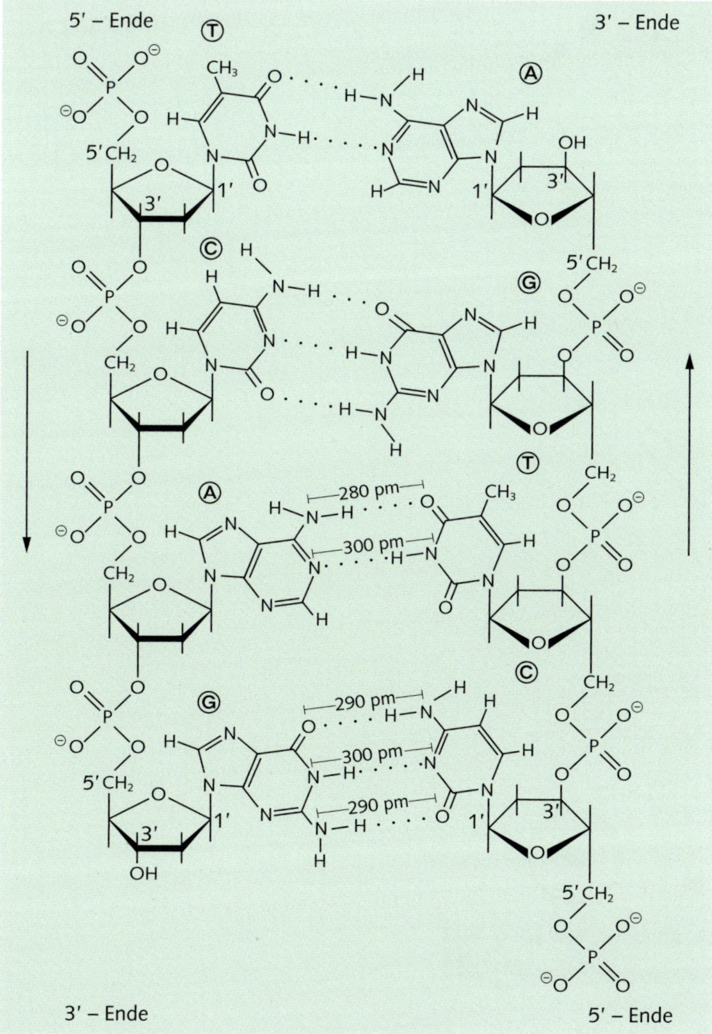

Abb. 1.5 Ausschnitt aus einem DNA-Doppelstrang

1.4 Mikroskopische Untersuchung von Zellen

Das menschliche Auge kann zwei Objektpunkte nur dann getrennt wahrnehmen, wenn sie mindestens 0,1 mm voneinander entfernt sind. Um die feinen Strukturen von Zellen zu untersuchen, bedient man sich daher verschiedener mikroskopischer Techniken.

1.4.1 Lichtmikroskopie

1.4.1.1 Vergrößerung und Beleuchtung

Das von einer Lampe ausgehende Licht wird mit Hilfe der Beleuchtungsoptik auf den Objektträger geführt und trifft bei Durchlichtbetrachtung von unten auf das Präparat, dessen mikroskopisch kleine Strukturen untersucht werden sollen. Der Betrachter blickt nun von oben durch ein Linsensystem im Tubus, das ein stark vergrößertes Bild des Objekts erzeugt. Dabei erfolgt die Vergrößerung in zwei Stufen:

- das Objektiv erzeugt wie ein Diaprojektor ein vergrößertes, reelles Zwischenbild,
- das Okular vergrößert dieses wie eine Lupe weiter zum virtuellen Endbild.

Die Gesamtvergrößerung V errechnet sich durch Multiplikation der Einzelvergrößerungen von Objektiv V_{Ob} und Okular V_{Ok} und beträgt maximal 1500.

$$V = V_{Ob} \cdot V_{Ok}$$

Die Qualität des Zwischenbildes bestimmt dabei letztlich die förderliche Gesamtvergrößerung, denn die Anzahl der Bildpunkte lässt sich durch die Lupenvergrößerung nicht mehr steigern. Wie beim Betrachten eines Bildes in einer Zeitung mit einer Lupe entsteht eine **leere Vergrößerung** ohne zusätzliche Bildinformation.

Genau so wichtig wie die Abbildungsoptik aus Objektiv und

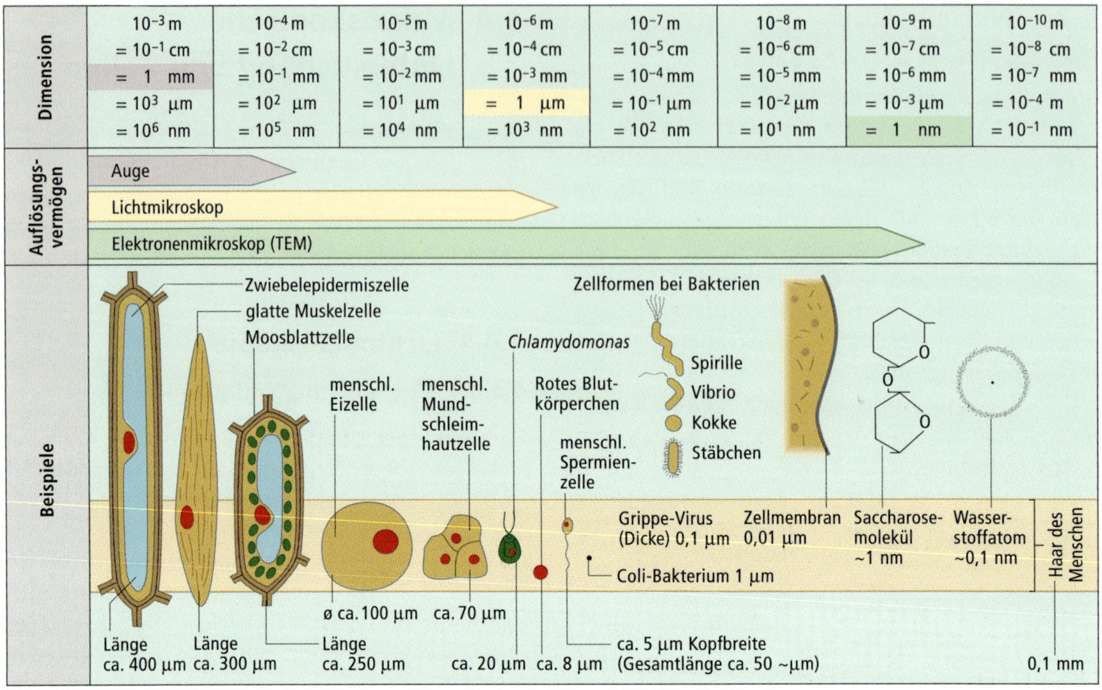

Abb. 1.6 Größenvergleich von Atomen, Molekülen und Zellen

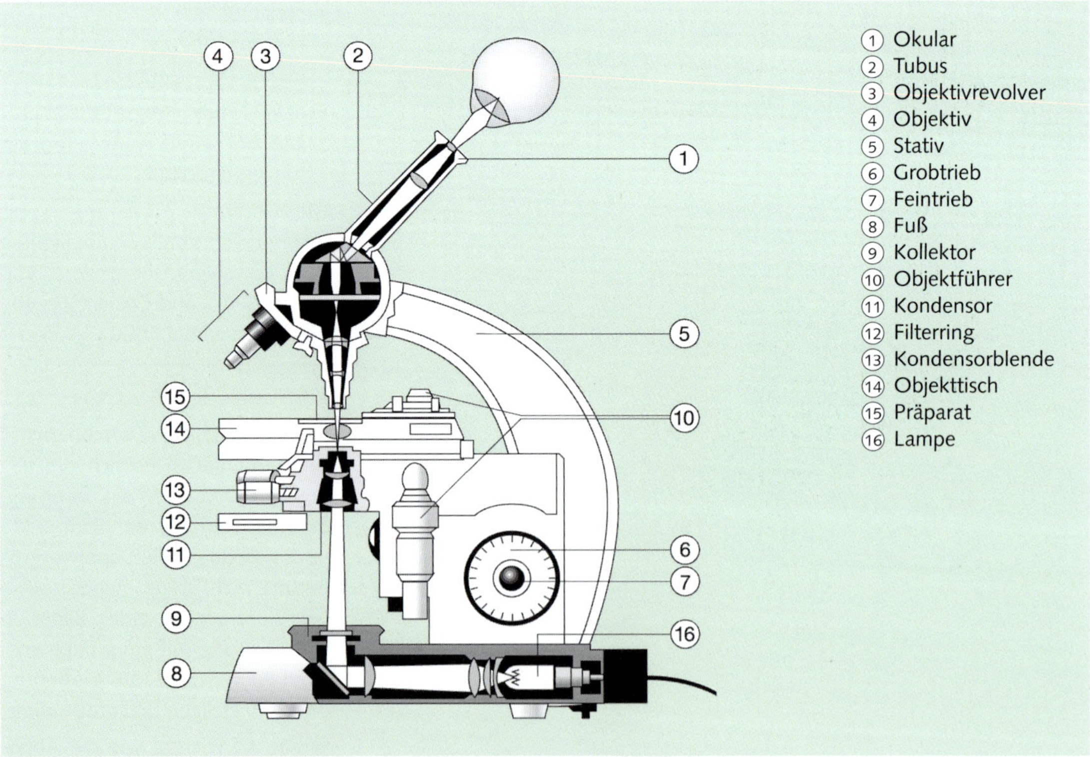

Abb. 1.7 Aufbau eines Lichtmikroskops

Okular ist aber für ein Mikroskop die Beleuchtungsoptik, die der optimalen Ausleuchtung des Objekts dient. Bei der **Köhlerschen Beleuchtung** wird das Bild der Lichtquelle von einem Linsensystem, dem Kollektor, vergrößert und auf ein weiteres Linsensystem, den Kondensor, projiziert. Dieser sorgt dafür, dass das Präparat mit einem optimalen Öffnungswinkel gleichmäßig durchstrahlt wird. Mit Hilfe der Kondensorblende oder Aperturblende lässt sich dieser Öffnungswinkel stufenlos verändern.

Bei einem Lichtmikroskop üblicher Bauweise wird das Objektiv so dicht an das Objekt herangeführt, dass zwischen Linsensystem und Präparat nur ein schmaler Spalt bleibt. Will man aber Zellen untersuchen, die sich nicht auf einem flachen Objektträger, sondern in einer Kulturschale mit Nährlösung befinden, so reicht der Platz zwischen Objekttisch und Objektiv für das Gefäß nicht aus.

Bei einem **Inversmikroskop** oder **Umkehrmikroskop** dagegen ist die Anordnung von Beleuchtungssystem und Objektivrevolver vertauscht. Der Objektivrevolver befindet sich dicht unter dem Objekttisch und führt zu einem seitlich angebrachten Okular, während Lampe und Kondensor in größerem Abstand über dem Präparat angebracht sind. Das Präparat wird also von oben durchstrahlt und gewissermaßen von unten betrachtet.

Die Bildqualität wird aber nicht nur durch die **Vergrößerung** bestimmt, sondern ist von zwei weiteren Faktoren abhängig: der **Auflösung** und dem **Kontrast**.

1.4.1.2 Auflösung

Als **Auflösungsvermögen** bezeichnet man den kleinsten Abstand *d*, den zwei Punkte eines Objekts haben dürfen, um gerade noch getrennt wahrgenommen zu werden. Dieser Mindestabstand ergibt sich nach Berechnungen des Physikers Abbé aus der Formel

$$d = \frac{\lambda}{n \cdot \sin\alpha}$$

Dabei ist λ die Wellenlänge des Lichtes, n der Brechungsindex des Mediums zwischen Objekt und Frontlinse und α der halbe Öffnungswinkel des Objektivs. Das Auflösungsvermögen ist daher umso besser, je kleiner die Wellenlänge des Lichtes, je größer $\sin\alpha$ und je größer der Brechungsindex des Mediums zwischen Präparat und Linse ist. Da bei der Nutzung von weißem Licht eine Verringerung der Wellenlänge nicht realisierbar ist, lässt sich das Auflösungsvermögen im Wesentlichen durch die beiden folgenden Faktoren steigern:

- Verwendung eines Objektivs mit optimalem Öffnungswinkel,
- Einsatz eines Mediums mit hohem Brechungsindex.

Die vom Objekt ausgehenden Lichtstrahlen treffen in einem Winkel α auf die Frontlinse des Objektivs. Für die Berechnung des Auflösungsvermögens ist aus physikalischen Gründen der halbe Öffnungswinkel, d. h. der Winkel zwischen den äußersten Lichtstrahlen, die gerade noch ins Objektiv eintreten können, und der optischen Achse maßgeblich. Das Produkt $n \cdot \sin\alpha$ wird als **numerische Apertur** bezeichnet (lat. *apertura*, Öffnung) und stellt eine wichtige Kenngröße jedes Objektivs dar.

Tritt Licht vom Präparat durch das Deckglas in das optisch dünnere Medium Luft über, so wird es vom Einfallslot weg gebrochen und erreicht das Objektiv (Trockenobjektiv) unter Umständen nicht mehr. Gibt man aber einen Tropfen eines speziellen Öls auf das Präparat (mit oder ohne Deckglas) und taucht die Frontlinse des Objektivs (Immersionsobjektiv) ein, so findet diese störende Ablenkung des Lichts nicht mehr statt. Beim Mikroskopieren mit **Ölimmersion** (lat. *immersio*, Eintauchen) lässt sich also eine höhere Auflösung erzielen.

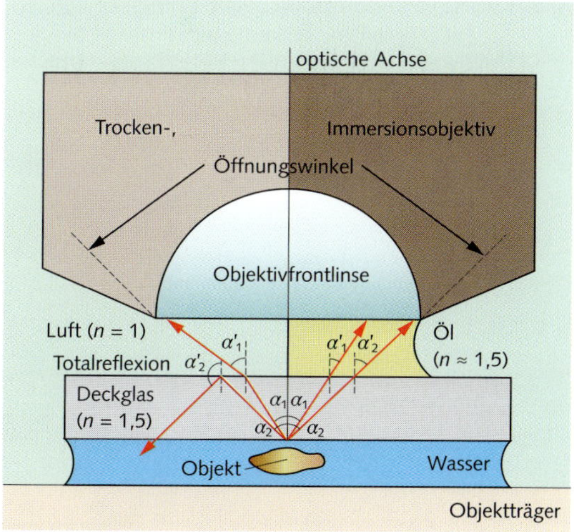

Abb. 1.8 Numerische Apertur, links Trocken-, rechts Ölimmersionsobjektiv

1.4.1.3 Kontrast

Da lebende Zellen für das sichtbare Licht weitgehend transparent sind, heben sie sich nur kontrastarm von ihrer Umgebung ab. Färbungen machen sie zwar sichtbar, führen aber gleichzeitig zu ihrem Tod.

Eine Möglichkeit zur Beobachtung lebender ungefärbter Zellen wird durch das **Phasenkontrastverfahren** gegeben.

Zu seinem Verständnis muss man die Wellennatur des Lichts heranziehen:

- Treten Lichtwellen von einem optisch dünneren in ein optisch dichteres Medium ein, so werden sie gebremst und in ihrer Phase verschoben.
- Treffen Lichtwellen auf ein Hindernis, so weichen sie von ihrer ursprünglichen Ausbreitungsrichtung ab, ein Phänomen, das man in der Optik als Beugung bezeichnet.
- Überlagern sich mehrere Lichtwellen gleicher Wellenlänge, so können sie sich gegenseitig auslöschen oder verstärken, ein Vorgang den man in der Physik als Interferenz bezeichnet.

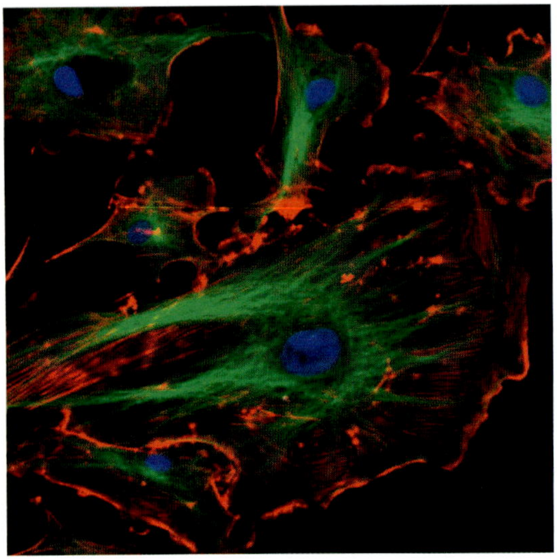

Abb. 1.9 Fluoreszenzmikroskopische Aufnahme von Endothelzellen. Zellkerne und Proteine des Cytoskeletts sind unterschiedlich angefärbt.

Bei der Bildentstehung im Mikroskop trifft Licht von unten durch den Kondensor auf das Objekt. Während ein großer Teil des Lichts das Präparat ungebremst durchstrahlt, wird ein kleinerer Teil an den Strukturen des Präparates gebeugt und etwa um $\lambda/4$ verzögert. Die Wellen des ursprünglichen Lichts und des gebeugten, verzögerten Lichts überlagern sich, d. h. sie interferieren und erzeugen das reelle Zwischenbild. Der geringe Phasenunterschied reicht aber für ein deutliches Bild nicht aus. Aus physikalischen Gründen entsteht eine kontrastreiche Abbildung erst dann, wenn der Phasenunterschied $\lambda/2$ beträgt.

Im Phasenkontrastmikroskop sorgen zwei wichtige Bauteile für eine Vergrößerung des Phasenunterschiedes.

- Durch eine Ringblende am Kondensor wird das Licht in Form eines Hohlkegels auf das Objekt geleitet.
- Im Tubus ist ein Phasenring aus höher brechendem, Licht absorbierenden Material angebracht, der das ursprüngliche Licht erheblich bremst, während das gebeugte Licht weitgehend unbeeinflusst bleibt.

Durch diese Maßnahmen wird insgesamt eine Phasenverschiebung auf die halbe Wellenlänge erreicht, sodass ein kontrastreiches Bild entsteht.

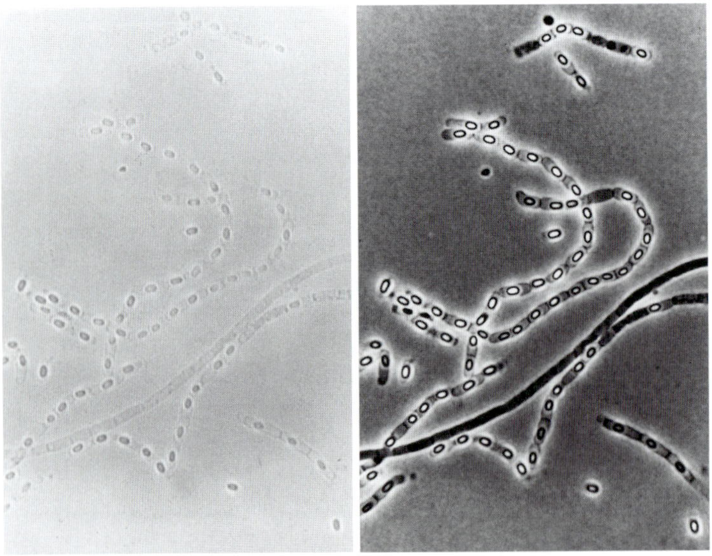

Abb. 1.10 Zellen von *Bacillus subtilis*, z. T. mit Sporen, 1600-fach Links im Hellfeld, rechts im Phasenkontrast

1.4.1.4 Fluoreszenzmikroskopie

Natürliche Zellinhaltsstoffe wie das Chlorophyll in Pflanzen lassen sich durch Bestrahlung mit energiereichem UV-Licht anregen und geben diese Energie in Form von Licht größerer Wellenlänge wieder ab: sie fluoreszieren. Da aber die meisten Zellbestandteile nicht über eine solche Autofluoreszenz verfügen, muss man sie mit geeigneten Farbstoffen verbinden. Meistens werden Proteine mit Antikörpern behandelt, die wiederum mit Fluoreszenzfarbstoffen gekoppelt sind. Bei einer UV-Bestrahlung im Fluoreszenzmikroskop leuchten dann diese Proteine in unterschiedlichen Farben auf.

1.4.2 Elektronenmikroskopie

Im Elektronenmikroskop lässt sich durch Verwendung von Elektronenstrahlen mit wesentlich kürzerer Wellenlänge als der des sichtbaren Lichtes ein Auflösungsvermögen von 0,2–0,3 nm erreichen. Damit ist eine Vergrößerung auf das 1 000 000-fache möglich. Da Elektronenstrahlen für das menschliche Auge nicht sichtbar sind, wird die unterschiedliche Elektronenverteilung auf einem Leuchtschirm in ein Bild umgewandelt. Statt der Glaslinsen dienen elektromagnetische Felder zur Bündelung der Strahlen, Vakuum verhindert ihre Ablenkung durch Luftmoleküle.

Man unterscheidet bei Elektronenmikroskopen zwei Typen:

- das Transmissionselektronenmikroskop (TEM) und
- das Rasterelektronenmikroskop (REM).

Beim TEM werden Elektronenstrahlen durch dünne Schnitte des Objekts geschickt, die dessen innere Strukturen abbilden. Auf diese Weise lassen sich Zellorganellen und Membranen in einer Zelle sichtbar machen.

Beim REM werden die Objekte nicht durchstrahlt, sondern äußerlich von einem Elektronenstrahl abgetastet. Dadurch lassen sich Oberflächenstrukturen sichtbar machen. In beiden Fällen können keine lebenden Objekte untersucht werden.

1.5 Zellaufschluss und Zellfraktionierung

Zur weiteren Untersuchung des Zellinhalts ist es notwendig, die Zellen aufzubrechen. Man zerstört dabei die Zellmembran und ggf. die Zellwand und isoliert aus dem Aufschluss je nach Untersuchungsziel die intakten Zellorganellen oder Biomoleküle wie beispielsweise Proteine oder Nucleinsäuren.

1.5.1 Zellaufschlussverfahren

Während Zellen von Mikroorganismen häufig direkt eingesetzt werden können, müssen tierische oder pflanzliche Gewebe zunächst grob zerkleinert werden. Danach werden sie mit einem **Aufschlussmedium** vermengt, das vor allem folgende Bedingungen erfüllen muss:

- es hält durch Puffer den physiologischen pH-Wert aufrecht,
- es hält durch Zusatz von Saccharose den osmotischen Wert aufrecht und verhindert dadurch ein Platzen von Zellorganellen,
- es schützt Zellbestandteile durch Stabilisatoren vor dem Abbau durch Protein spaltende Enzyme.

Nach dem Zellaufschluss mit einem geeigneten Verfahren entsteht ein dünnflüssiger Brei aus Zellbestandteilen und Medium, das **Zellhomogenat**, das für weitere Untersuchungen eingesetzt wird.

1.5.1.1 Mechanische Aufschlussverfahren

Zerreibt man eine Zellsuspension mit einem Pistill in einem Porzellanmörser, so wirken auf die Zellen durch den Druck des Pistills, die Verschiebung gegeneinander und das vorbeiströmende Medium hohe Druck- und Scherkräfte ein, die die Zellhülle zerreißen.

Dieser Prozess führt meistens zu einem Temperaturanstieg, der unter Umständen die Zellinhaltsstoffe schädigt. Deshalb muss bei einem mechanischen Aufschluss mit Eis gekühlt werden.

Für die Durchführung stehen verschiedene Geräte und Verfahren zur Verfügung:

- **Porzellanmörser:** Mit einem Pistill wird die Zellsuspension im Porzellanmörser zerrieben. Ein Zusatz von Seesand oder Aluminiumoxid erhöht die mechanische Beanspruchung der Zellen.
- **Messerhomogenisator**: Die Homogenisierung erfolgt in einem Mixer mit rotierenden Messern, wie er auch in der Küche verwendet wird. Für kleine Volumina von 5–100 mL verwendet man einen Ultra Turrax, bei dem die Messer durch einen in einem engen Gefäß rotierenden Metallstab ersetzt sind.
- **Kolbenhomogenssator:** In einem röhrenförmigen Glasgefäß wird ein Kolben aus Glas oder Teflon auf und ab sowie rotierend bewegt. Dadurch werden die Zellen im schmalen Spalt zwischen Gefäßwand und Kolben im Aufschlussmedium zerrieben. Dieses Verfahren ist so schonend, dass die Zellorganellen erhalten bleiben.
- **Rührwerkskugelmühle:** Eine Rührwerkskugelmühle besteht aus einem horizontal angeordneten zylindrischen Behälter mit Kühlmantel, der bis

zu 90 % mit Mahlkugeln gefüllt ist. Ein Elektromotor setzt ein in den Innenraum ragendes Mahlwerk in Betrieb. Die Zellsuspension gelangt über den Zulauf in den Mahlbehälter, wo sie durch die Mahlkugeln homogenisiert wird.

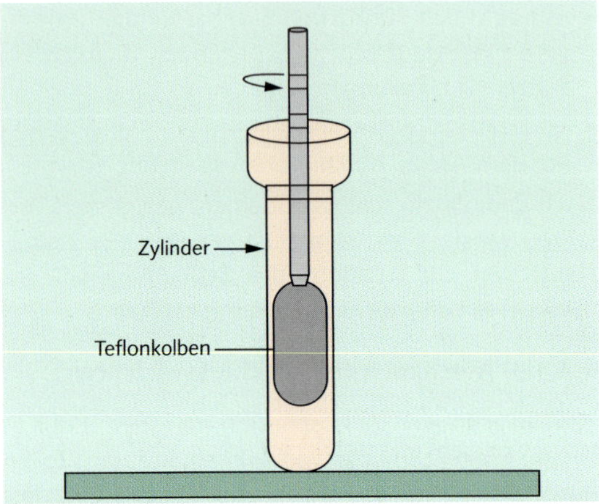

Abb. 1.11 Schema eines Kolbenhomogenisators

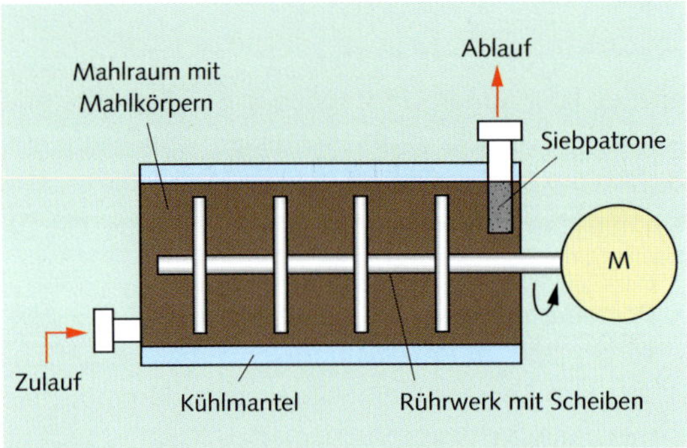

Abb. 1.12 Schema einer Rührwerkskugelmühle

1.5.1.2 Nicht-mechanische Aufschlussverfahren

Zum Aufbrechen einiger Zellen reicht die mechanische Beanspruchung nicht aus. Insbesondere für den Aufschluss von Hefezellen und Bakterienzellen werden Enzyme verwendet, die die Zellwände zerstören.

- Lysozym, ein Enzym aus Hühnereiweiß, löst die Zellwände von Bakterien auf.
- Zymolyase baut die Zellwände von Hefezellen ab.

Weitere Chemikalien zerstören wichtige Zellbestandteile, sodass es bei der Auswahl eines Aufschlussverfahrens letztlich entscheidend ist, welche Zellinhaltsstoffe man erhalten will.

Spezielle Methoden zur Isolierung und Reinigung von Proteinen und Nucleinsäuren werden in ▶ Kapitel 4, S. 59 ff. bzw. ▶ Kapitel 7, S. 101 ff. besprochen.

1.5.2 Zellfraktionierung durch Zentrifugation

In Abhängigkeit von der Aufschlussmethode liegen im Homogenat, also dem Brei aus Aufschlussmedium und Zellbestandteilen, noch intakte Zellen, Zelltrümmer, Zellorganellen und Makromoleküle vor. Zur weiteren Untersuchung muss dieses Gemisch in seine einzelnen Fraktionen zerlegt werden. Diese Trennung gelingt mit Hilfe der **Zentrifugation**.

Da verschiedene Zentrifugationstechniken nicht nur zur Gewinnung von Zellorganellen eingesetzt werden, sondern auch bei mikrobiologischen und zellkulturtechnischen Arbeiten zur Abtrennung intakter Zellen und bei biochemischen und molekularbiologi-

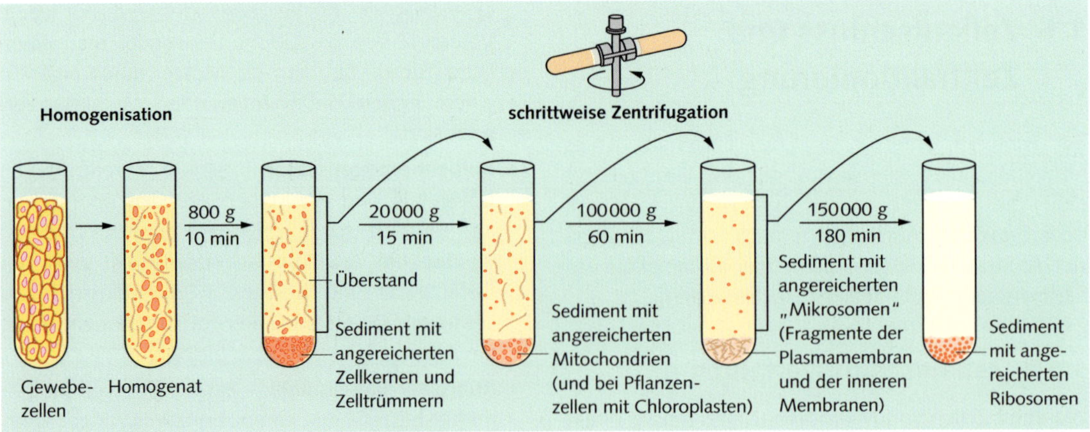

Abb. 1.13 Zellfraktionierung durch Zentrifugation

schen Arbeiten zur Gewinnung von Proteinen und Nucleinsäuren dienen, werden die physikalischen Grundlagen der Zentrifugation im Folgenden näher erläutert.

Im Prinzip bestehen alle **Zentrifugen** aus einem **Rotor** mit mehreren Bohrungen, in die die Zentrifugengefäße eingesetzt werden und einem **Motor**, mit dem der Rotor auf eine bestimmte Umdrehungsgeschwindigkeit gebracht werden kann.

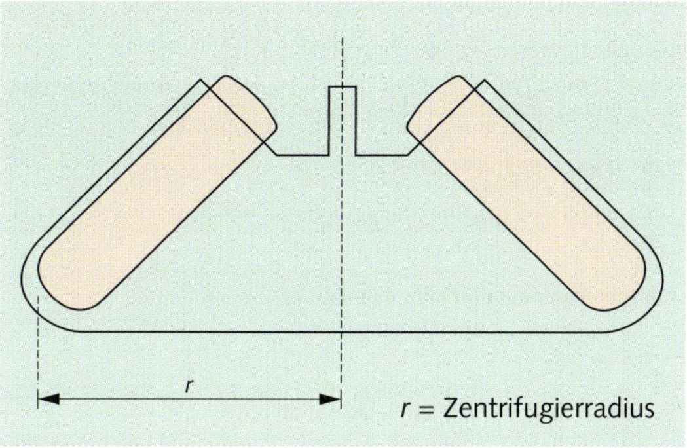

Abb. 1.14 Zentrifuge mit Festwinkelrotor im Längsschnitt

In einer Suspension sedimentieren Teilchen entsprechend ihrer Form, Größe und Dichte unterschiedlich schnell, wenn sie der Schwerkraft ausgesetzt sind. Man verstärkt diesen Vorgang, wenn man die Suspension mittels einer Zentrifuge in Rotation versetzt, weil die Partikel dadurch einer größeren Beschleunigung ausgesetzt werden als es durch die Erdbeschleunigung g der Fall ist. Auf die Teilchen wirkt die Zentrifugalkraft ein, die der Auftriebskraft der Partikel entgegengesetzt ist. Teilchen größerer Masse werden auf diese Weise stärker nach außen geschleudert als solche kleinerer Masse und reichern sich am Boden des Zentrifugenröhrchens als Bodensatz, engl. **Pellet**, an.

Um zu verstehen, wie die Umdrehungsgeschwindigkeit des Rotors und sein Radius die Beschleunigung der Teilchen beeinflussen, sind einige physikalische Ableitungen notwendig.

Wenn sich der Rotor einer Zentrifuge um seine Achse dreht, führen die Teilchen in den Zentrifugengläsern eine Kreisbewegung aus.

Zwar ist die Geschwindigkeit der Teilchen umso größer, je weiter sie von der Achse entfernt sind, aber alle Teilchen, die auf demselben Radius r liegen, überstreichen in der gleichen Zeit den gleichen Winkel, haben also die gleiche Winkelgeschwindigkeit ω (Omega).

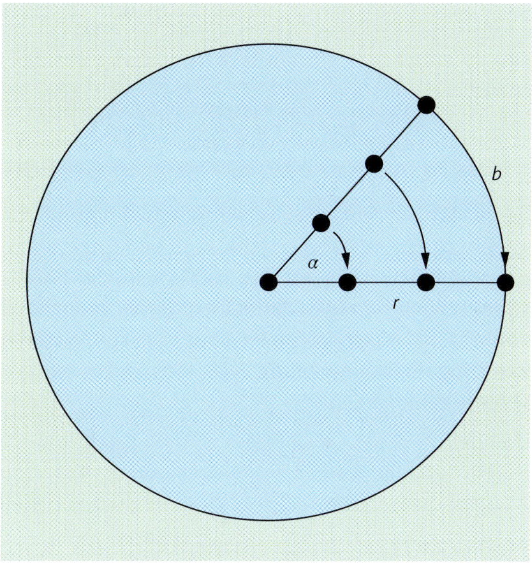

Abb. 1.15 Zusammenhang zwischen Winkel, Kreisbogen und Radius

$$\omega = \frac{\text{Drehwinkel}}{\text{Drehzeit}}$$

Dieser Winkel wird in der Physik meistens im Bogenmaß, d. h. als Verhältnis der Bogenlänge b zum Radius des Kreises r ausgedrückt. Da bei einer vollständigen Umdrehung der Vollkreiswinkel von 360° zurückgelegt wird, entspricht die Bogenlänge b dem Kreisumfang $U = 2\pi \cdot r$. Im Einheitskreis mit dem Radius $r = 1$ gilt dann: $U = 2\pi$. Somit entspricht ein Wert von 360° im Gradmaß einem Betrag von 2π im Bogenmaß.

Bei einem vollen Umlauf in der Umlaufzeit t gilt für die Winkelgeschwindigkeit:

$$\omega = \frac{2\pi}{t} \quad \left[\frac{1}{\text{s}}\right]$$

Für Zentrifugen gibt man die Anzahl der Umdrehungen pro Minute (bzw. 60 Sekunden) an, die **Upm** oder **rpm** (engl. rotations per minute). Zwischen der Anzahl der Umdrehungen des Rotors pro Minute und der Winkelgeschwindigkeit besteht die Beziehung

$$\omega = \frac{2\pi}{60} \cdot \text{Upm, wobei Upm} = \frac{1}{\text{min}} \text{ ist.}$$

Auf das rotierende Teilchen wirkt eine Beschleunigung a ein, die von der Winkelgeschwindigkeit ω und vom Radius r des Kreises bzw. des Rotors abhängt.

$$a = \omega^2 \cdot r$$

Setzt man für ω den Ausdruck $\frac{2\pi}{t}$ bzw. $\frac{2\pi}{60} \cdot \text{Upm}$ ein, so erhält man für die Beschleunigung des Teilchens:

$$a = \left(\frac{2\pi}{60} \cdot \text{Upm}\right)^2 \cdot r = \frac{4\pi^2}{3600} \cdot (\text{Upm})^2 \cdot r$$

Beim Zentrifugieren wird die Beschleunigung im Allgemeinen als Vielfaches der Erdbeschleunigung angegeben. Ein Wert von 1000 × g bedeutet dann, dass die Beschleunigung das 1000-fache der Erdbeschleunigung beträgt. Man spricht daher manchmal von der **„g"-Kraft**, korrekter aber von der **relativen Zentrifugalbeschleunigung RZB** (eng. **rcf** = relative centrifugal force).

Wandelt man die Gleichung $a = \text{RZB} \cdot g$ um und ersetzt a durch $= \frac{4\pi^2}{3600} \cdot (\text{Upm})^2 \cdot r$, so erhält man den Ausdruck $\text{RZB} = \frac{a}{g} = \frac{4\pi^2}{3600} \cdot (\text{Upm})^2 \cdot \frac{r}{g}$

Abweichend von den SI-Einheiten ist es üblich, für $g = 981\ \text{cm} \cdot \text{s}^{-2}$ und für den Radius den Wert in cm einzusetzen. Entsprechend erhält man für die relative Zentrifugalbeschleunigung folgende Gleichung:

$$\text{RZB} = \frac{4\pi^2}{3600} \cdot (\text{Upm})^2 \cdot \frac{r}{981}$$
$$= 1{,}117 \cdot 10^{-5} \cdot (\text{Upm})^2 \cdot r = 11{,}17 \cdot \left(\frac{\text{Upm}}{1000}\right)^2 \cdot r$$

Bei gleich bleibendem Radius lässt sich damit die Leistung einer Zentrifuge aus der maximalen Umdrehungszahl ihres Rotors in die entsprechende relative Zentrifugalkraft umrechnen.

	Upm = rpm in min^{-1}	**RZB = rcf**
Tischzentrifugen	4000–6000	max. 7000
hochtourige Zentrifugen	max. 25 000	max. 60 000
Ultrazentrifugen	max. 80 000	500 000–600 000

Ist in einer Arbeitsanweisung die relative Zentrifugalbeschleunigung angegeben, so kann man die Anzahl der Umdrehungen pro Minute für eine Zentrifuge mit bekanntem Radius errechnen.

Beispiel

Wie in ▶ Abb. 1.13 (S. 22) angegeben sedimentieren Mitochondrien und Chloroplasten bei 100 000 g. Wie lässt sich dieser Wert in einer Zentrifuge mit dem Radius r_{max} von 8 cm erreichen ?

Lösung:

$RZB = 100\,000 = 10^5,\ r = 8\ cm$

$$Upm = 1000 \cdot \sqrt{\frac{RZB}{11{,}17 \cdot r}} = 1000 \cdot \sqrt{\frac{10^5}{11{,}17 \cdot 8}}$$

$$= \mathbf{33\,452\ min^{-1}}$$

Da diese Umdrehungszeit mit einer normalen Zentrifuge nicht zu erreichen ist, braucht man eine Ultrazentrifuge.

In der Praxis werden die Zentrifugationsparameter häufig aus einem Nomogramm, d. h. einer graphischen Darstellung des Zusammenhangs zwischen mittlerem Radius des Rotors, relativer Zentrifugalbeschleunigung und Umdrehungen pro Minute ermittelt.

1.6 Aufgaben

1. Erstellen Sie eine Tabelle, in der Sie die wichtigsten Merkmale der Zellen von Tieren, Pflanzen, Pilzen und Bakterien gegenüberstellen.
2. Geben Sie die Funktion folgender Zellorganellen an:
   Mitochondrien, Chloroplasten, Ribosomen
3. Nennen Sie die typischen funktionellen Gruppen der folgenden natürlichen Makromoleküle: Proteine, Fette, Polysaccharide, Nucleinsäuren.
4. Geben Sie an, welche Teile des Mikroskops
   a) zur Abbildungsoptik
   b) zur Beleuchtungsoptik gehören
   und erläutern Sie ihre Funktion.
5. Berechnen Sie die Vergrößerung mit einem Lichtmikroskop für folgende Kombinationen aus Objektiv und Okular:
   a) Objektiv: 10 ×, Okular: 40 ×
   b) Objektiv 100 ×, Okular: 10 ×
6. Erläutern Sie, worauf bei Durchführung eines mechanischen Zellaufschlusses geachtet werden muss.
7. Zur Abtrennung wird eine Zellsuspension in einem Rotor mit dem Radius 8,7 cm bei 8000 Upm zentrifugiert. Berechnen Sie die relative Zentrifugalbeschleunigung.
8. Ein Zellaufschluss wird in einem Rotor mit dem Radius 6,5 cm mit 20 000 g zentrifugiert. Berechnen Sie die Umdrehungen pro Minute.

2 Durchführung mikrobiologischer Arbeiten

2.1 Wesen der Mikroorganismen

2.1.1 Bedeutung

Mikroskopisch kleine Lebewesen wie Bakterien und bestimmte Pilze und nicht zelluläre Strukturen wie Viren haben trotz ihrer Winzigkeit erheblichen Einfluss auf unser Leben:

- Sie sorgen im Kreislauf der Natur für die Reinigung von Gewässern und können deshalb auch zur Abwasserreinigung eingesetzt werden.
- Sie verderben Nahrungsmittel wie beispielsweise Milch oder wandeln sie in schmackhafte Folgeprodukte wie Joghurt und Käse um.
- Sie rufen schwere Krankheiten wie z. B. Cholera hervor oder produzieren in Gestalt von Antibiotika wertvolle Arzneimittel zur Bekämpfung von Krankheiten.

Trotz ihrer geringen Ausmaße tragen die Zellen von Mikroorganismen alle Kennzeichen des Lebens.

2.1.2 Größe

Das menschliche Auge kann aus 25 cm Abstand Gegenstände wahrnehmen, die etwa 0,15 mm groß sind. Da Bakterienzellen im Allgemeinen aber nur eine Länge von maximal 10 µm aufweisen, sind sie mit bloßem Auge nicht sichtbar. Es handelt sich um mikroskopisch kleine Lebewesen, also **Mikro**organismen.

	Pflanzliche und tierische Zellen	Bakterienzellen
Durchmesser in µm	100	1
Volumen in μm^3	> 10 000	1
Generationszeit in h	etwa 20	0,3 – 1

Tab. 2.1 Unterschiede zwischen eukaryotischen und prokaryotischen Zellen (Durchschnittszahlen)

2.1.3 Produktivität

Ein Bakterium, das Lactose vergärt, kann in einer Stunde mehr als das 1000-fache seines eigenen Gewichts an Zucker umsetzen. Ein Mensch würde dagegen für den entsprechenden Zuckerumsatz mit rund 250 000 Stunden fast sein halbes Leben benötigen.

Dass Bakterien zu derartig hohen Stoffwechselleistungen in der Lage sind, hängt mit dem günstigen Verhältnis ihrer Oberfläche zu ihrem Volumen zusammen, denn an der Zelloberfläche erfolgt der Stoffaustausch mit der Umgebung. Ein Rechenbeispiel mag das verdeutlichen:

Eine Bakterienzelle hat ein Volumen von etwa 1 μm^3. Stellt man sich die Zelle als Würfel vor, so hat dieser eine Kantenlänge von 1 µm und eine Oberfläche von 6 μm^2 ($1 \cdot 1 \cdot 6\ \mu m^2$). Das Verhältnis seiner Oberfläche zu seinem Volumen beträgt also 6 : 1. Wäre die Bakterienzelle größer, beispielsweise entsprechend einem Würfel mit der Kantenlänge von 5 µm, so betrüge die Oberfläche 150 μm^2 ($5 \cdot 5 \cdot 6\ \mu m^2$) und das Volumen 125 μm^3 ($5 \cdot 5 \cdot 5\ \mu m^3$). Das Verhältnis von Oberfläche zu Volumen wäre dann 1,2 : 1. In diesem Fall könnten an der Zellmembran mit größter Wahrscheinlichkeit nicht mehr genügend Stoffwechselvorgänge ablaufen, um die Zelle am Leben zu halten.

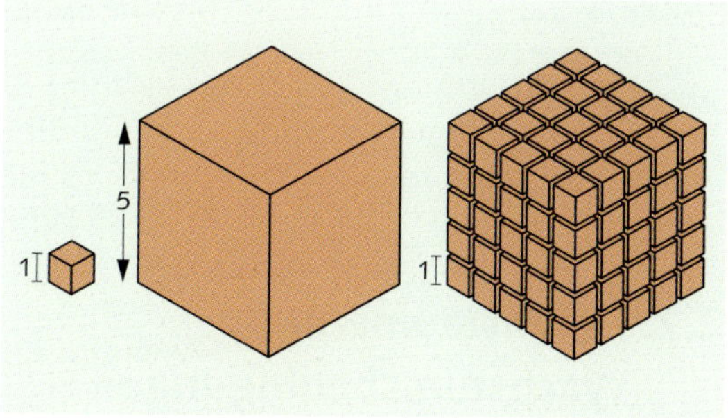

Abb. 2.1 Oberfläche und Volumen unterschiedlich großer Würfel

Betrachtet man die Gesamtheit von 125 einzelnen Zellen, die in dem großen Würfel Platz finden, so errechnet man eine Gesamtoberfläche von 750 μm^2 ($125 \cdot 6\ \mu m^2$). Eine ganze Bakterienpopulation ist damit zu außerordentlich hoher Produktivität fähig.

2.1.4 Stoffwechselvielfalt und Anpassungsfähigkeit

Im Gegensatz zu Mensch und Tier sind viele Mikroorganismen nicht auf Sauerstoff und organische Nahrung angewiesen, sondern können auch ohne Sauerstoff existieren und vielfältige organische und anorganische Stoffe zur Aufrechterhaltung ihres Stoffwechsels nutzen. Diese Vielfalt wird unter ▶ 2.2.1 näher beschrieben.

Außerdem sind sie häufig in der Lage, sich in kurzer Zeit an ein verändertes Nährstoffangebot anzupassen. Enzyme zum Abbau spezieller Nährstoffe werden nämlich nicht in der Zelle vorrätig gehalten, sondern werden erst produziert, wenn der entsprechende Nährstoff zur Verfügung steht.

2.1.5 Reizbarkeit und Bewegung

Viele Bakterien reagieren auf Reize aus der Umgebung, indem sie sich auf die Reizquelle zu oder von ihr weg bewegen. Diese zielgerichtete Bewegung wird als **Taxis** bezeichnet (gr. *taxis* Ordnung, Stellung). Man unterscheidet dabei folgende Taxien:

- Chemotaxis: Bewegung auf eine Nahrungsquelle zu oder von einer toxischen Substanz weg,
- Phototaxis: Bewegung auf das Licht zu,
- Aerotaxis: Bewegung auf eine Sauerstoffquelle zu oder von ihr weg,
- Magnetotaxis: Bewegung im Erdmagnetfeld.

In den meisten Fällen erfolgt die Bewegung durch Geißeln (▶ siehe auch 2.4.3, S. 36). Manche Bakterien sind aber auch in der Lage, in ihrem eigenen Schleim zu gleiten.

2.2 Lebensräume und Wachstumsbedingungen

Mikroorganismen besiedeln dieselben Lebensräume wie Menschen, Tiere und Pflanzen. Aber auch dort, wo die Welt am unwirtlichsten erscheint, vermögen bestimmte Mikroorganismen optimal zu leben: im ewigen Eis oder in Vulkanen, in sauerstoffreichen Quellen oder im Innersten des Darms, vor allem aber auf nährstoffreichen organischen Materialien. Sie kommen überall vor.

2.2.1 Ernährungsweisen

2.2.1.1 Autotrophe und heterotrophe Ernährung

Beide Begriffe beziehen sich auf das lebenswichtige Element Kohlenstoff. Kann ein Organismus CO_2 als Kohlenstoffquelle nutzen, so wird er als **autotroph** bezeichnet. Braucht er dagegen eine organische Verbindung wie beispielsweise Glucose, so gilt er als **heterotroph**. Die meisten Mikroorganismen brauchen eine organische Kohlenstoffquelle, um zelleigene Substanz aufzubauen und ihren Energiestoffwechsel aufrechtzuerhalten. Dabei reicht die Vielfalt der nutzbaren Stoffe von Glucose über Cellulose bis hin zu Harnstoff und Erdöl. Häufig werden organische Stoffe nicht vollständig bis zum CO_2 abgebaut, sondern in niedermolekulare organische Stoffe wie beispielsweise Ethanol oder Buttersäure umgewandelt.

Um die Fülle der Ernährungsformen bei den Mikroorganismen zu beschreiben, reichen die Begriffe autotroph und heterotroph jedoch nicht aus, denn Mikroorganismen nutzen außerdem unterschiedliche Energieformen.

2.2.1.2 Phototrophe und chemotrophe Energiegewinnung

Bakterien, die ähnlich wie grüne Pflanzen das Sonnenlicht als Energiequelle nutzen, bezeichnet man als **phototroph**. So findet man z. B. Cyanobakterien zusammen mit Algen in überdüngten Gewässern in Gestalt grüner Beläge. Mikroorganismen, die chemische Verbindungen als Energiequellen nutzen, nennt man **chemotroph**. In diese Gruppe gehören neben vielen Bakterien vor allem die Pilze.

2.2.1.3 Lithotrophe und organotrophe Stoffwechselreaktionen

In allen Zellen laufen während des Stoffwechsels Redoxreaktionen ab. Dabei fungiert ein Reaktionspartner als Elektronendonator. Handelt es sich dabei um eine anorganische Verbindung wie z. B. Eisen(II)-Ionen oder Nitritionen, so bezeichnet man den entsprechenden Organismus als **lithotroph**, im Falle einer organischen Verbindung als **organotroph**.

Colibakterien bauen Glucose mit organisch gebundenem Wasserstoff als Elektronendonator ab. Sie sind also chemo-organo-heterotroph.

Bakterien der Gattung *Thiobacillus* gewinnen Energie durch Umsetzung von Schwefelwasserstoff oder

Energiequelle		Elektronendonator		Kohlenstoffquelle		
Licht	**photo-**	anorganisch	**litho-**	anorganisch	**auto-**	**-troph**
chemische	**chemo-**	organisch	**organo-**	organisch	**hetero-**	

Tab. 2.2 Begriffe zur Bezeichnung von Ernährungstypen

Thiosulfat, wobei der Schwefel bis zur Stufe des Sulfats oxidiert wird. Als Hauptkohlenstoffquelle dient ihnen CO_2. Sie sind also chemo-litho-autotroph.

2.2.2 Lebensräume

2.2.2.1 pH-Abhängigkeit

Jeder Mikroorganismus hat einen pH-Bereich, in dem er wachsen kann, sowie meist ein gut definiertes pH-Optimum. In den meisten natürlichen Lebensräumen herrschen pH-Werte zwischen 5 und 9 vor; Mikroorganismen mit Optima in diesem Bereich sind daher sehr häufig.

- **Neutrophile** Mikroorganismen bevorzugen einen pH-Wert zwischen 6 und 8.
- **Acidophil** sind Mikroorganismen, die bei pH-Werten unter 6 leben. Die Gruppe der Pilze ist im Allgemeinen säuretoleranter als die der Bakterien.
- **Alkalophil** sind Mikroorganismen, die bei pH-Werten über 8 leben. Sie kommen meist in stark basischen Biotopen wie Natronseen und stark carbonathaltigen Böden vor. Einige extrem alkalophile Mikroorganismen sind auch halophil (salzliebend).

2.2.2.2 Sauerstoffverträglichkeit

Mikroorganismen unterscheiden sich auch in ihrem Verhalten gegenüber Sauerstoff:

- **Aerob** nennt man Mikroorganismen, die den normalen Sauerstoffgehalt der Luft zum Überleben benötigen. Hierzu gehören die typischen Luftkeime.
- **Mikroaerophil** nennt man Bakterien, die nur einen geringeren Sauerstoffgehalt als den der Luft ertragen können. Diese Eigenschaft findet man bei vielen Milchsäurebakterien.
- **Fakultativ anaerob** sind Bakterien, die den Luftsauerstoff nicht nutzen können, aber durch ihn auch nicht geschädigt werden. Dazu gehören beispielsweise Colibakterien, die zwar im anaeroben Milieu des Darms zu Hause sind, aber auch außerhalb, z. B. in Gewässern, eine Weile überleben können.
- **Obligat anaerob** (= strikt anaerob) lebende Bakterien sterben ab, wenn sie für längere Zeit dem Luftsauerstoff ausgesetzt sind. Diverse Clostridien, die im Erdreich vorkommen, sind typische Vertreter dieser Lebensart.

2.2.2.3 Temperaturabhängigkeit

Die Temperatur ist einer der wichtigsten, wenn nicht *der* wichtigste Umweltfaktor, der das Wachstum und das Überleben von Organismen beeinflusst. Die Temperatur kann sich auf zwei ganz unterschiedliche Weisen auf Lebewesen auswirken. Mit steigender Temperatur laufen chemische und enzymatische Reaktionen in der Zelle mit größerer Geschwindigkeit ab, und die Zellen wachsen schneller. *Oberhalb* einer bestimmten Temperatur können jedoch bestimmte Proteine irreversibel geschädigt werden.

Somit gibt es für jeden Mikroorganismus ein

- **Temperaturminimum**, unter dem er nicht wächst, ein
- **Temperaturoptimum**, bei dem seine Zellen am schnellsten wachsen und ein
- **Temperaturmaximum**, über das hinaus kein Wachstum mehr möglich ist.

Kein Mikroorganismus kann über die gesamte Temperaturskala wachsen; in der Regel erstreckt sich der Wachstumsbereich eines bestimmten Mikroorganismus über einen Temperaturbereich von ca. 30 °C.

- **Mesophil** sind Mikroorganismen, die ihre maximale Wachstumsrate zwischen 20 und 40 °C erreichen. Dies trifft für die meisten Mikroorganismen zu.
- **Thermophile** Mikroorganismen – wie sie z. B. in heißen Quellen vorkommen – haben ein Temperaturoptimum über 45 °C (50–70 °C)
- **Hyperthermophile** Mikroorganismen können in entsprechenden Quellen sogar noch bei Temperaturen über 100 °C wachsen.
- **Psychrophil** (= **kryophil**) sind Mikroorganismen mit einem Temperaturoptimum bei 15 °C oder darunter, einer maximalen Wachstumstemperatur unter 20 °C und einem Temperaturminimum bei 0 °C oder darunter. Psychrophile Algen können Schneefeldern ein rötliches Aussehen verleihen.

- **Psychrotolerant** nennt man Mikroorganismen, die bei 0 °C wachsen, aber Optima von 20–40 °C haben. Solche Mikroorganismen führen auch im Kühlschrank noch zum Verderb von Lebensmitteln.

2.2.3 Kultivierung

Um Mikroorganismen im Labor zum Wachsen zu bringen, d.h. sie kultivieren zu können, muss man ihnen im Prinzip dieselben Lebensbedingungen bieten wie sie in der Natur zur Verfügung stehen.

2.2.3.1 Nährmedien

Ein zur Anzucht geeignetes Nährmedium muss daher alle zum Wachstum unter Laborbedingungen notwendigen Stoffe enthalten. An erster Stelle steht dabei Wasser, da es 75–85 % der Gesamtzellmasse ausmacht. Zugleich fungiert es als Lösungsmittel für alle weiteren Inhaltsstoffe. Während sich Kohlenstoff- und Stickstoffquelle nach den jeweiligen Ernährungstypen richten, tragen wichtige Vitamine und Mineralstoffe zur Gewährleistung aller Lebensvorgänge bei. Der Ionengehalt der Nährlösung muss dem natürlichen Zellmilieu entsprechen, damit die Zellen nicht platzen. Um einer Änderung des pH-Wertes durch Stoffwechselprodukte entgegenzuwirken, werden außerdem Puffersubstanzen zugesetzt.

Für die Zubereitung von Nährmedien steht eine Vielzahl von Substanzen bereit, von denen einige in der ▶ Tabelle 2.3 zusammengestellt sind.

Nach Konsistenz, Zusammensetzung und Verwendungszweck lassen sich Nährmedien in verschiedene Gruppen unterteilen:

Nach ihrer **Konsistenz** (lat. Beschaffenheit, Zähigkeit) lassen sich folgende Arten beschreiben:

- **Flüssige Nährmedien** werden auch als **Bouillon** (frz. Fleischbrühe) bezeichnet. Sie dienen vor allem zur Anreicherung von Mikroorganismen, bei Reinkulturen zur Prüfung physiologischer Eigenschaften und zur Gewinnung größerer Zellmengen.

Substanz	Erläuterung	Funktion
Pepton	Wasserlösliches Eiweißspaltprodukt, das durch Behandlung pflanzlicher oder tierischer Eiweiße mit Enzymen hergestellt wird (z. B. aus Fleisch, Casein, Sojamehl).	Kohlenstoff- und Stickstoffquelle
Fleischextrakt	Konzentrierter Auszug aus enzymatisch angedautem Fleisch.	Stickstoffquelle, Vitamine, Mineralstoffe.
Hefeextrakt	Wasserlöslicher Auszug aus Hefe.	Stickstoffquelle, Vitamine, Mineralstoffe.
Glucose	Traubenzucker, Monosaccharid, z. B. aus Früchten.	Von allen Mikroorganismen nutzbare Kohlenstoffquelle.
Maltose	Malzzucker, Disaccharid aus keimender Gerste (Malz).	Von vielen Mikroorganismen nutzbare Kohlenstoffquelle.
Malzextrakt	Wässriger konzentrierter Auszug aus Gestenmalz.	Kohlenstoffquelle in Pilznährböden.
Lactose	Milchzucker, Disaccharid aus Milch.	Von bestimmten Mikroorganismen als Kohlenstoffquelle nutzbar.
Dextrin	Abbauprodukt von Stärke.	Kohlenstoffquelle
Glycerin = Glycerol	3-wertiger Alkohol.	Kohlenstoffquelle
Agar-Agar	Polysaccharid aus Rotalgen, verflüssigt sich bei etwa 95 °C und erstarrt bei 40–45 °C.	Verfestigen von Nährböden, von Mikroorganismen *nicht* als Kohlenstoffquelle nutzbar.
NaCl	Mineralstoff	Ionengehalt
$(NH_4)_2SO_4$, KH_2PO_4, K_2HPO_4	Mineralstoffe	Stickstoff- Phosphor- und Schwefelquelle, Pufferung.
Chinablau	Säure-Base-Indikator	Indikatoren für Stoffwechselprodukte
Fuchsinschweflige Säure	Nachweisreagenz für Aldehyde	Indikator für Stoffwechselprodukte

Tab. 2.3 Wichtige Inhaltsstoffe von Nährmedien

- **Halbfeste Nährmedien** enthalten geringe Mengen eines Verdickungsmittels. Sie werden für die Beweglichkeitsprüfung von Bakterien eingesetzt.
- **Feste Nährmedien** entstehen durch Zusatz eines Verdickungsmittels zur Bouillon. Sie dienen zur Gewinnung, Überprüfung und Aufbewahrung von Reinkulturen sowie zur Keimzahlbestimmung.

Nach ihrer **Zusammensetzung** unterteilt man in folgende Gruppen:

- **Synthetische Nährmedien** enthalten ausschließlich chemisch exakt definierte Bestandteile in bekannter Konzentration, z. B. eine Mischung aus Glucose und Mineralsalzen. Für die Untersuchung spezieller Stoffwechselleistungen sind solche Medien trotz aufwändiger Herstellung notwendig.
- **Komplexe Nährmedien** enthalten einen oder mehrere organische Bestandteile, deren chemische Zusammensetzung nicht genau bekannt ist, z. B. Hefeextrakt, Fleischextrakt oder Pepton. Demnach gehören die meisten Nährmedien in diese Gruppe.

Nach ihrem **Verwendungszweck** unterscheidet man folgende Nährmedien:

- **Universalnährmedien** ermöglichen einer Vielzahl von Mikroorganismen das Wachstum.
- **Selektivnährmedien** sind so zusammengesetzt, dass das Wachstum bestimmter Mikroorganismen durch geeignete Zusätze begünstigt und das Wachstum anderer Organismen durch Hemmstoffe unterdrückt wird. Beispielsweise enthalten manche Selektivnährmedien den Zucker Lactose, der nur von einigen Bakterien genutzt werden kann, als einzige Kohlenhydratquelle. In anderen Fällen bedient man sich der Einstellung des pH-Wertes zur Selektion. In flüssiger Form verwendet man selektive Nährböden zur Anreicherung, in fester Form zur Direktisolierung von Mikroorganismen.
- **Differenzierungsmedien** enthalten Zusätze wie beispielsweise Farbstoffe, die bestimmte Stoffwechselleistungen von Mikroorganismen sichtbar machen, indem sie mit Stoffwechselprodukten reagieren, die nur von bestimmten Organismen gebildet werden. Dabei kommt es zu einer Veränderung, z. B. Verfärbung des Mediums oder der Kolonien. Auf diese Weise lassen sich Milchsäurebakterien durch den Säure-Base-Indikator Chinablau nachweisen, Colibakterien im ENDO-Agar durch Fuchsinschweflige Säure.

2.2.3.2 Sauerstoff

Nach dem Beimpfen lassen sich aerobe und fakultativ anaerobe Bakterien in einem flüssigen Nährmedium durch Schütteln in einem Erlenmeyerkolben mit Sauerstoff in Kontakt bringen. Auf einem festen Nährboden steht ihnen der Sauerstoff in der Petrischale zur Verfügung.

Für die Kultivierung obligat anaerober Bakterien werden Enghalsgefäße verwendet, in denen man die Bakterienkultur mit sterilem Nährmedium und Paraffin überschichtet oder man benutzt einen speziellen Anaerobiertopf.

2.2.3.3 Temperatur

Von allen Wachstumsparametern lässt sich die Temperatur am leichtesten steuern. Man bringt die Kulturen für einige Stunden bis Tage zur **Inkubation** (lat. *incubatio*, Bebrütung) in einen beheizbaren Brutschrank und lässt sie wachsen, bis ein sichtbares Ergebnis erzielt ist.

2.2.4 Wachstum und Vermehrung

In einer Flüssigkultur verrät eine Trübung des Nährmediums das Wachstum von Mikroorganismen. Auf einem festen Nährboden bilden sich nach einiger Zeit mit dem bloßen Auge sichtbare Zellanhäufungen, die als **Kolonien** bezeichnet werden.

Während man beim Wachstum eines höheren Lebewesens zunächst an die Größenzunahme eines Individuums denkt, versteht man unter dem Wachstum von Mikroorganismen das Wachstum einer ganzen Population, also die Zunahme der Zellzahl. Da sich Bakterienzellen durch Zweiteilung vermehren, verdoppelt sich Zellzahl innerhalb einer kurzen Zeitspanne. Diese wird als **Generationszeit *g*** bezeichnet. Die folgende Tabelle verdeutlicht die Unterschiede von Generationszeiten verschiedener Organismen.

Organismus	Generationszeit
E. coli	20 min
Bodenbakterien	60–150 min
Nitrosomonas und *Nitrobacter*	5–10 Stunden
Mycobakterien	12–20 Stunden
Hefe *Saccharomyces cerevisiae*	etwa 90 Minuten
Mensch	30 Jahre

Tab. 2.4 Generationszeiten verschiedener Organismen

Wie schnell eine Bakterienpopulation wachsen kann, mag das folgende Rechenbeispiel zeigen:

Ein Bakterium teilt sich alle 30 Minuten. Wie groß ist die Zellzahl nach 24 Stunden?

Zeit (h)	Anzahl der Teilungen n	Zellzahl N		lg der Zellzahl
0	0	1	2^0	0
0,5	1	2	2^1	0,301
1	2	4	2^2	0,602
1,5	3	8	2^3	0,903
2	4	16	2^4	1,204
2,5	5	32	2^5	1,505
3	6	64	2^6	1,806
...		...	...	
24	48	$2{,}8 \cdot 10^{14}$	2^{48}	14,449

Tab. 2.5 Abhängigkeit der Zellzahl von der Zeit

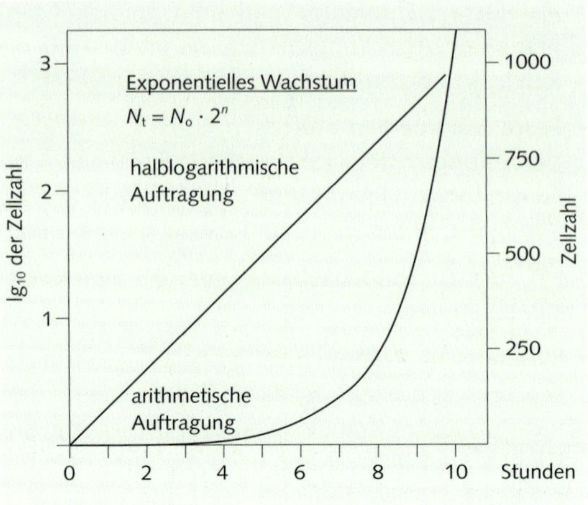

Abb. 2.2 Exponentielles Wachstum einer Bakterienkultur

Die enorm hohe Anzahl von 280 Billionen Zellen kommt dadurch zustande, dass das Wachstum **exponentiell** erfolgt, sich also durch den mathematischen Ausdruck $N = 2^n$ beschreiben lässt. Stellt man die Zellzahl N in Abhängigkeit von der Zeit grafisch dar, so erhält man eine Exponentialkurve. Je mehr Zellteilungen in einer Zeiteinheit stattfinden, desto kleiner ist die Generationszeit des entsprechenden Individuums.

Bei der Vermehrung von Mikroorganismen geht man in der Realität natürlich nicht von einer einzelnen Zelle aus, sondern bereits von einer Population von vielen tausend Zellen. Deswegen muss jede Zellzahl mit der Anfangszellzahl N_0 multipliziert werden, sodass sich für die Berechnung der Zellzahl folgende Formel ergibt: $N = N_0 \cdot 2^n$.

Um eine lineare Abhängigkeit zwischen der Zellzahl und der Zeit aufzuzeigen, trägt man an Stelle der Zellzahl deren dekadischen Logarithmus auf und erhält auf diese Weise eine Gerade. Aus dem Steigungsdreieck dieser Geraden kann man dann die Generationszeit bestimmen.

Nähere Ausführungen zur Berechnung des Wachstums von Mikroorganismen sind im ▶ Kapitel Biotechnologie unter 3.2.1, S. 50 zu finden.

In der Natur und unter Laborbedingungen sind dem Wachstum durch das zur Verfügung stehende Nährstoffangebot und andere Umwelteinflüsse jedoch Grenzen gesetzt, so dass nur ein kleiner Teil der Wachstumskurve exponentiell verläuft. Die insgesamt 4 Phasen einer realen Wachstumskurve sind in der ▶ Abbildung 2.3 zu erkennen.

- **Anlaufphase = lag-Phase.** Nach dem Beimpfen des Nährmediums müssen sich die Mikroorganismen zunächst an das neue Medium anpassen und ggf. Enzyme zum Abbau der Nährstoffe bilden. Diese Tatsache führt zu einer Verlangsamung des Wachstums (engl. *lag*).
- **Exponentielle Phase = log-Phase.** Die Zellen haben ihre maximale Teilungsrate erreicht und vermehren sich exponentiell. Dieser Teil der Wachstumskurve entspricht der ▶ Abb. 2.3. Da es sich mathematisch um eine Exponentialfunktion und nicht um eine Logarithmusfunktion handelt, ist

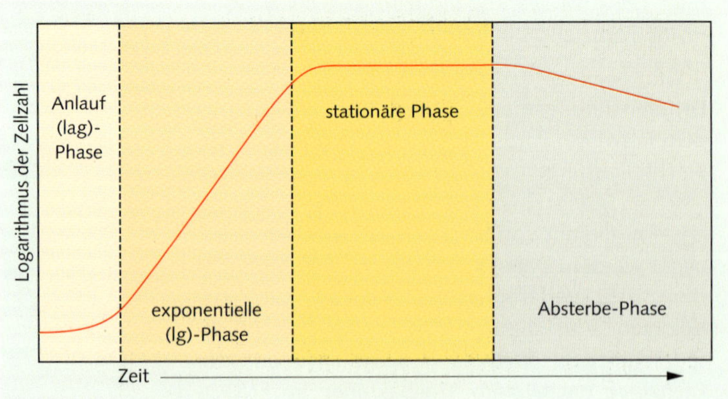

Abb. 2.3 Wachstumskurve einer Bakterienkultur

die oft verwendete Bezeichnung „logarithmische Phase" falsch.

- **Stationäre Phase.** Nach einer Weile führen der Mangel an einem essenziellen Nährstoff oder die Anhäufung von toxischen Stoffwechselprodukten zum Absterben einiger Zellen, während andere sich weiterhin teilen. Die Gesamtzahl der Zellen bleibt aber nahezu konstant.
- **Absterbephase.** Es sterben mehr Zellen ab als durch Teilung neu entstehen.

2.3 Hemmung des Wachstums

2.3.1 Sterilisation und Desinfektion

Schädliche Mikroorganismen abzutöten ist ein Gebot der Hygiene. Mit Desinfektionsmitteln wie Chlorkalk und Phenol wurden früher die Erreger von Seuchen bekämpft. Daher stammt auch der Begriff **Desinfektion**, nämlich Beseitigen einer Infektion. Alle Krankheit erregenden, d. h. **pathogenen** Mikroorganismen, werden abgetötet. **Sterilisation** dagegen bedeutet in diesem Zusammenhang den Zustand völliger Keimfreiheit.

Nun sind ansonsten harmlose Mikroorganismen aber durchaus schädlich für reine Kulturen. Man spricht auch hier von einer **Kontamination**, d. h. Verseuchung. Deshalb wurden die Begriffe Sterilisation und Desinfektion für das mikrobiologische Arbeiten weiter gefasst.

- Unter **Sterilisation** versteht man das Abtöten von Keimen ≥ 6 log-Stufen. Das bedeutet, dass von 1 000 000 Keimen maximal 1 überleben darf.
- Unter **Desinfektion** versteht man das Abtöten von Keimen ≥ 5 log-Stufen. Das bedeutet, dass von 100 000 Keimen maximal 1 überleben darf.

Desinfektionsmittel können Mikroorganismen auf unterschiedliche Art schädigen. Werden die Zellen vollständig abtötet, so drückt man das durch die Endung -zid aus. **Bakterizide** Stoffe töten Bakterien, fungizide entsprechend Pilze. Wird das Zellwachstum lediglich gehemmt, also eine statische Wirkung erreicht, so bezeichnet man die Stoffe als **bakteriostatisch** bzw. fungistatisch. Entsprechend gelten für Viren die Begriffe virizid und virustatisch.

Um keimarm arbeiten zu können, muss man aber nicht unbedingt die unerwünschten Mikroorganismen abtöten. Man kann sie auch durch bakteriendichte Filter fernhalten.

2.3.2 Sterilfiltration

Bakteriendichte Filter mit einem Porendurchmesser von etwa 0,45 µm halten die meisten Mikroorganismen fern. Sie werden zur Filtration von Flüssigkeiten verwendet, die keine Hitze vertragen, also z. B. Enzymlösungen.

In weitaus größerem Maßstab wird die Sterilfiltration zur Entkeimung von Luft eingesetzt.

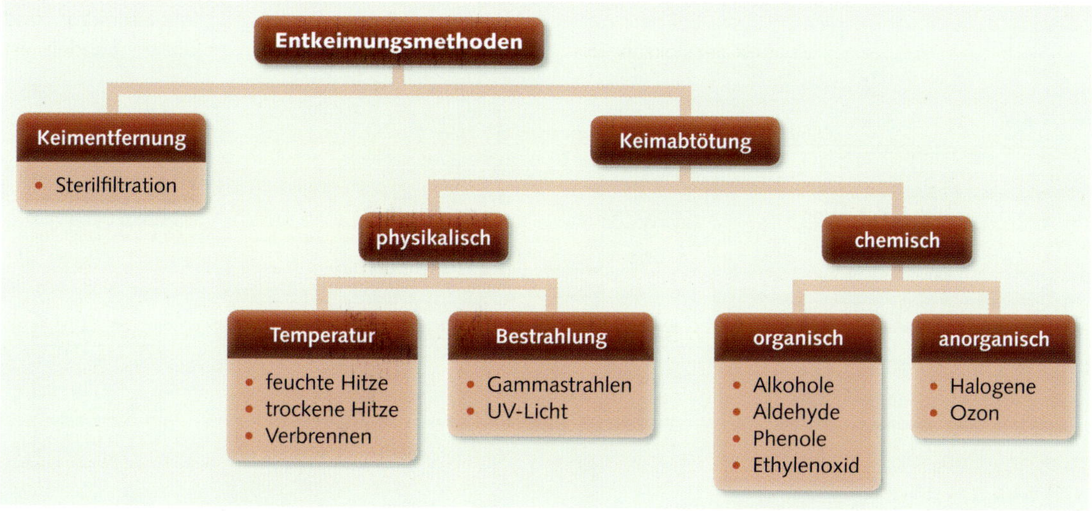

Abb. 2.4 Entkeimungsmethoden

2.3.2.1 Sterilwerkbänke

In fast jedem mikrobiologischen Labor ist eine Sterilwerkbank, auch Clean-Bench genannt, vorhanden. In ihr erfolgt die Filtration von Luft nach zwei Prinzipien:

1. Die in die Werkbank einströmende Luft wird durch **Ho**chleistungs-**Sch**webstoff-Filter, so genannte HOSCH-Filter, von Partikeln befreit.
2. Die Luft strömt mit konstanter Geschwindigkeit vertikal in die Werkbank ein, verdrängt die darin befindliche Luft und trägt dabei alle Partikel ≥ 0,3–0,5 µm allmählich hinaus. Bei einer laminaren Strömung (laminar flow), **LF**, gleiten die Luftschichten dabei ohne Wirbelbildung aneinander vorbei.

Sicherheitswerkbänke werden nach dem Schutz, den sie bieten, in drei Klassen eingeteilt:

- Werkbänke der **Klasse 1** funktionieren wie ein Abzug und sind für mikrobiologische Arbeiten ungeeignet, weil sie zwar den Menschen, nicht aber die Kulturen schützen.
- Werkbänke der **Klasse 2** lassen von oben steril filtrierte Luft in den Innenraum. Dort zirkuliert sie und mischt sich nur wenig mit Raumluft, sodass bei weitgehend geschlossener Frontscheibe Mensch und Kulturen geschützt sind.
- Werkbänke der **Klasse 3** verfügen über einen geschlossenen Experimentierraum mit einem Unterdruck von 150 Pa. Gearbeitet wird mit luftdicht eingesetzten, armlangen Handschuhen. Zuluft und Abluft werden durch HOSCH-Filter gereinigt. Durch diese Maßnahmen werden Mensch, Kulturen und Umwelt geschützt.

2.3.3 Sterilisation durch Hitze

Die meisten Zellen von Bakterien, Hefen und Schimmelpilzen sterben bereits bei einer Temperatur von 80 °C innerhalb von 30 Minuten. Einige Bakterien bilden jedoch hitzeresistente Dauerformen, so genannte **Endosporen** (▶ siehe auch 2.4.3, S. 37) aus, die erst nach 15 Minuten bei einer Temperatur von 121 °C abgetötet werden.

2.3.3.1 Autoklavieren (Dampfsterilisation)

Ein Autoklav ist ein Druckbehälter zum Sterilisieren. In ihm wird Wasser zur Dampferzeugung so lange erhitzt, bis sich bei einem Dampfdruck des gesättigten Wasserdampfes von 205 kPa (2,05 bar) die zugehörige Temperatur von 121 °C einstellt. Diese Temperatur, die in allen Bereichen des zu sterilisierenden Materials erreicht werden muss, ist zur sicheren Abtötung der Mikroorganismen 15–20 Minuten zu halten.

2.3.3.2 Heißluftsterilisation

Dass Wasserdampf die Hitze besser überträgt als trockene Heißluft, weiß jeder, der sich schon einmal verbrüht hat. Deshalb sind zur sicheren Abtötung von Mikroorganismen im Heißluftsterilisator höhere Temperaturen und längere Einwirkungszeiten notwendig als im Autoklaven. Üblich sind folgende Temperaturen und Zeiten:

160 °C: 180 Minuten;
170 °C: 120 Minuten;
180 °C: 30 Minuten.

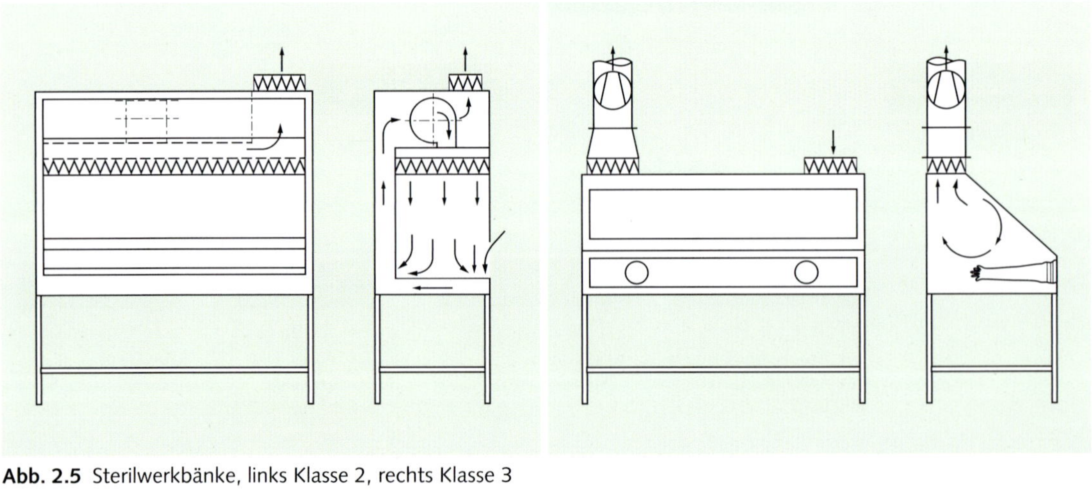

Abb. 2.5 Sterilwerkbänke, links Klasse 2, rechts Klasse 3

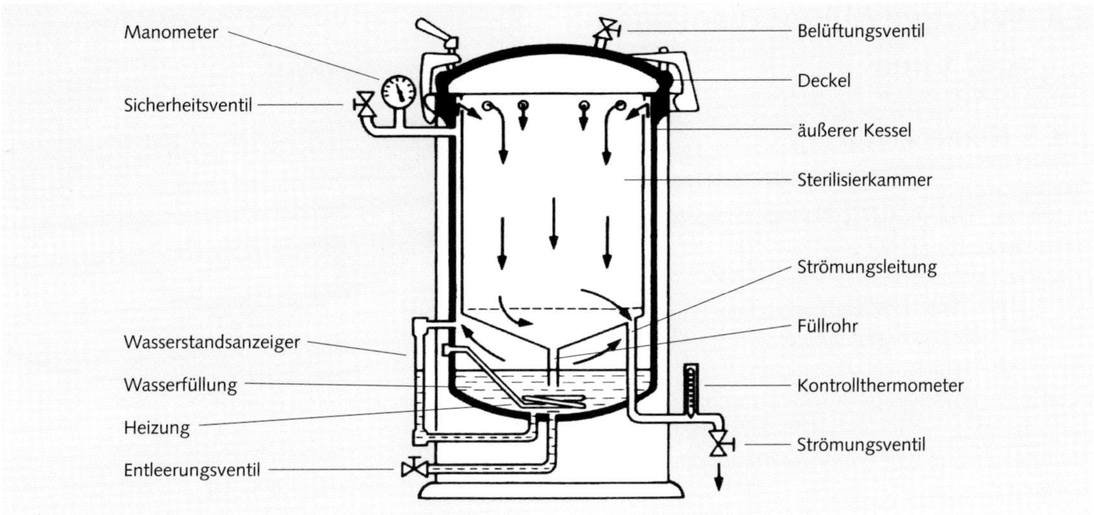

Abb. 2.6 Längsschnitt durch einen Autoklaven

2.3.3.3 Ausglühen und Abflammen

Die heiße Flamme eines Gasbrenners tötet Mikroorganismen schnell und zuverlässig ab. Impfösen und -nadeln werden im Außenkegel der Flamme bei etwa 1000 °C bis zur Gelbglut erhitzt. Andere Geräte wie Pinzetten und Scheren oder die Ränder von Kulturgefäßen können kurz durch die Flamme gezogen werden, um den Keimgehalt zu vermindern.

2.3.4 Bestrahlung

UV-Strahlen im Bereich von 260 nm schädigen die Erbsubstanz und führen damit zum Zelltod. Da die Strahlung aber keinen Unterschied zwischen Mikroorganismus und Mensch macht, werden UV-Lampen nur in unbenutzten Räumen – z. B. über Nacht – zur Entkeimung eingesetzt.

2.3.5 Desinfektionsmittel

Viele Chemikalien schädigen Zellen, indem sie Proteine denaturieren oder wichtige Zellbestandteile oxidieren. Es gilt, solche Stoffe zur Abtötung von Mikroorganismen einzusetzen, die die menschliche Gesundheit möglichst wenig beeinträchtigen.

Zur Desinfektion von Händen und Arbeitsflächen werden die Alkohole Ethanol, n-Propanol und Isopropanol in einer Konzentration von 70–80 % (v/v) verwendet. Fertige Desinfektionsmittel enthalten häufig auch Aldehyde, Kresole oder quartäre Ammoniumverbindungen. Zur Entkeimung von Wasser verwendet man Chlor und Chlor abspaltende Stoffe oder auch Ozon. Das hoch wirksame, aber sehr giftige Formaldehyd wird fast nur noch zur Dekontamination von Werkbänken von Krankheitserregern verwendet.

2.3.6 Antibiotika

Antibiotika sind antimikrobiell wirksame Substanzen, die zur Krankheitsbekämpfung eingesetzt werden. Einige Mikroorganismen sind selbst in der Lage, Stoffe zu produzieren, die das Wachstum von Bakterien hemmen, beispielsweise das Penicillin aus dem Schimmelpilz *Penicillium notatum* oder das Streptomycin aus dem Bakterium *Streptomyces griseus*. Während Antibiotika ursprünglich nur aus lebenden Zellen von Pilzen oder Bakterien gewonnen wurden, lassen sich heute viele von ihnen synthetisch oder halbsynthetisch herstellen.

Die meisten Antibiotika schädigen den Kranken nicht, weil sie nur Strukturen angreifen, die zwar in prokaryotischen Zellen, nicht aber in eukaryotischen Zellen anzutreffen sind. Das bekannteste Antibiotikum, Penicillin, hemmt den Aufbau der Zellwand wachsender Zellen, indem es die Quervernetzung des Mureins unterbindet. Einige Antibiotika stören die Proteinbiosynthese an den Ribosomen der Bakterien, andere hemmen Enzyme, die das Bakterienchromosom in der Zelle korrekt verdrehen.

2.4 Wichtige Mikroorganismen und Viren

2.4.1 Nomenklatur

Zur Benennung von Eukaryoten und Prokaryoten wurde ein System aus 2 Namen eingeführt, deren erster die Gattung, der zweite die Art kennzeichnet. Es handelt sich dabei um lateinische oder griechische Ableitungen von Herkunft und Eigenschaften des Organismus oder Eigennamen von Forschern. Der Name des Schimmelpilzes *Aspergillus niger* weist auf das Herausschleudern schwarzer Sporen (lat. *aspergo* bespritzen, lat. *niger* schwarz) hin. Das Bakterium *Escherichia coli* wurde von Theodor Escherich aus dem Dickdarm (gr. *colon*) isoliert. *Streptococcus mutans* ist ein kugelförmiges (gr. *kokkos* Kern, Beere) Bakterium, dessen Zellen kettenartig aufgereiht sind (gr. *streptos* Kette) und das sich leicht wandeln kann (lat. *mutare* verändern).

Abb. 2.7 Vom Schimmelpilz befallene Zitrone

2.4.2 Pilze

Die Pilze gehören zu den Eukaryoten, haben also einen echten, durch eine Kernmembran abgegrenzten Zellkern. Ihre Zellen sind von einer Zellwand aus dem Polysaccharid Chitin umgeben. Auch die meisten Organellen – mit Ausnahme der Chloroplasten – findet man. Ihrem Aufbau und ihrer Lebensweise nach werden Pilze aber weder den Pflanzen noch den Tieren zugerechnet.

2.4.2.1 Schimmelpilze

Pilze spielen eine wichtige Rolle im Kreislauf der Natur, indem sie totes organisches Material wie umgestürzte Bäume oder Tierkadaver abbauen. Leider befallen sie auch zum menschlichen Genuss bestimmte Substrate wie Brot oder Früchte, die sie mit einem faserigen weißen oder farbigen Belag überziehen, der landläufig als Schimmel bezeichnet wird. Von diesem leitet sich auch der in der Mikrobiologie gebräuchliche Begriff **Schimmelpilze** ab, der allerdings keine systematische Einordnung bedeutet, sondern nur zur Abgrenzung von den großen Ständerpilzen wie Champignon oder Fliegenpilz benutzt wird.

Das organische Material kann deswegen so schnell von Schimmelpilzen abgebaut werden, weil ihr Fruchtkörper eine große Oberfläche aufweist und sie sich rasch vermehren können. Ihre Zellen bilden lange Fäden aus, die man als **Hyphen** bezeichnet. Einzelne Pilzfäden verzweigen sich und wachsen zu einem dichten, **Myzel** (gr. *myces* Pilz) genannten Geflecht heran. Während der größte Teil des Myzels unter der Oberfläche des Nährbodens verborgen bleibt, ragen einzelne Hyphenzweige in die Luft und bilden an ihren Enden **Sporen**, die zu neuen Pilzzellen auskeimen.

Viele Pilze können sich sowohl sexuell (geschlechtlich) durch Keimzellen vermehren als auch vegetativ

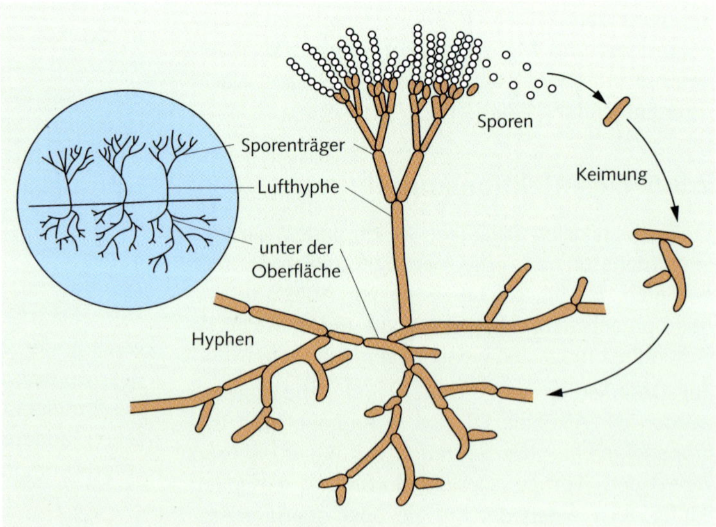

Abb. 2.8 Lebenszyklus eines Schimmelpilzes

(ungeschlechtlich) durch Sporen. Bei den wichtigsten Schimmelpilzen herrscht eine Vermehrung durch Sporen vor, die von den Enden der Sporenträger abgeschnürt werden. Da sie nach außen in die Umwelt abgegeben werden, bezeichnet man sie auch als **Exosporen**. Sporen und Sporenträger verleihen den von Schimmel befallenen Medien das pelzige, oft gefärbte Aussehen.

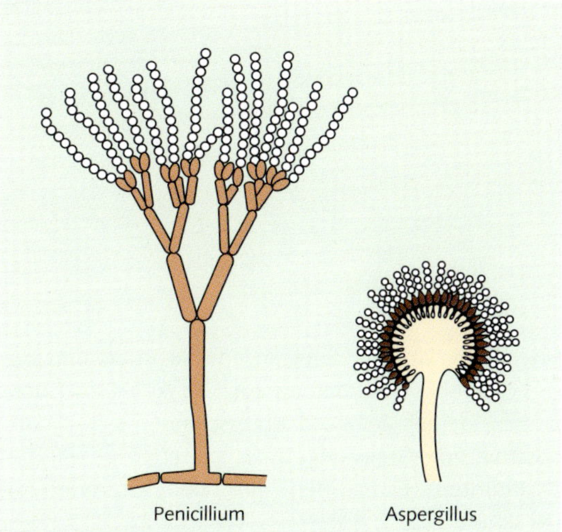

Abb. 2.9 Sporenstände des Pinselschimmels *Penicillium* und des Gießkannenschimmels *Aspergillus*

Wenn Schimmelpilze organisches Material zersetzen, können in einzelnen Fällen dabei für den Menschen sehr giftige Stoffe, so genannte Mykotoxine entstehen. Beispielsweise erzeugt *Aspergillus flavus* die nach ihm benannten Pilzgifte Aflatoxine. Völlig unbedenkliche Schimmelpilze werden in der Lebensmitteltechnologie als „Edelschimmel" zur Herstellung von bestimmten Käsesorten oder von Salami verwendet.

2.4.2.2 Hefen

Hefen sind einzellige Schimmelpilze, die in der Regel kein Myzel ausbilden. Ihre kugelförmigen oder ovalen Zellen können etwa 10 µm groß werden. Bei ihrer Vermehrung bildet sich an der Mutterzelle ein kleiner Auswuchs, der sich vergrößert und dann abschnürt. Daher spricht man von Knospung oder Sprossung.

Hefen werden schon seit Jahrtausenden in der Herstellung von Lebensmitteln eingesetzt, etwa bei der Erzeugung alkoholischer Getränke (▶ siehe 3.4.1, S. 54).

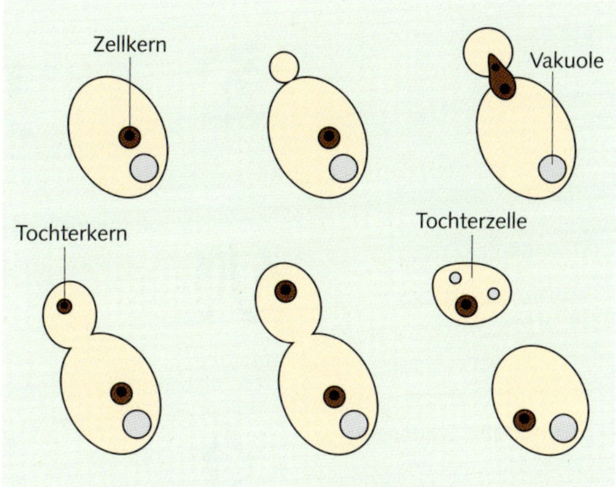

Abb. 2.10 Hefezellen bei der Sprossung

2.4.2.3 Wichtige Vertreter der Schimmelpilze und Hefen

Einige wichtige Schimmelpilze und Hefen sind in der folgenden Tabelle zusammengestellt:

Penicillium notatum	Produktion des Antibiotikums Penicillin
Penicillium chrysogenum	Produktion des Antibiotikums Penicillin
Penicillium camemberti	Lebensmitteltechnologie: Camembertkäse
Penicillium roqueforti	Lebensmitteltechnologie: Roquefortkäse
Aspergillus niger	Produktion von Citronensäure
Aspergillus flavus	Verderb von Lebensmitteln, Produktion giftiger Aflatoxine
Rhizopus nigricans	Verderb von Lebensmitteln: Brotschimmel
Saccharomyces cerevisiae	Lebensmitteltechnologie als Bier-, Wein-, Bäckerhefe
Candida albicans	Befall menschlicher Haut und Schleimhaut

Tab. 2.6 Wichtige Schimmelpilze und Hefen und ihre Eigenschaften

2.4.3 Bakterien

Bakterien sind Prokaryoten, weisen also einen einfacheren Zellbau als Eurkaryoten ohne echten Zellkern auf. Vielfältig sind nicht nur ihre Lebensräume und Stoffwechseleigenschaften, sondern auch ihre Größe und Gestalt. Kokken, d. h. kugelförmige Bakterien, können Durchmesser unter 0,5 µm aufweisen, Stäbchen eine Länge von 5 µm, im Extremfall bis zu

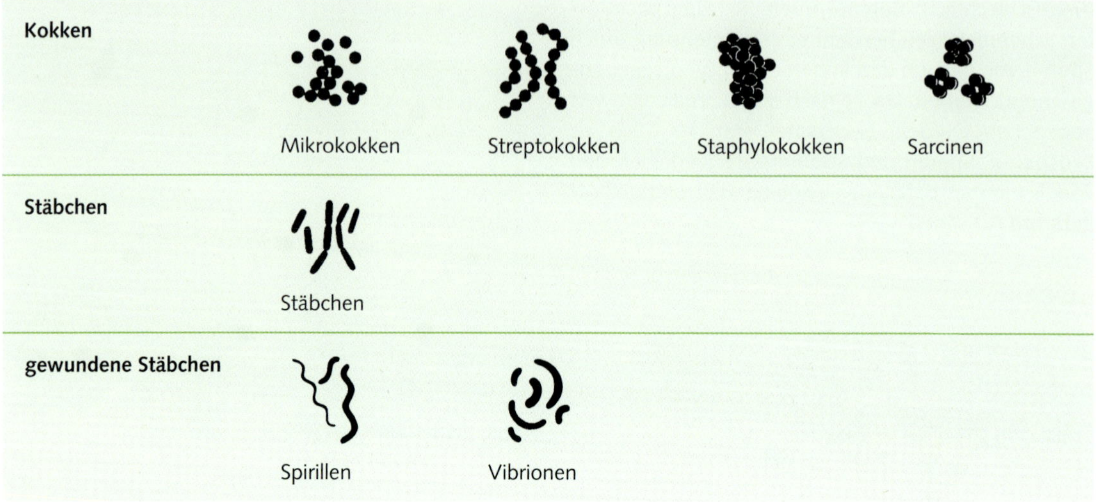

Abb. 2.11 Zellformen von Bakterien

mehreren 100 µm erreichen. Sie können gerade, gekrümmt oder spiralförmig gewunden sein. Da es sich bei den zuerst entdeckten Bakterien um Stäbchen handelte, wurde der Name dieser Zellform – *bakterion* heißt griechisch Stäbchen – für die gesamte Gruppe von Organismen verwendet.

2.4.3.1 Besonderheiten von Bakterien

Mureinschicht. Die Bakterienzellwand besteht im Wesentlichen aus einem netzartigen Makromolekül, dem **Peptidoglykan Murein**. Beim Murein sind Polysaccharidketten untereinander durch kurze Peptidstücke quervernetzt (▶ siehe auch 1.3.3, S. 16). Dieses Riesenmolekül wird Mureinsacculus genannt. Es fungiert als Stützskelett der Zellwand und ist von einer Reihe anderer Substanzen inkrustiert und belegt. Sowohl im Aufbau als auch im Anteil der Substanzen an der Zellwand unterscheiden sich **Gram-positive** von **Gram-negativen** Bakterien gegenüber bestimmten Farbstoffen bei der Gramfärbung (▶ siehe 2.5.3, S. 40).

Geißeln. Die Beweglichkeit von Bakterien kommt meistens durch Geißeln zustande. Diese im Verhältnis zur Zelle sehr langen, nur wenige Nanometer dicken Proteinfäden sind in der Zellmembran verankert. Durch eine Art Motor aus Proteinen können sie wie eine Schiffsschraube rotieren und dadurch das Bakterium im Medium zum Schwimmen bringen. Eine Begeißelung verschafft Bakterien die Möglichkeit, eine Nahrungsquelle zu erreichen, von der für sie ein chemischer Reiz ausgeht oder durch Bewegung auf einen Lichtreiz zu reagieren (▶ siehe auch 2.1.4 Taxis).

Nach Anzahl und Anordnung unterscheidet man vier Begeißelungsformen:

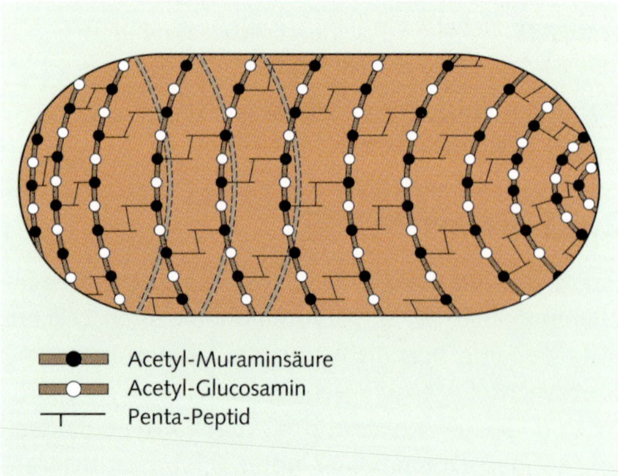

Abb. 2.12 Strukturmodell der Mureinschicht

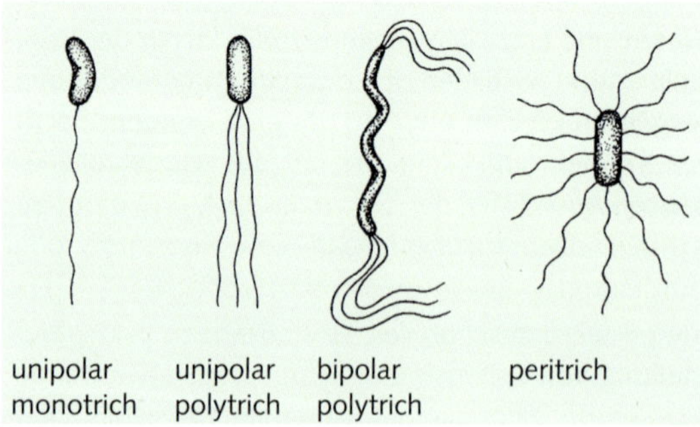

Abb. 2.13 Begeißelungsarten

	Gram-positive Bakterien	Gram-negative Bakterien
schematischer Zellwandaufbau	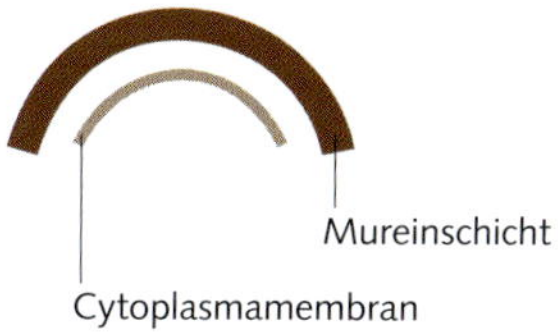	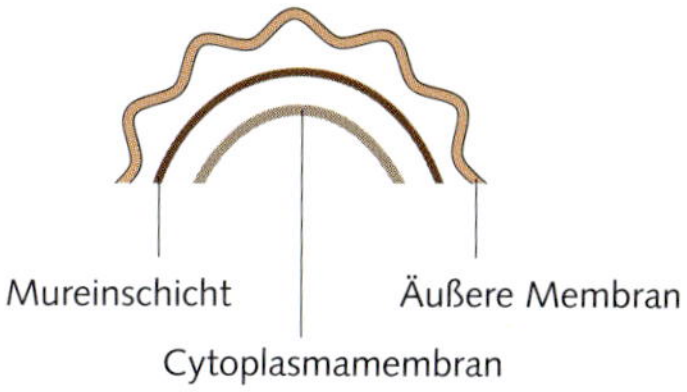
	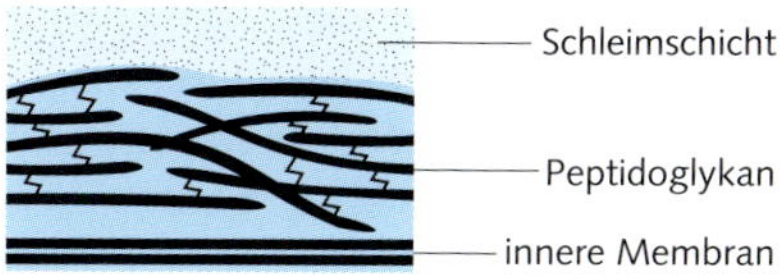	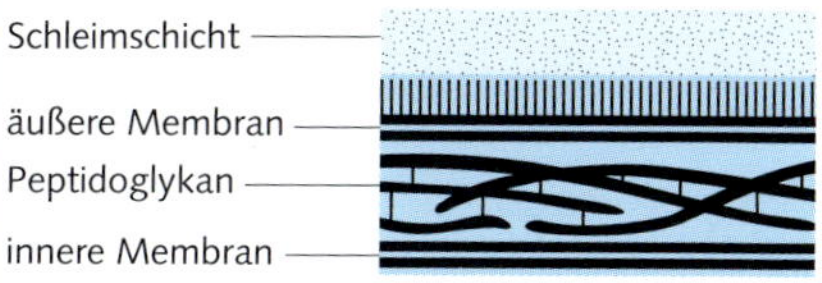
Dicke des Mureinsacculus	40 Schichten 1–35 nm	einschichtig 6–19 nm
Anteil des Mureinnetzes an der Trockenmasse der Zellwand	30–70 %	< 10 %

Tab. 2.7 Vergleich des Zellwandaufbaus grampositiver und gramnegativer Bakterien

Die Nachsilbe „-trich" bedeutet dabei Geißel, die Vorsilben „mono-" und „poly-" geben ihre Anzahl an, „peri-„ und die Wörter „unipolar" und „bipolar" den Ort ihrer Anbringung. Eine besonders ausgeprägte Beweglichkeit entsteht, wenn die gesamte Zelloberfläche mit Geißeln besetzt ist, also eine peritriche Begeißelung vorliegt.

Sporen. Unter schlechten Umweltbedingungen wie Nährstoffmangel und Trockenheit bilden einige Bakterien besondere Überlebensformen aus. Diese Dauerformen werden, da sie im Inneren einer Zelle gebildet werden, als **Endosporen** bezeichnet.

Bei der Sporenbildung geben die Bakterien den größten Teil ihres Wassers ab und entledigen sich vieler nicht lebensnotwendiger Stoffe. Ihre kostbare DNA dagegen schützen sie durch den Aufbau mehrerer Hüllschichten (Exosporium). Auf diese Weise können Sporen viele Konservierungsmaßnahmen überleben und sogar mehrere Jahrhunderte – beispielsweise an getrockneten Pflanzenresten – überdauern.

Verbessern sich die Lebensbedingungen, d.h. liegen wieder genügend Nährstoffe und Wasser vor, so steuert die DNA den Aufbau neuer Zellsubstanz. Aus den Sporen wachsen wieder vollständige Bakterien heran, ein Vorgang, den man als Auskeimen bezeichnet.

Diese Fähigkeit von Sporen bildenden Bakterien nutzt man im mikrobiologischen Labor zur Kontrolle von Autoklaven. Besonders hitzeresistente Sporen des Bakteriums *Geobacillus stearothermophilus* keimen nämlich nach dem Autoklavieren aus, wenn die Temperatur nicht ausreicht.

Man unterscheidet im Wesentlichen zwei Sporen bildende Bakteriengattungen: die aerob wachsenden Arten von *Bacillus* und die anaerob wachsenden Arten von *Clostridium*.

Kapseln und Schleime. Einige Bakterien scheiden nach außen hin ein gallertartiges Material ab, das als **Glykokalyx** bezeichnet wird. Dieser Schleim kann aus Polysacchariden oder Polypeptiden bestehen. Bildet er eine starre abgeschlossene Hülle, so spricht man von einer **Kapsel**, ist die Hülle leicht deformierbar, dagegen von einer **Schleimschicht**.

Die Glykokalyx bietet den Bakterien viele Vorteile. Sie werden durch sie vor dem Austrocknen geschützt und können sich mit dem klebrigen Schleim

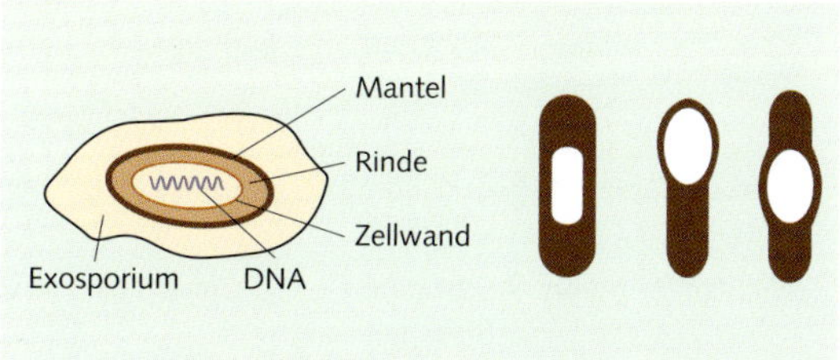

Abb. 2.14 links: Schema einer Endospore mit Zellresten, rechts Lage der Spore in der Zelle

leicht an diverse Oberflächen anheften. Die Kapsel pathogener Bakterien gewährt ihnen nicht nur Schutz vor den Fresszellen den Immunsystems, sondern enthält häufig krankheitserregende Stoffe (Antigene).

2.4.3.2 Wichtige Vertreter

Einige wichtige Bakterien sind in der ▶ Tabelle 2.8 zusammengestellt. Dabei enthalten die ersten fünf Spalten zur Klassifizierung wichtige Eigenschaften, während in der letzten Spalte das natürliche Vorkommen und die Bedeutung für den Menschen aufgeführt sind.

2.4.4 Viren

Viren weisen keine zelluläre Organisation auf, sondern bestehen nur aus Nucleinsäure und Protein. Deshalb können sie keinen selbstständigen Stoffwechsel betreiben, sondern brauchen zur Vermehrung die Zelle eines geeigneten Wirtes. Indem sie ihre Nucleinsäure in die Wirtszelle einschleusen, zwingen die Viren die fremde Zelle zur Produktion weiterer Viren. Dabei haben sich einige Viren auf Pflanzen, Tiere oder Menschen spezialisiert, andere auf Bakterien. Letztere werden als Bakteriophagen bezeichnet (gr. *phagos* Fresser).

Bakterium	Zellform	Gram-verhalten	Verhalten gegenüber Sauerstoff	Beweglichkeit	Sporenbildung	Vorkommen; Eigenschaften
Micrococcus luteus	Kokken	grampositiv	aerob			Luftkeim
Staphylococcus aureus	Kokken	grampositiv	fakultativ anaerob			Erreger von Entzündungen
Streptococcus mutans	Kokken	grampositiv	fakultativ anaerob			Entstehung von Karies
Lactobacillus casei	Stäbchen	grampositiv	fakultativ anaerob			Milchsäurebakterium
Escherichia coli	Stäbchen	gramnegativ	fakultativ anaerob	begeißelt		Darmbakterium
Enterobacter aerogenes	Stäbchen	gramnegativ	fakultativ anaerob	begeißelt		coliformer Keim, Darmbakterium
Serratia marcescens	Stäbchen	gramnegativ	fakultativ anaerob	begeißelt		Rote Pigmente
Acetobacter aceti	Stäbchen	gramnegativ	aerob	begeißelt		Essigsäurebakterium
Bacillus subtilis	Stäbchen	grampositiv	aerob		Sporenbildner	Bodenbakterium, Produzent von Enzymen
Bacillus anthracis	Stäbchen	grampositiv	aerob		Sporenbildner	Erreger des Milzbrandes
Geobacillus stearothermophilus	Stäbchen	grampositiv	aerob	begeißelt	Sporenbildner	besonders hitzeresistente Sporen
Clostridium botulinum	Stäbchen	grampositiv	anaerob		Sporenbildner	Vergiftung von Nahrungsmitteln
Clostridium tetani	Stäbchen	grampositiv	anaerob		Sporenbildner	Erreger des Wundstarrkrampfes
Vibrio cholerae	gekrümmtes Stäbchen	gramnegativ	fakultativ anaerob			Erreger der Cholera
Helicobacter pylori	Schraubenförmiges Stäbchen	gramnegativ	mikroaerophil	begeißelt		Erreger von Magengeschwüren

Tab. 2.8 Wichtige Bakterien und ihre Eigenschaften

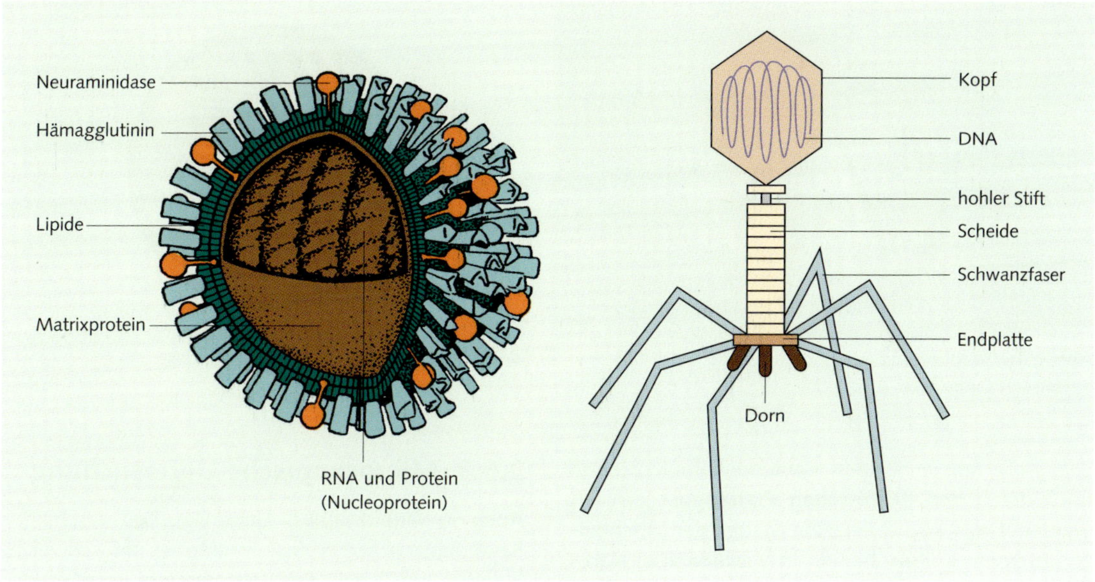

Abb. 2.15 Verschiedene Viren: links Grippevirus, rechts Bakteriophage

Viele schwere Krankheiten werden durch Viren auf den Menschen übertragen, z. B. Masern, Pocken, Polio, Grippe und AIDS.

In der Gentechnik nutzt man die Fähigkeit von Bakteriophagen, Nucleinsäure zu übertragen, zum Gentransfer.

2.5 Untersuchung von Mikroorganismen

Im Folgenden werden wegen ihrer größeren Bedeutung im Laboralltag nur Untersuchungen von Bakterien besprochen.

2.5.1 Gewinnung und Reinigung von Mikroorganismen

2.5.1.1 Gewinnung von Mikroorganismen

Da Bakterien überall in unserer Umwelt vorkommen, lassen sie sich von den unterschiedlichsten Orten und Materialien gewinnen. So kann man geöffnete Petrischalen mit Nährböden als **Fangplatten** aufstellen, damit Keime aus der Luft sedimentieren. Feste Gegenstände wie z. B. Geldscheine, aber auch Fingerspitzen werden beim **Abklatsch** direkt mit dem Nährboden in Kontakt gebracht, sodass die Keime daran kleben bleiben. Kleinere Flüssigkeitsmengen werden direkt auf den Nährboden pipettiert, größere wie beispielsweise Trinkwasser zur Anreicherung von Mikroorganismen zunächst durch ein bakteriendichtes Filter filtriert, das dann auf einen Nährboden gelegt wird. In jedem Fall erhält man eine gemischte Population der Keime des jeweiligen Standortes. Diese wächst bei **Inkubation** (= Bebrütung) in einem beheizten Brutschrank oft zu einem dichten Bakterienrasen heran.

2.5.1.2 Reinigung der Kulturen

Eine solche **Mischkultur** enthält in der Regel die Nachkommen unzähliger verschiedener Bakterien aus dem Probenmaterial. Will man spezielle Bakterien weiter untersuchen, so muss man daraus eine **Reinkultur** herstellen. Dazu ist es notwendig, die Zellen auf dem festen Nährboden so weit von einander zu isolieren, dass sie sich nicht mehr berühren können. Aus jeder Zelle kann sich dann durch fortgesetzte Zellteilung eine **Kolonie** entwickeln, die nur aus gleichartigen Individuen besteht. Zur Vereinzelung der Bakterien bedient man sich der Methode des **Verdünnungsausstrichs**. Mit einer ausgeglühten Impföse wird wenig Material der Mischkultur abgenommen und in mehreren Fraktionen auf einem frischen Nährboden ausgestrichen, wobei die Öse nach jedem Impfstrich wieder ausgeglüht wird. Bei drei Fraktionen spricht man vom „Drei-Ösen-Ausstrich".

Abb. 2.16 Verdünnungsausstrich einer Bakterienkultur. Links *Serratia marcescens*, rechts Schema des Drei-Ösen-Ausstrichs

Die Isolierung einzelner Bakterienkolonien kann auch durch den **KOCHschen Plattenguss** erreicht werden. Dazu wird eine kleine Menge der Mischkultur in einem Kulturröhrchen in verflüssigtem Nähragar suspendiert und ggf. mit dem Nährmedium weiter verdünnt. Die noch warme Bakteriensuspension wird in eine Petrischale gegossen und erstarrt dort. Nach dem Bebrüten entstehen auch hier einzelne Kolonien.

2.5.2 Charakterisierung der Kolonien

Neben Größe, Farbe und Oberflächenbeschaffenheit geben auch Form, Rand und Profil Hinweise darauf, welche Mikroorganismen sich auf dem Nährboden angesiedelt haben.

2.5.3 Mikroskopische Untersuchung

Auch in einem guten Lichtmikroskop erscheinen Bakterien nur als farblose Strukturen, die schwer zu identifizieren sind. Deshalb wurden verschiedene Farbstoffe, z. B. Methylenblau zur Anfärbung der Zellen erprobt. Da diese Farbstoffe die Zellen abtöten, lassen sich lebende Zellen lediglich mit Hilfe des Phasenkontrastverfahrens untersuchen (▶ siehe auch 1.4.1, S. 17).

2.5.3.1 Gramfärbung

Die wichtigste bakteriologische Färbemethode ist die Gram-Färbung, benannt nach dem dänischen Arzt H. C. Gram, die eine Unterscheidung der Bakterien in 2 Gruppen ermöglicht.

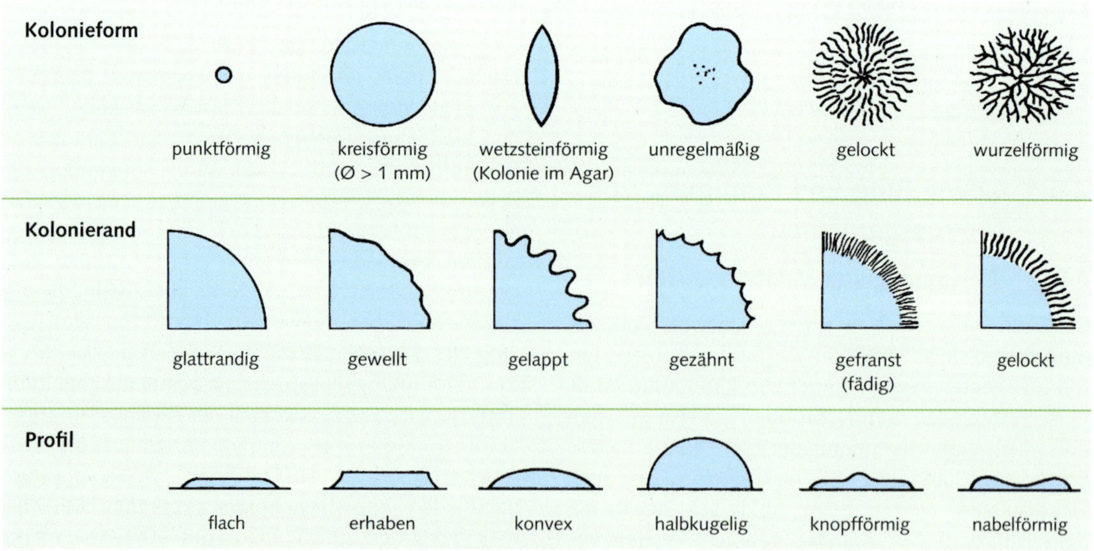

Abb. 2.17 Morphologische Unterschiede von Bakterienkolonien

Im Prinzip geht man dabei folgendermaßen vor:

Schritt	Grundlagen	Ergebnis	
1. Herstellung eines hitzefixierten Bakterienausstrichs	Die Bakterien werden abgetötet und auf dem Objektträger fixiert.	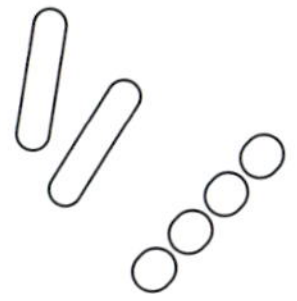	alle Zellen farblos
2. Färben mit Kristallviolett	Der basische Triphenylmethanfarbstoff lagert sich an.	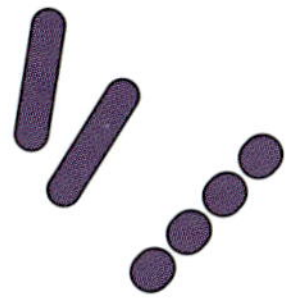	alle Zellen violett
3. Beizen mit Lugolscher Lösung (Iodlösung)	Aus Kristallviolett und Iod entsteht ein Farblack.	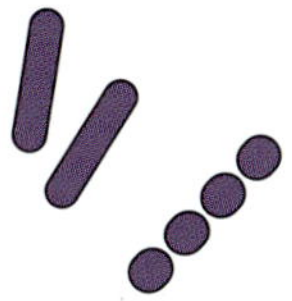	alle Zellen violett
4. Differenzieren mit Ethanol	Gramnegative Zellen werden entfärbt, Grampositive halten den Farblack fest	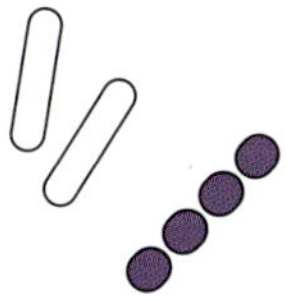	Grampositive Zellen violett Gramnegative Zellen farblos
5. Gegenfärben mit Safranin	Gramnegative Zellen werden gefärbt.	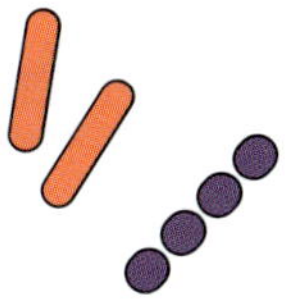	Gramnegative Zellen rot

Tab. 2.9 Schritte der Gramfärbung

2.5.3.2 Hängender Tropfen

Die Beweglichkeit lebender Zellen kann man mit Hilfe eines Hängetropfenpräparates untersuchen. Dazu gibt man einen Tropfen der Bakteriensuspension auf ein Deckglas und legt dieses umgedreht auf einen Hohlschliffobjektträger. Beim Mikroskopieren – vor allem mit einem Phasenkontrastmikroskop – kann man erkennen, dass bewegliche Zellen aus dem Gesichtsfeld heraus schwimmen.

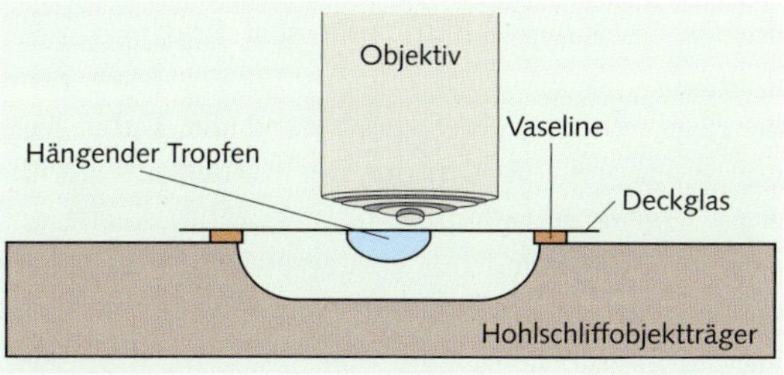

Abb. 2.18 Hängetropfenpräparat

2.5.4 Bestimmung von Zellzahl und Bakteriendichte

Ein Liter frisch gemolkene Kuhmilch enthält mehr als 1 Million Bakterien, die sich in ihrem natürlichen Nährmedium sehr schnell vermehren und die Milch sauer werden lassen. In menschlichem Speichel kommen 10^6–10^8 Bakterien pro Milliliter vor. Trinkwasser darf höchstens 100 Bakterien pro Milliliter aufweisen. Diese Zellzahlen lassen sich mit verschiedenen Methoden bestimmen. Bei hohen Zellkonzentrationen wird zuvor eine Verdünnungsreihe angelegt.

Viele Produkte wie beispielsweise Wasserproben, Lebensmittel, Arzneimittel oder Kosmetika werden auf ihren Gehalt an Mikroorganismen untersucht. Während es in vielen Fällen genügt, die Anzahl der lebenden Zellen zu ermitteln, ist es beispielsweise für Arzneimittel wichtig, dass sie nicht durch Stoffwechselprodukte bereits abgestorbener Zellen verunreinigt werden. In diesem Fall muss die Gesamtzahl aller lebenden und toten Zellen bestimmt werden.

2.5.4.1 Lebendzellzahl = Keimzahl

Unter der Lebendzellzahl = Keimzahl versteht man die Anzahl der vermehrungsfähigen Zellen. Solche Zellen wachsen auf einem Nährboden zu Kolonien heran, die ausgezählt werden können. Im Idealfall entsteht dabei aus *einer* Zelle genau *eine* Kolonie. Da aber häufig eine Kolonie die Nachkommen mehrerer Zellen enthält, wird eine zu niedrige Lebendzellzahl festgestellt. Deshalb spricht man nicht von der Zahl der Zellen, sondern von der Zahl der **Ko**lonie **b**ildenden **E**inheiten = **KBE**.

Zur Bestimmung der Keimzahl bringt man ein bestimmtes Volumen der ggf. verdünnten Bakteriensuspension auf einen Nährboden, inkubiert die Schale für eine bestimmte Zeit im Brutschrank und zählt danach die Kolonien aus.

Beispielaufgabe. Für die Bestimmung der Keimzahl wurde eine Milchprobe schrittweise bis 10^{-4} verdünnt. 0,2 mL der letzten Verdünnung wurden auf einem Nährboden ausplattiert und bebrütet. Auf der Platte wurden 50 Kolonien gezählt. Berechnen Sie die Keimzahl KBE pro mL.

Lösung:

0,2 mL der Verdünnungsstufe 10^{-4} enthalten 50 KBE.

Um von 50 KBE im Volumen von 0,2 mL der verdünnten Milchprobe auf 1 mL der ursprünglichen Probe hochzurechnen, muss die Anzahl der Kolonien mit dem Faktor 5 (von 0,2 mL auf 1 mL) und mit dem Verdünnungsfaktor 10^4 multipliziert werden.

$50 \cdot 5 \cdot 10^4 = 250 \cdot 10^4 = 2{,}5 \cdot 10^6$ KBE/mL

Die Keimzahl beträgt $\mathbf{2{,}5 \cdot 10^6}$ ***KBE/mL***

Zur Keimzahlbestimmung ist auch das unter ▶ 2.5.1, S. 40 beschriebene **KOCHsche Plattengussverfahren** geeignet.

2.5.4.2 Gesamtzellzahl

Für einige Zwecke kann es wichtig sein, nicht nur die Zahl der lebenden, sondern auch die Zahl der toten Zellen zu erfassen.

Man bestimmt die Gesamtzellzahl unter dem Mikroskop in einer **Zählkammer**.

Dabei handelt es sich im Prinzip um einen besonders dicken Objektträger. Mit dem bloßen Auge kann man mehrere Rinnen erkennen, durch die drei Stege entstehen. Der Mittelsteg ist zweigeteilt und trägt auf jeder der beiden Flächen ein feines Gitternetz. Von der Seite betrachtet liegt der mittlere Steg nicht sichtbar um wenige Hundertstel Millimeter tiefer als die beiden seitlichen Stege. Beim Auflegen eines sehr ebenen Deckglases entsteht damit über dem Steg mit dem Gitternetz ein Raum definierter Höhe und Fläche, die eigentliche Kammer.

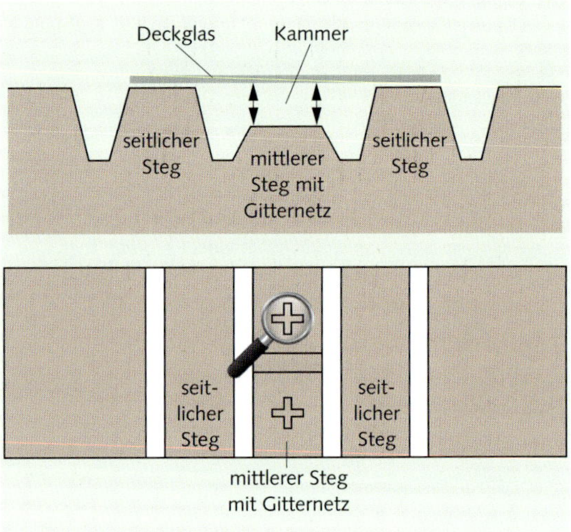

Abb. 2.19 Schema einer Zählkammer, oben seitliche Ansicht, unten Aufsicht mit „Lupe"

Bei der für die Auszählung von Bakterien üblichen Zählkammer nach Thoma beträgt die Kammertiefe 0,02 mm. Ein so genanntes Großquadrat oder Gruppenquadrat stellt die eigentliche Kammer dar. Mit einer Kantenlänge von 0,2 mm berechnet sich daraus eine Fläche von 0,04 mm^2 und ein Kammervolumen von 0,0008 $mm^3 = 8 \cdot 10^{-4}\ mm^3 = 8 \cdot 10^{-7}$ mL.

Zur Erleichterung des Auszählens ist jedes Großquadrat in 16 Kleinquadrate unterteilt und von einer dreifachen Begrenzungslinie umgeben. Man zählt die Zellen entlang einer gedachten Linie. Dabei werden Bakterien, die sich auf der mittleren, eigentlichen Grenzlinie befinden, nicht gezählt, solche auf inneren Grenzlinien nur von zwei Seiten, beispielsweise oben und rechts. Um ein möglichst genaues Ergebnis zu erzielen, zählt man mehrere Großquadrate aus und bildet den Mittelwert der Zellen.

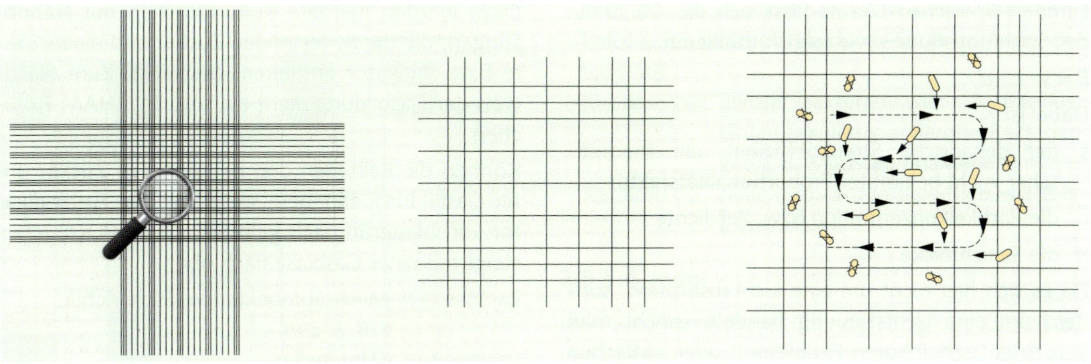

Abb. 2.20 Links: zentrales Netzquadrat mit „Lupe".
Mitte: Großquadrat oder Gruppenquadrat mit einer Kantenlänge von 0,02 mm, unterteilt in 16 Kleinquadrate.
Rechts: Zellzählung entlang einer gedachten Linie in einem Großquadrat

Beispielaufgabe. Von einer Bakterienkultur soll die Gesamtzellzahl mit Hilfe einer Thoma-Zählkammer bestimmt werden. Die Kammertiefe beträgt 0,02 mm, die Seitenlänge eines Großquadrats 0,2 mm. Bei der Auszählung von 4 Großquadraten wurden folgende Zellzahlen erhalten: 72, 84, 80, 76. Berechnen Sie die Gesamtzellzahl in der Ausgangskultur.

Lösung:

Zunächst wird durch Bildung des Mittelwerts die durchschnittliche Zellzahl pro Großquadrat ermittelt.

(72 + 84 + 80 + 76) Zellen = 312 Zellen;
312 : 4 = 78 Zellen

Außerdem berechnet man das Volumen der Zählkammer.

$0{,}2 \cdot 0{,}2 \cdot 0{,}02\ mm^3 = 8 \cdot 10^{-4}\ mm^3$
$= 8 \cdot 10^{-7}\ cm^3 = 8 \cdot 10^{-7}\ mL$

Nun lässt sich aus der Zellzahl im Volumen der Zählkammer auf das Volumen der Ausgangskultur hochrechnen.

In $8 \cdot 10^{-7}$ *mL sind 78 Zellen, folglich sind in*

$1\ mL \quad \frac{78}{8 \cdot 10^{-7}}\ Zellen = 9{,}75 \cdot 10^{7}\ Zellen.$

Die Gesamtzellzahl beträgt $9{,}75 \cdot 10^{7}$ *Zellen/mL*

2.5.4.3 Trübungsmessung

Eine Bakteriensuspension von mehr als 10^7 Zellen pro Milliliter erscheint dem Auge trübe, weil die Zellen das einfallende Licht streuen. Füllt man die Bakteriensuspension in eine Küvette und bringt sie in den Strahlengang eines Fotometers, so verringert sich der Strahlungsfluss Φ. Gemäß dem

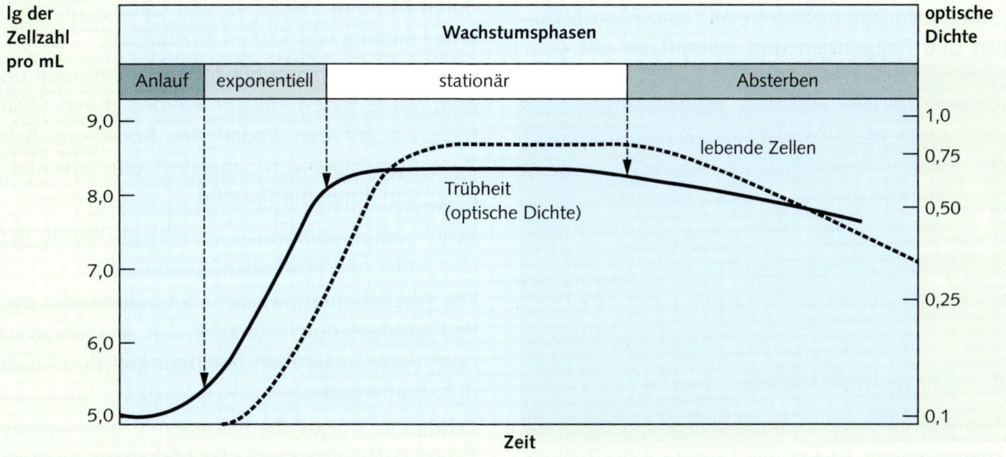

Abb. 2.21 Bakterienwachstum in Abhängigkeit der Zellzahl und der optischen Dichte von der Zeit

Verwendet man verschiedene Konzentrationen desselben Antibiotikums, so steigt der Hemmhofdurchmesser mit der Konzentration an. Auf diese Weise kann man den Agardiffusionstest zur Bestimmung der unbekannten Konzentration eines Antibiotikums nutzen.

2.5.6.2 Reihenverdünnungstest

Aus der Stammlösung eines Antibiotikums wird eine Verdünnungsreihe mit abfallenden Wirkstoffkonzentrationen in Kulturröhrchen angelegt. Die wirkstoffhaltigen Röhrchen werden mit einer definierten Menge des zu testenden Keimes in Nährbouillon beimpft und bebrütet. Die Trübung der Nährlösung einer bestimmten Konzentration zeigt an, dass ein Bakterienwachstum stattfindet, diese Konzentration des Antibiotikums also nicht mehr wirksam ist.

2.6 Mikrobiologische Sicherheitsanforderungen

Beim Arbeiten mit pathogenen oder gentechnisch veränderten Mikroorganismen müssen Menschen und Umwelt wirksam vor negativen Einflüssen geschützt werden.

2.6.1 Vorschriften

Die grundlegenden rechtlichen Vorschriften werden durch die folgenden **Gesetze** in ihrer jeweils aktuellen Fassung gegeben:

- Gentechnikgesetz – GenTG, genauer: Gesetz zur Regelung der Gentechnik vom 20.06.1990, Stand: 9.12.2010.
- Infektionsschutzgesetz – IfSG, genauer: Gesetz zur Verhütung und Bekämpfung von Infektionskrankheiten beim Menschen vom 20.07.2000, Stand: 28.7.2011.

Näheres wird durch die folgenden wichtigen **Verordnungen** geregelt:

- Biostoffverordnung – BioStoffV, genauer: Verordnung über Sicherheit und Gesundheitsschutz bei Tätigkeiten mit biologischen Arbeitsstoffen vom 27.01.1999, Stand: 18.12.2008.
- GenTSV – Gentechnik-Sicherheitsverordnung, genauer: Verordnung über die Sicherheitsstufen und Sicherheitsmaßnahmen bei gentechnischen Arbeiten in gentechnischen Anlagen vom 14.3.1995, Stand: 18.12.2008.

Die Berufsgenossenschaft der chemischen Industrie gibt eigene **Unfallverhütungsvorschriften** heraus, u. a. eine Reihe von Merkblättern zur sicheren Biotechnologie (z. B. B 002 Laboratorien) die die Arbeit in biologischen Laboratorien auf Grund der oben angegebenen und weiteren rechtlichen Vorschriften regeln.

2.6.2 Biologische Agenzien

Als biologische Agenzien werden **Bakterien** und **Pilze**, aber auch **Viren** sowie **Zellen** von höheren Organismen (Zellkulturen) bezeichnet. Ihr Gefährdungspotenzial muss so gering wie möglich sein. Um das Risiko für den Menschen einzuschätzen, werden das natürliche Vorkommen dieser biologischen Agenzien, ihre Verbreitung, ihre pathogene Wirkung und ggf. die Behandlungsmöglichkeit der zugehörigen Krankheit betrachtet.

Entsprechend ihrem Gefährdungspotenzial erfolgt eine **Einstufung in 4 Risikogruppen:**

1. Die Mikroorganismen sind nicht pathogen für Mensch und Tier.
2. Die Mikroorganismen können zwar Krankheiten hervorrufen, die Verbreitung über den Luftweg ist aber unwahrscheinlich. Außerdem sind Prophylaxe und Therapie möglich.
3. Die Mikroorganismen verursachen schwere Krankheiten. Sie verbreiten sich leicht, aber es sind auch Prophylaxe und Therapie möglich.
4. Die Viren stellen eine ernste Gefahr für Mensch und Umwelt dar. Bisher gibt es keine Prophylaxe und Therapie.

Die Gefährdungszuordnung gilt für den Fall, dass alle normalen Hygieneregeln beachtet werden.

Für Laboratorien gelten die Sicherheitsstufen **L1 bis L4**, für Produktionsbereiche entsprechend **P1 bis P4.**

Die folgende Tabelle zeigt die Einstufung einiger bekannter Pilze, Bakterien und Viren in die 4 Sicherheitsstufen:

Sicherheitsstufe	Gefährdungsrisiko	Beispiele		
		Pilze	**Bakterien**	**Viren**
L 1	ohne	*Aspergillus niger* *Saccharomyces cerevisiae*	*E. coli* K12 *Bacillus subtilis*	Bakteriophagen Pflanzenpathogene Viren
L 2	gering	*Aspergillus flavus* *Candida albicans*	*Staphylococcus aureus* *Enterobacter aerogenes*	Poliovirus Hepatitis A-Virus
L 3	mäßig	*Coccidioides immitis*	*Bacillus anthracis*	Hepatitis B-Virus Tollwutvirus
L 4	hoch	Es wurden bisher keine Pilze und Bakterien in diese Stufe eingeordnet.		Ebolavirus, Lassavirus

Tab. 2.10 Eingruppierung von Mikroorganismen und Viren in Sicherheitsstufen

2.6.3 Technische Schutzmaßnahmen

An Laboratorien werden je nach Sicherheitsstufe besondere Anforderungen hinsichtlich Sicherheitseinrichtungen, Arbeitsregeln und Entsorgung gestellt.

In der Regel werden sie mit folgendem Warnschild gekennzeichnet, das ggf. durch den Zusatz „Zutritt verboten" ergänzt wird.

Biogefährdung

Von den umfangreichen Vorschriften werden hier nur besonders auffällige erwähnt.

- **Sicherheitsstufe L 1**
  - Es sind außer den laborüblichen Einrichtungen keine besonderen Teile vorgeschrieben.
  - Es gelten die normalen Werkregeln.
  - In der Regel ist ein biologisches Labor der Sicherheitsstufe 1 ein abgeschlossener Raum, der die übliche Ausstattung mit Waschbecken, Brutschrank und einer Einrichtung zum Sterilisieren enthält.
- **Sicherheitsstufe L 2**
  - Eine Sicherheitswerkbank der Klasse I oder II muss vorhanden sein.
  - Türen und Fenster müssen geschlossen sein.
  - Verletzungen und Schwangerschaften müssen sofort den Vorgesetzten gemeldet werden.
  - Kontaminierte Geräte müssen desinfiziert werden, bevor sie aus dem Labor gebracht werden.
  - Abfälle, die biologisches Material mit Gefährdungspotenzial enthalten, müssen vor der Entsorgung inaktiviert werden.
- **Sicherheitsstufe L 3**
  - Eine Sicherheitswerkbank der Klasse II muss vorhanden sein.
  - Es muss eine zweitürige Schleuse vorhanden sein. Das Labor darf nur über diese Schleuse betreten und verlassen werden. Betriebsfremde Personen haben normalerweise keinen Zutritt.
  - Kontaminierte Abfälle *jeder Art* müssen vor der Entsorgung inaktiviert werden.
- **Sicherheitsstufe L 4**
  - Ein gesondertes Gebäude oder ein eindeutig abgegrenzter Raum innerhalb eines Gebäudes muss zur Verfügung stehen.
  - Eine Sicherheitswerkbank der Klasse III muss vorhanden sein oder der Schutz durch geschlossene Apparaturen oder Vollschutzanzüge gewährleistet sein.
  - Es muss eine dreikammerige Schleuse mit Duschen und inneren Umkleideräumen vorhanden sein. Das Labor darf nur über diese Schleuse betreten und verlassen werden.
  - Betriebsfremde Personen haben normalerweise keinen Zutritt.
  - Kontaminierte Abfälle *jeder Art* müssen vor der Entsorgung inaktiviert werden.

2.7 Aufgaben

1. Das Bakterium *Clostridium acetobutylicum* vergärt Stärke bei Raumtemperatur zu Butanol und Aceton. Charakterisieren Sie diese Lebensweise durch entsprechende Fachausdrücke.

2. Für die selektive Kultivierung von Schimmelpilzen soll ein geeigneter Nährboden hergestellt werden. Geben Sie an, wie sich das Wachstum von Bakterien einschränken lässt.

3. ENDO-Agar enthält Fleischextrakt, Pepton aus Fleisch, Natriumchlorid, Lactose, Fuchsin, Natriumsulfit und Agar-Agar. Erläutern Sie die Funktion der Bestandteile.

4. Eine Bakterienart teilt sich alle 2 Stunden.

a) Berechnen Sie die Anzahl der **nach** 24 Stunden vorhandenen Zellen bei einer Anfangszahl von $8 \cdot 10^6$ Zellen.

b) Geben Sie Gründe dafür an, dass diese Wachstumsrate auf einem Nährboden nicht erreicht werden kann.

5. Zur Ermittlung der Generationszeit eines Bakteriums wird die Zellzahl in regelmäßigen Zeitabständen bestimmt. Dabei erhält man vom Beginn der exponentiellen Phase an folgende Messwerte:

$t = 60$ min $Z = 3{,}0 \cdot 10^7$
$t = 90$ min $Z = 6{,}7 \cdot 10^7$
$t = 120$ min $Z = 10{,}3 \cdot 10^7$

Zeichnen Sie den Ausschnitt der Wachstumskurve und ermitteln Sie daraus die Generationszeit.

6. Erläutern Sie, wie die folgenden Geräte und Stoffe für mikrobiologisches Arbeiten keimfrei gemacht werden:
Raumluft, Nährmedien, Arbeitsflächen, Glasgeräte, Enzymlösungen.

7. Erläutern Sie die unterschiedliche Funktion der Sporen von Schimmelpilzen und Bakterien.

8. Erläutern Sie die unterschiedlichen Möglichkeiten der Vermehrung von Schimmelpilzen, Hefen, Bakterien und Viren.

9. Auf einer Agarplatte sind Kolonien unterschiedlicher Bakterien gewachsen.

a) Nennen Sie Charakteristika zur morphologischen Unterscheidung der Kolonien.

b) Nennen Sie Eigenschaften zur mikroskopischen Unterscheidung der Zellen.

10. Von einer Bakterienausgangskultur wurde eine Lebendkeimzahlbestimmung durchgeführt.

Hierfür wurde die Bakterienkultur zweimal 1 : 100 und dreimal 1 : 10 verdünnt. Von der erhaltenen Verdünnung wurde jeweils das Volumen von $V = 200$ µL auf 3 Platten ausgestrichen. Auf den Platten wuchsen 51 bzw. 53 bzw. 58 Kolonien. Berechnen Sie die Anzahl der Keime (in KBE/mL).

11. Von 40 mL einer Bakterienkultur soll die Gesamtzellzahl bestimmt werden. Dazu wird die Kultur zunächst 1 : 20 verdünnt und dann in eine Zählkammer der Kammerhöhe von 0,02 mm und der Kantenlänge eines Großquadrats von 0,05 mm eingebracht. Pro Großquadrat werden durchschnittlich 11 Zellen gezählt. Berechnen Sie die Gesamtzellzahl in der Ausgangskultur.

12. Viele Bakterien sind durch Geißeln beweglich.

a) Erläutern Sie die unterschiedlichen Begeißelungsformen.

b) Beschreiben Sie eine Methode zum Nachweis der Beweglichkeit.

c) Erklären Sie den Begriff „Taxis".

13. Erstellen Sie eine Tabelle mit den im Text beschriebenen biochemisch-physiologischen Tests zur Identifizierung von Bakterien mit folgenden Parametern:
nachgewiesene Stoffwechseleigenschaft, Nachweisreagenz und Beobachtung.

14. Beschreiben Sie den Nachweis der Wirksamkeit eines Antibiotikums

a) im Agardiffusionstest,

b) im Reihenverdünnungstest.

3 Durchführung biotechnologischer Arbeiten

3.1 Arbeitsgebiete der Biotechnologie

Schon vor Jahrtausenden machten sich die Menschen Syntheseleistungen von Mikroorganismen zu Nutze, allerdings ohne diese Pilze oder Bakterien zu kennen. Sie stellten aus Traubensaft Wein und aus Getreide und Wasser Bier her, indem sie die Flüssigkeiten unter Luftabschluss gären ließen. Der Teig zum Brotbacken wurde unter dem Einfluss von Mikroorganismen locker und der Quark aus saurer Milch fest.

Erst zunehmende naturwissenschaftliche Erkenntnisse ermöglichen jedoch den gezielten Einsatz von Mikroorganismen. Dabei ergänzen sich das Wissen über den Bau von Zellen aus der Mikrobiologie, die Kenntnisse über Stoffumwandlungen aus der Chemie und die Erfahrungen mit dem Bau von Produktionsanlagen aus der Verfahrenstechnik optimal zur gezielten Nutzung von Mikroorganismen im Dienste des Menschen.

Unter **Biotechnologie** versteht man heute technische Verfahren, in denen Organismen, Zellen oder Zellbestandteile eingesetzt werden, um Industrieprodukte (z. B. Pharma-, Lebensmittel- und Kosmetikindustrie) herzustellen und Umweltschadstoffe abzubauen.

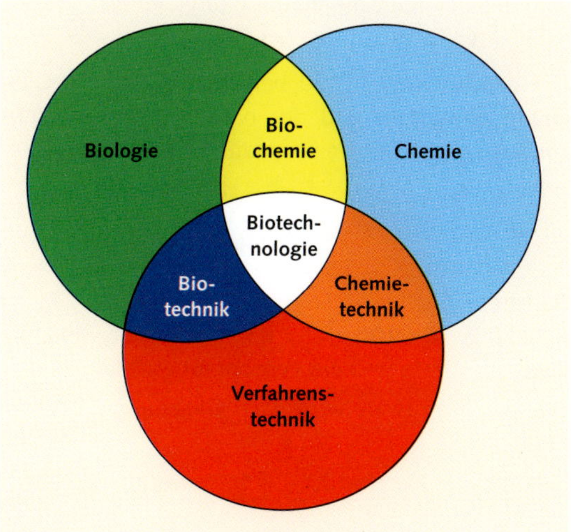

Abb. 3.1 Bezugswissenschaften der Biotechnologie

Im Gegensatz zu konventionellen chemischen Produktionsverfahren bieten biotechnologische Verfahren unter ökologischen und ökonomischen Aspekten einige Vorteile:

- Sie verwenden als Ausgangsstoffe Rest- und Abfallstoffe biologischen Ursprungs,
- sie lassen sich in wässrigem Milieu durchführen und vermeiden damit organische Lösemittel,
- sie verlaufen bei milden Reaktionsbedingungen und wirken damit energiesparend,
- sie vermeiden unerwünschte Abfall- und Nebenprodukte und schonen damit die Umwelt.

Das umfangreiche Arbeitsgebiet der Biotechnologie wird in mehrere Felder unterteilt, wobei natürlich fließende Übergänge möglich sind. So lassen sich beispielsweise aus Wasserorganismen pharmazeutische Wirkstoffe gewinnen, die dann industriell hergestellt werden.

Die unterschiedlichen Sparten werden mit bestimmten Farben bezeichnet.

Farbe	Sparten und Arbeitsgebiete	Produkte bzw. Arbeitsfelder
Grün	Landwirtschaft, Pflanzen	Entwicklung von ertragreicheren oder unempfindlicheren Nutzpflanzen
Rot	Medizin, Pharmazie	Diagnostik und Therapie von Krankheiten
Blau	Meeresbiologie	Suche nach Wirkstoffen und Enzymen aus Wasserorganismen
Weiß	Chemische Industrie	industrielle Biotechnologie Produktion von Vitaminen, organischen Säuren u. a. m.
Grau	Abfallwirtschaft	Kläranlagen, Mülldeponien

Tab. 3.1 Einteilung der Biotechnologie in verschiedene Zweige

Durch den Einsatz der Gentechnik (▶ siehe Kapitel 7, S. 102 und 8, S. 121) eröffnen sich weitere Chancen aber auch Gefahren biotechnologischer Verfahren.

3.2 Zellwachstum und Produktbildung

3.2.1 Parameter und Berechnungen

Zunächst werden die in biotechnologischen Verfahren eingesetzten Mikroorganismen in geeigneten Nährmedien vermehrt, sodass eine zur Produktion ausreichende Zelldichte vorliegt. Man erzielt die höchsten Erträge, wenn sich die Zellen in der exponentiellen Phase der Wachstumskurve befinden (▶ vgl. Kapitel Mikrobiologie 2.2.4, S. 30).

3.2.1.1 Zellzahl

In einer **statischen Kultur**, d. h. einer Kultur ohne Zufuhr von Nährstoffen oder Entnahme von Produkten, beträgt die **Zellzahl**

$$\boldsymbol{N = N_0 \cdot 2^n} \qquad \textbf{Gleichung 1}$$

Dabei ist N die Endzellzahl, N_0 die Anfangszellzahl und n die Anzahl der Zellteilungen.

Um aus bekannten Zellzahlen die Anzahl der Zellteilungen zu berechnen, wird die Formel zunächst zur Basis 10 logarithmiert und dann umgestellt.

$$\lg N = \lg N_0 + n \cdot \lg 2$$

$$\boldsymbol{n = \frac{\lg N - \lg N_0}{\lg 2}} \qquad \textbf{Gleichung 2}$$

In der Produktion ist Zeit ein wichtiger zu berücksichtigender Faktor. Daher ist die Anzahl der Zellteilungen pro Stunde, die **Teilungsrate** $\boldsymbol{v}$, eine wichtige Kenngröße. Sie wird aus der Anzahl der Zellteilungen und der Inkubationszeit in Stunden wie folgt berechnet:

$$\boldsymbol{v = \frac{n}{t}} \qquad \textbf{Gleichung 3}$$

Der Kehrwert der Teilungsrate gibt die **Generationszeit** $\boldsymbol{g}$, also die für einen Teilungszyklus benötigte Zeit an.

$$\boldsymbol{g = \frac{1}{v} = \frac{t}{n}} \qquad \textbf{Gleichung 4}$$

Beispiel:
$N_0 = 10$ Zellen, $g = 30$ min. Wie hoch ist die Zellzahl nach 10 Stunden?

Wie hoch ist die Teilungsrate?

Nach 10 Stunden haben $n = 20$ Teilungen stattgefunden.

$N = 10 \cdot 2^{20} = 10 \cdot 1\,048\,576 = 10\,485\,760$ *Zellen, gerundet* 10^7 *Zellen.*

$$v = \frac{n}{t} = \frac{20}{10} = 2/h$$

3.2.1.2 Zellmasse

Wenn in der Produktion Biomasse im Tonnenmaßstab produziert wird, ist natürlich weniger die Zellzahl interessant als vielmehr die Zellmasse. Die Masse einer exponentiell wachsenden Bakterienpopulation verhält sich gemäß folgender Gleichung:

$$\boldsymbol{X = X_0 \cdot e^{\mu \cdot t}} \qquad \textbf{Gleichung 5}$$

Dabei ist X die Zellmasse, X_0 die Anfangszellmasse, μ die Wachstumsrate und t die Zeit.

Um aus bekannten Zellmassen Wachstumsrate oder Zeit zu berechnen, wird die Formel logarithmiert zur Basis e und umgestellt.

$$\boldsymbol{\mu = \frac{\ln X - \ln X_0}{t}} \qquad \textbf{Gleichung 6}$$

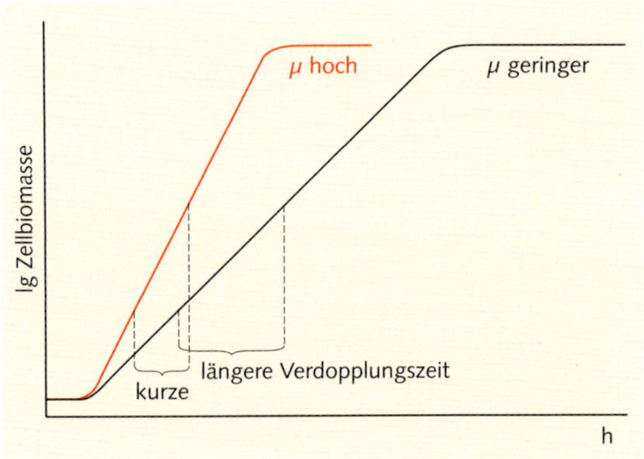

Abb. 3.2 Abhängigkeit der Wachstumsrate von der Verdopplungszeit

Für eine Verdopplung der Zellmasse von X_0 zu $2 \cdot X_0$ wird aus der Zeit t die Verdopplungszeit t_d.

$$\boldsymbol{2 \cdot X_0 = X_0 \cdot e^{\mu \cdot t_d}} \qquad \textbf{Gleichung 7}$$

Um daraus μ oder t_d zu berechnen, wird die Gleichung umgestellt und der natürliche Logarithmus zur Basis e gebildet (mathematisch: $y = e^x$, $\ln y = x$).

$$\ln 2 = \mu \cdot t_d$$

$$\boldsymbol{\mu = \frac{\ln 2}{t_d}} \qquad \textbf{Gleichung 8}$$

Beispiel:
$X_0 = 10$ g, $X = 100$ g, $t = 8$ h. Wie groß sind die Wachstumsrate und die Verdopplungszeit?

Die Wachstumsrate wird nach Gleichung 6 berechnet:

$$\mu = \frac{\ln X - \ln X_0}{t} = \frac{\ln 100 - \ln 10}{8} = \frac{4{,}605 - 2{,}303}{8}$$
$$= 0{,}288/h$$

Die Verdopplungszeit wird aus der umgestellten Gleichung 8 errechnet:

$$t_d = \frac{\ln 2}{\mu} = \frac{0{,}693}{0{,}288} = 2{,}4\ h$$

Der Ertrag X ist die Differenz zwischen der anfänglich eingesetzten Zellmasse X_0 und der maximal erreichten Zellbiomasse $X_{max.}$.

$$\boldsymbol{X = X_{max} - X_0}$$

Über die Produktivität eines Verfahrens entscheidet natürlich auch die Menge der eingesetzten Nährstoffe. Sie wird auf einen maßgeblichen Stoff, das Substrat, bezogen.

Der Ertragskoeffizent Y (engl. **y**ield) entspricht dem Ertrag pro verbrauchte Substratmenge in g oder mol.

$$Y = \frac{\textbf{Zellmasse}}{\textbf{Substratmenge}} = \frac{X}{S} \quad \text{bzw.}$$

$$Y = \frac{\textbf{Produktmenge}}{\textbf{Substratmenge}} = \frac{P}{S}$$

Beispielsweise produziert Backhefe unter aeroben Bedingungen aus 100 g Glucose 43 g Zellsubstanz und unter anaeroben Bedingungen 2 g Zellsubstanz und 46 g Ethanol.

Unter aeroben Bedingungen beträgt der Ertragskoeffizient

$$Y = \frac{43\ \text{g Zellsubstanz}}{100\ \text{g Glucose}} = 0{,}43$$

Unter anaeroben Bedingungen betragen die beiden Ertragskoeffizienten

$$Y_X = \frac{2\ \text{g Zellsubstanz}}{100\ \text{g Glucose}} = 0{,}02 \quad \text{und}$$

$$Y_P = \frac{46\ \text{g Ethanol}}{100\ \text{g Glucose}} = 0{,}46$$

Bei der Produktion des Antibiotikums Penicillin wird, bezogen auf Glucose ein Ertragskoeffizient von $Y = 0{,}1$ erreicht.

3.2.2 Wachstumsphasen und Produkte

Bei der Erzeugung von Back- oder Futterhefe stellen die Zellen als Biomasse tatsächlich das gewünschte Produkt dar. In den meisten Fällen lässt man die Zellen jedoch nur zu einer optimalen Dichte heranwachsen und nutzt sie dann möglichst lange zur Produktion von Stoffwechselprodukten, so genannten **Metaboliten**, wie beispielsweise Alkoholen oder Antibiotika.

Stoffwechselprodukte, die wie Ethanol während der exponentiellen Wachstumsphase gebildet werden, bezeichnet man als **Primärmetaboliten**. In manchen Fällen setzt die Produktbildung aber erst ein, wenn das Zellwachstum bereits die stationäre Phase erreicht hat. Ein **Sekundärmetabolit** ist demnach ein Stoffwechselprodukt, das am Ende der Wachstumsphase gebildet wird. In diese Gruppe gehören viele Antibiotika wie z. B. Penicillin.

In der Biotechnologie ist es deswegen üblich, zwischen der Phase des Zellwachstums, der **Trophophase** und der Phase der Produktion, der **Idiophase**, zu unterscheiden.

3.3 Bioreaktoren und Verfahren

3.3.1 Bioreaktoren

Ein **Bioreaktor** oder **Fermenter** ist im Prinzip ein großes Reaktionsgefäß, in dem Mikroorganismen oder

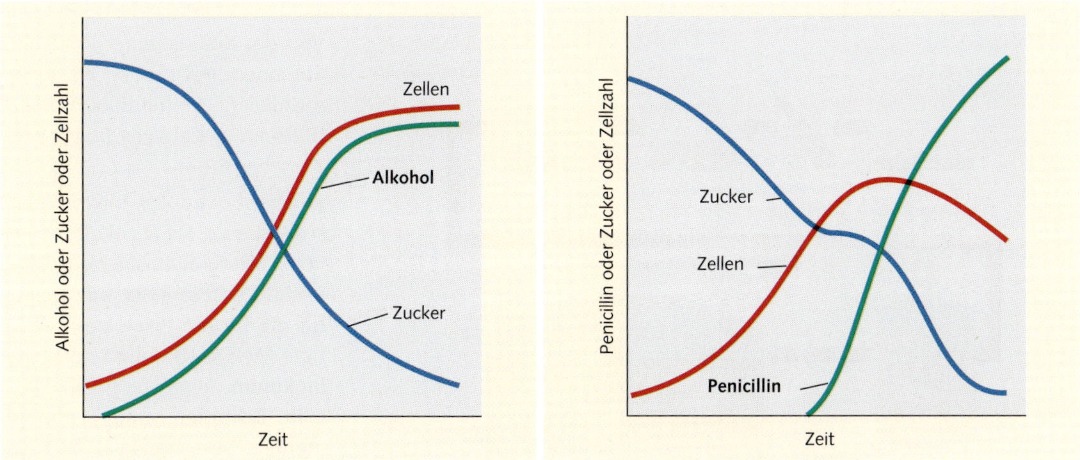

Abb. 3.3 Produktbildung in Abhängigkeit von der Wachstumsphase; links Ethanol, rechts Penicillin

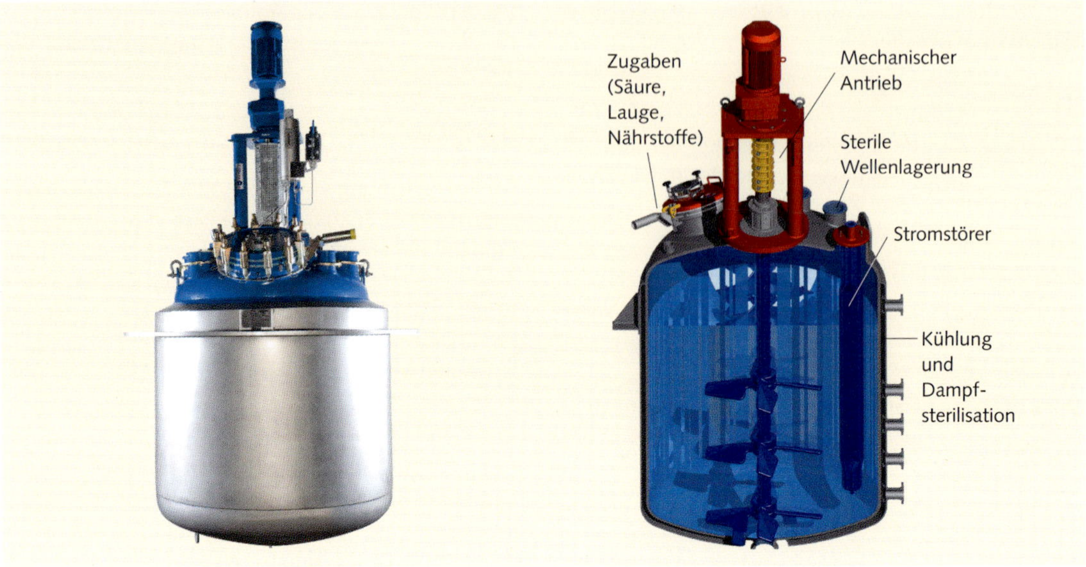

Abb. 3.4 Rührkessel-Reaktor, links Foto, rechts: Schema

deren Enzyme unter kontrollierten Bedingungen Stoffwechselprodukte erzeugen. Dabei reicht das Größenspektrum vom 10 Liter Laborfermenter bis zur Produktionsanlage von 1000 Kubikmetern.

Der gebräuchlichste Reaktortyp ist der **Rührkesselreaktor**. In einem dicht schließenden Stahlkessel wird die Mikroorganismensuspension durch ein **Rührwerk** ständig durchmischt, wobei an den Wänden angebrachte **Stromstörer** dafür sorgen, dass die Flüssigkeit als Ganzes in gleichmäßige Rotation gerät. Für eine zusätzliche Durchmischung sorgt außerdem die **Belüftung** durch einen Ring am Boden des Reaktors. Eine optimale Temperatur wird durch ein **Heiz- bzw. Kühlsystem** auf der Außenwand erreicht, das außerdem zur Sterilisation durch Dampf genutzt werden kann.

Nährstoffe sowie Säuren und Laugen zur Korrektur des pH-Wertes können aus einem Vorratsgefäß zugegeben werden. Verschiedene **Sonden** messen Temperatur, Sauerstoffgehalt und pH-Wert.

Schließlich ist zur Überwachung und Regelung im Allgemeinen noch eine umfangreiche Computeranlage notwendig.

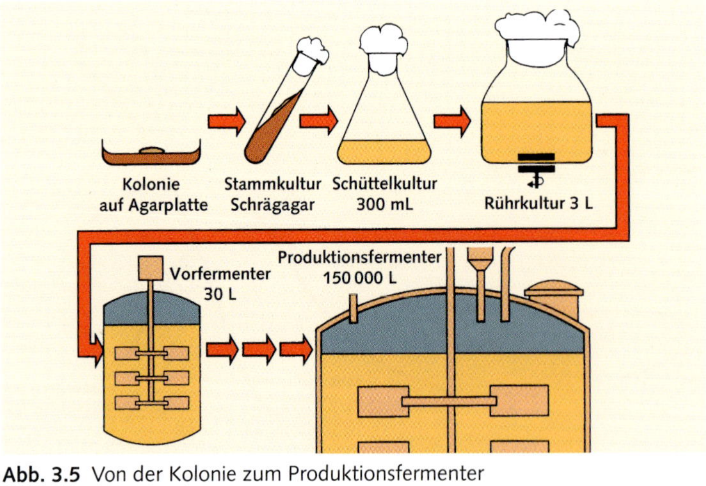

Abb. 3.5 Von der Kolonie zum Produktionsfermenter

3.3.2 Maßstabsvergrößerung

Von der Kolonie einer Reinkultur auf einem Nährboden bis zur industriellen Fermentationsanlage führt ein weiter Weg über etliche Zwischenstufen.

Zunächst wird im mikrobiologischen Labor die Reinkultur in einem Schrägagarröhrchen angereichert und in einer Schüttelkultur die für die Produktion benötigte Menge an Impfmaterial, das **Inokulum**, hergestellt. Dies dient zum Beimpfen eines Laborfermenters von maximal 10 L Inhalt.

Die Übertragung auf eine Großanlage erfordert nun eine verfahrenstechnische Anpassung an die veränderten Größenverhältnisse. So muss vor allem eine ausreichende Durchmischung der großen Suspensionsmengen gewährleistet sein. Bei der industriell gebräuchlichsten aeroben Fermentation ist zudem eine ausreichende Zufuhr steriler Luft wichtig. Der Prozess der Maßstabsvergrößerung vom Laborfermenter auf die Industrieanlage, das **Scale-up**, wird in mehreren Stufen in Zehnerschritten durchgeführt, z. B. 3 L → 30 L → 300 L → 3000 L → Produktionsmaßstab.

Die verfahrenstechnische Vorbereitung von Substrat und Mikroorganismen bezeichnet man als **Upstream Processing**.

3.3.3 Verfahren und Betriebsweisen

3.3.3.1 Emers- und Submersverfahren

Bei dem älteren **Emersverfahren** (lat. *emers*, emporgetaucht), wachsen Schimmelpilze oder Bakterien an der Oberfläche des Nährmediums in flachen Schalen. Daher spricht man von einer **Oberflächenfermentation**.

Heute wird überwiegend das **Submersverfahren** (lat. *submers*, untergetaucht) angewendet, bei dem die Mikroorganismen „untergetaucht" in einer Suspension kultiviert werden.

3.3.3.2 Kontinuierliche und diskontinuierliche Fermentation

Bei der Versorgung mit Nährstoffen und der Entnahme von Produkten hat man im Prinzip zwei Möglichkeiten:

- Man belässt Mikroorganismen und Nährlösung in einem geschlossenen System, fermentiert ohne Zulauf von Nährstoffen bis zum Ende und entnimmt erst dann die Produkte.
- Man sorgt durch ständige Zufuhr von Nährstoffen und Abziehen der Produkte für ein Fließgleichgewicht.

Im ersten Fall spricht man von einer **statischen Kultur**, einer **diskontinuierlichen Fermentation** oder einem **Batch-Verfahren**. Im zweiten Fall handelt es sich um eine **kontinuierliche Fermentation** oder **Chemostatkultur**.

Theoretisch könnte man mit dieser Technik wie in Chemieanlagen unbegrenzt lange produzieren, wenn nicht Infektionen mit Fremdkeimen oder spontane Mutationen der Mikroorganismen dem Prozess Grenzen setzen würden. Deswegen wird in der Biotechnologie meistens eine diskontinuierliche Fermentation bevorzugt.

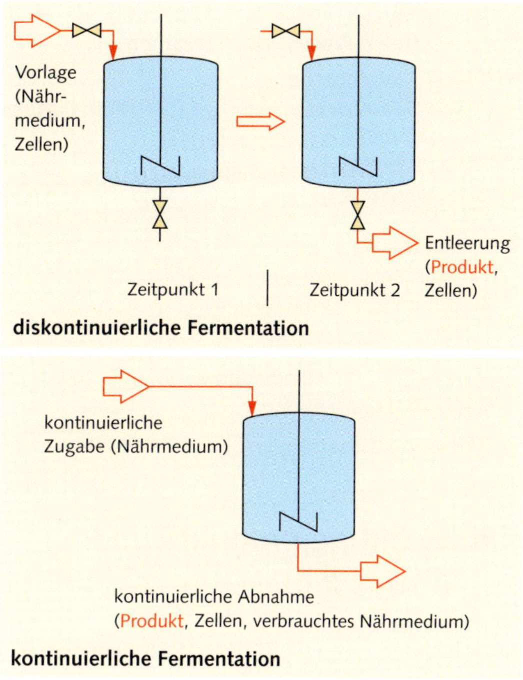

Abb. 3.6 Möglichkeiten der Prozessführung

Um die Vorteile beider Verfahren zu vereinigen, können **Zulaufverfahren** oder **Fed Batch Fermentationen** eingesetzt werden. Dabei wird zunächst nur ein Teil der Nährstoffe vorgelegt und im Verlauf des Prozesses „zugefüttert", d. h. so viel ergänzt, wie abgebaut wird, ohne dass Produkte entnommen werden.

3.3.4 Aufarbeitung der Produkte

Nach der Fermentation müssen die gewünschten Produkte isoliert und gereinigt werden. Sind wie bei der Herstellung von Backhefe die Zellen selbst das Produkt, so ist die Aufarbeitung relativ einfach. Wird das Produkt wie z. B. Penicillin aber von den Zellen ausgeschieden und befindet sich in der Fermentationslösung, so muss es daraus isoliert, konzentriert und gereinigt werden. Noch komplizierter wird die Aufarbeitung, wenn sich das Produkt, wie z. B. viele Enzyme, noch in der Zelle befindet. Dann müssen nämlich zuerst die Zellen mechanisch, chemisch oder enzymatisch aufgeschlossen werden. Die Gesamtheit aller Maßnahmen, die von der Fermentationslösung bis zum Endprodukt notwendig sind, wird als **Downstream Processing** bezeichnet.

Im Prinzip kommen bei der Aufarbeitung von Bioprodukten alle üblichen Trennverfahren zum Einsatz. Der Prozess gliedert sich in 5 Stufen:

1. Zellabtrennung: Sedimentation, Filtration, Zentrifugation
2. Zellaufschluss: Mechanische, chemische oder enzymatische Zerstörung von Zellwand und Zellmembran
3. Produktisolierung: Filtration, Extraktion, Fällung
4. Konzentrierung: Eindampfen, Membranverfahren, Extraktion
5. Reinigung: Chromatographie, Kristallisation

3.4 Wichtige Produkte und Prozesse

Im Folgenden werden aus der Vielzahl biotechnisch hergestellter Produkte und Prozesse einige charakteristische Beispiele vorgestellt.

3.4.1 Gärungsprodukte

Gärungen spielen sowohl bei der Herstellung von Lebensmitteln als auch bei der Produktion von Chemikalien eine wichtige Rolle. So nutzt man beispielsweise die Leistungen des Bakteriums *Clostridium acetobutylicum*, das Kohlenhydrate zu Buttersäure umsetzt, im neutralen Medium zur Erzeugung von Butanol und Aceton. Gärungspodukte spielen aber natürlich in der Herstellung von Lebensmitteln eine wichtige Rolle.

3.4.1.1 Hefe und Ethanol

Die Backhefe *Saccharomyces cerevisiae* wird in großen Mengen dadurch gewonnen, dass sich Hefezellen in einer Zuckerlösung unter ausreichender Sauerstoffzufuhr vermehren. Lässt man die Hefe dagegen unter Luftabschluss wachsen, so erhält man weniger Biomasse, dafür aber beträchtliche Mengen von Ethanol. Wein und Bier sind die erfolgreichen Produkte dieses Prozesses. Hefe ist also in der Lage, sowohl unter aeroben Bedingungen durch Atmung neue Zellen aufzubauen und Energie zu gewinnen, als auch unter anaeroben Bedingungen durch alkoholische Gärung. Bei Sauerstoffmangel stellt sie ihren Stoffwechsel entsprechend um.

Diese beiden wichtigen Stoffwechselwege lassen sich wie folgt definieren:

Unter **Atmung** versteht man den vollständigen Abbau von Kohlenhydraten mit Sauerstoff.

Unter **Gärung** versteht man den unvollständigen Abbau von Kohlenhydraten ohne Sauerstoff.

Beide Wege des Kohlenhydratabbaus führen allerdings nicht direkt, sondern über viele Zwischenstufen – beispielsweise Brenztraubensäure und Acetal-

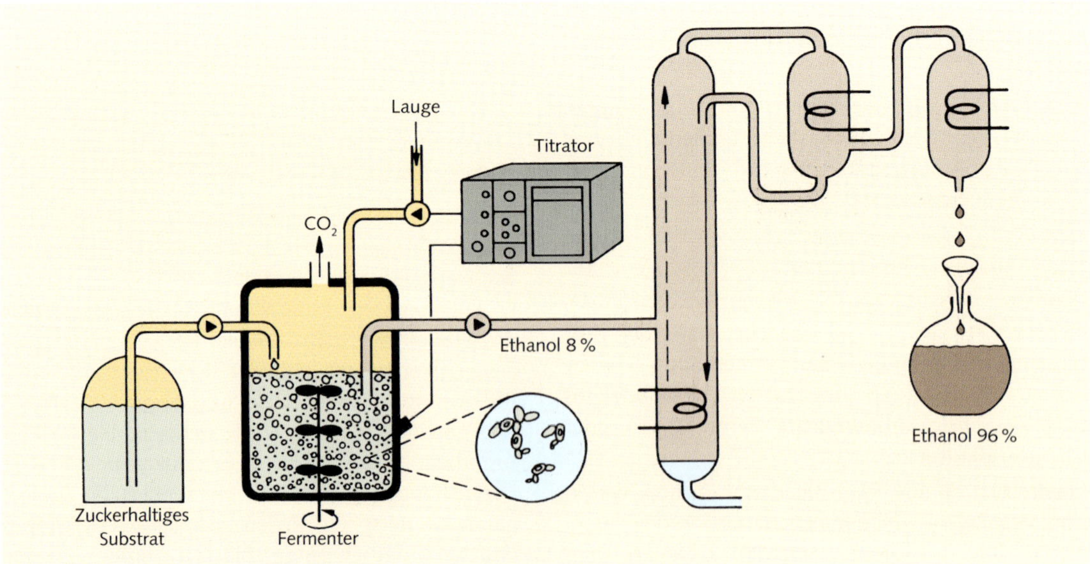

Abb. 3.7 Schema einer Anlage zur Produktion von Bioalkohol

dehyd – zu den Endprodukten. Deshalb geben die beiden folgenden Reaktionsgleichungen die Umsetzungen auch nur stark vereinfacht wieder:

Atmung: $C_6H_{12}O_6 + 6\ O_2 \rightarrow 6\ CO_2 + 6\ H_2O$
Energiegewinn: 2870 kJ/mol

Alkoholische Gärung: $C_6H_{12}O_6 \rightarrow 2\ CO_2 + 2\ C_2H_5OH$
Energiegewinn: etwa 200 kJ/mol

Der erheblich niedrigere Energiegewinn bei der Gärung ist darauf zurückzuführen, dass das Ethanol noch eine größere Menge Bindungsenergie gespeichert hat.

Nicht nur Trinkalkohol, sondern auch Bioalkohol für industrielle Zwecke wird auf diesem Wege gewonnen. Allerdings verwendet man dafür anstelle des Trauben- oder Gerstensaftes billige Melasse aus Rübenschnitzen oder andere kohlenhydratreiche Abfallprodukte. Da die bei der Gärung entstehende Lösung zu wenig Ethanol enthält, muss sie anschließend durch Destillation konzentriert werden.

3.4.1.2 Milchprodukte und Silagefutter

Während bei der alkoholischen Gärung durch Hefe immer Ethanol gebildet wird, erzeugen andere Mikroorganismen durch den anaeroben Abbau organischer Stoffe weitere interessante Gärungsprodukte, vor allem Alkohole und organische Säuren.

Milchsäurebakterien können die verschiedensten Substrate vergären. Wenn sie die in der Milch enthaltene Lactose zu Milchsäure abbauen, sorgen sie damit einerseits für den unerwünschten Verderb frischer Milch, erzeugen aber andererseits beliebte Lebensmittel wie beispielsweise Joghurt und Käse.

Der Vorgang der **Milchsäuregärung** lässt sich vereinfacht durch folgende Reaktionsgleichung beschreiben:

$C_{12}H_{22}O_{11} + H_2O \rightarrow 4\ CH_3\text{-}CHOH\text{-}COOH$
Energiegewinn: etwa 200 kJ/mol

Milchsäurebakterien können aber nicht nur Milchzucker vergären, sondern sind auch in der Lage, die Kohlenhydrate von Futterrüben und anderem pflanzlichen Material zu nutzen. Dabei entsteht in großen Silos **Silage** als Viehfutter.

3.4.1.3 Essig

Lässt man Wein längere Zeit an der Luft stehen, so wird er unangenehm sauer, denn Essigsäurebakterien wandeln den Alkohol in Essigsäure um. Da der Vorgang jedoch nur in Anwesenheit von Sauerstoff möglich ist, darf man bei diesem Prozess nicht von einer „Essigsäuregärung" sprechen. Es handelt sich vielmehr um eine unvollständige Oxidation des Ethanols.

Wie auch die anderen Stoffwechselreaktionen lässt sich auch diese **unvollständige Oxidation** durch eine Bruttogleichung beschreiben:

$C_2H_5OH + O_2 \rightarrow CH_3COOH + H_2O$

3.4.2 Antibiotika

3.4.2.1 Penicilline

Bei dem natürlichen Penicillin handelt es sich um ein Stoffwechselprodukt des Schimmelpilzes *Penicillium notatum*, das in das umgebende Medium ausgeschieden wird. Es gehört auf Grund der chemischen Struktur des Viererringes zur Gruppe der β-Lactamantibiotika.

Durch Variation in der eingekreisten Seitenkette entstehen die unterschiedlichen Penicilline.

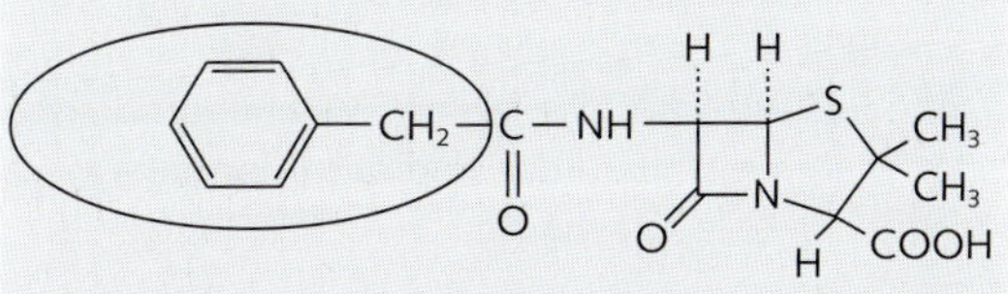

Zur industriellen Produktion werden besonders leistungsfähige Stämme des Schimmelpilzes Penicillium verwendet. Die Fermentation erfolgt nach dem Submersverfahren unter aeroben Bedingungen. Nach dem Entfernen der Zellen wird die Nährlösung filtriert, angesäuert und das Antibiotikum daraus mit einem Lösemittel wie z. B. Butylacetat extrahiert. Mit Hilfe einer alkalischen wässrigen Lösung kann es daraus zurückgewonnen und konzentriert und kristallisiert werden.

3.4.2.2 Weitere Antibiotika

Neben Schimmelpilzen sind auch Bakterien in der Lage, Antibiotika zu produzieren, vor allem Bodenbakterien der Gattungen *Streptomyces* und *Bacillus*. Zur Gewinnung neuer Antibiotika prüft man deshalb, ob Bakterien aus Bodenproben das Wachstum anderer Bakterien einschränken (▸ siehe Kap. 2.5.6, S. 45). Hat eine solche Suche, das gezielte Screening, Erfolg gehabt, so kann das Antibiotikum biotechnisch produziert werden. Vor seinem Einsatz an Mensch und Tier sind allerdings umfangreiche toxikologische Untersuchungen nötig.

Antibiotikum	Produzent
Streptomycin	*Streptomyces griseus*
Tetracycline	*S. aureofaciens*
Erythromycin	*S. erythreus*
Chloramphenicol	*S. venezuelae*
Vancomycin	*S. orientalis*
Bacitracin	*Bacillus licheniformis*

Tab. 3.2 Antibiotika und ihre Produzenten

3.4.3 Organische Säuren und Aminosäuren

3.4.3.1 Citronensäure

Beim aeroben Abbau von Kohlenhydraten entsteht zunächst aktivierte Essigsäure, die auf ein anderes organisches Moleküle übertragen und mit diesem in einen als **Citronensäurezyklus** bezeichneten Stoffwechselprozess eingeschleust wird. Citronensäure stellt dabei nur eines von vielen Zwischenprodukten beim weiteren Umbau dar und wird normalerweise nicht in der Zelle angehäuft.

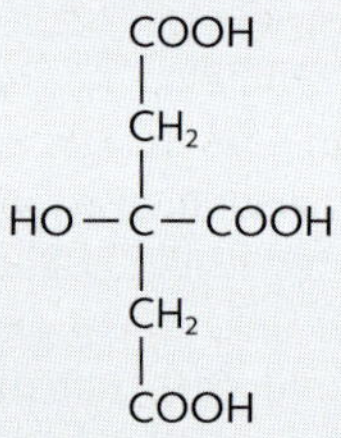

Citronensäure

Unter bestimmten Bedingungen scheidet der Schimmelpilz *Aspergillus niger* die Säure aber in das umgebende Medium aus. Durch Eisenmangel in der Nährlösung und besondere Zusatzstoffe lässt sich der Zyklus unterbrechen. Da der Pilz streng aerob lebt, kultivierte man ihn ursprünglich nach dem Emers-Verfahren in großen Schalen bei leicht saurem pH-Wert. Heute hat sich auch hier das Submers-Verfahren durchgesetzt. Aus der vom Pilzmyzel befreiten Lösung wird die Citronensäure mit Calciumcarbonat als schwer lösliches Calciumcitrat ausgefällt, umkristallisiert und mit Schwefelsäure freigesetzt.

Der Ertrag liegt bei 80 %, bezogen auf die eingesetzte Glucose.

3.4.3.2 Glutaminsäure

Glutaminsäure wird als Geschmacksverstärker für Lebensmittel eingesetzt und deshalb in großen Mengen hergestellt. Hochleistungsstämme des Bakteriums *Corynebacterium glutamicum* unterbrechen ihren Citronensäurezyklus, um aus einer Zwischenstufe die Aminosäure zu erzeugen und ins Medium abzugeben.

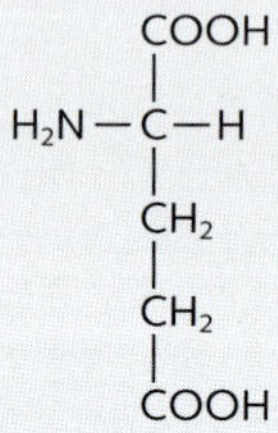

Glutaminsäure

Sie wachsen aerob in einer Nährlösung mit Melasse als Kohlenstoff- und Ammoniumsalzen als Stickstoffquelle. Die Abtrennung und Reinigung erfolgt durch Ultrafiltration und chromatografische Verfahren.

3.4.4 Enzyme

Enzyme, ihrer chemischen Struktur nach Proteine (► s. Kap. 4 und 5), bewerkstelligen spezifische chemische Reaktionen, die ansonsten nur unter hohem Energieaufwand möglich wären. Da sie diese Eigenschaften nicht nur im lebendigen Organismus, sondern auch außerhalb der Zelle zeigen, werden sie für viele technische und analytische Zwecke biotechnisch produziert.

3.4.4.1 Amylasen und Proteasen

Viele Mikroorganismen scheiden extrazelluläre Enzyme in das Nährmedium aus, um die makromolekularen Nährstoffe in kleinere Bruchstücke zu zerlegen und dadurch als Nahrungsquelle nutzbar zu machen. So zerlegen die Amylasen aus *Bacillus amyloliquefaciens*, was soviel bedeutet wie „Stärkeflüssigmacher", das Polysaccharid Stärke.

Inhaltsstoffangaben:
15–30 % Zeolithe, anionische Tenside. Unter 5 % nichtionische Tenside, Seife, Polycarboxylate, Phosphonate. Enthält Enzyme (Protease/Glycosidasen/Lipase), Duftstoffe (HEXYL CINNAMAL, BUTYLPHENYL METHYLPROPIONAL).

Abb. 3.8 Enzyme in Waschmitteln

Bacillus subtilis erzeugt Proteasen, die Proteine spalten. Solche Enzyme werden vielfach Waschmitteln zum Lösen von entsprechenden Verschmutzungen zugesetzt und ermöglichen dadurch ein Waschen bei niedrigeren Temperaturen.

Nach dem ursprünglich verwendeten Bakterium werden diese Proteasen als „Subtilisine" bezeichnet. Heute verwendet man Hochleistungsstämme, die in Anlagen von 10 000 bis 100 000 L Inhalt in einem Nährmedium aus vorabgebauter Stärke, Sojaprotein und Milcheiweiß die gewünschten Enzyme produzieren. Nach Abtrennung der Zellen werden die Proteasen durch Membranfiltration konzentriert und durch Sprühtrocknung von Wasser befreit. Da das Enzym nur für technische Zwecke verwendet wird, ist eine weitere Reinigung nicht nötig.

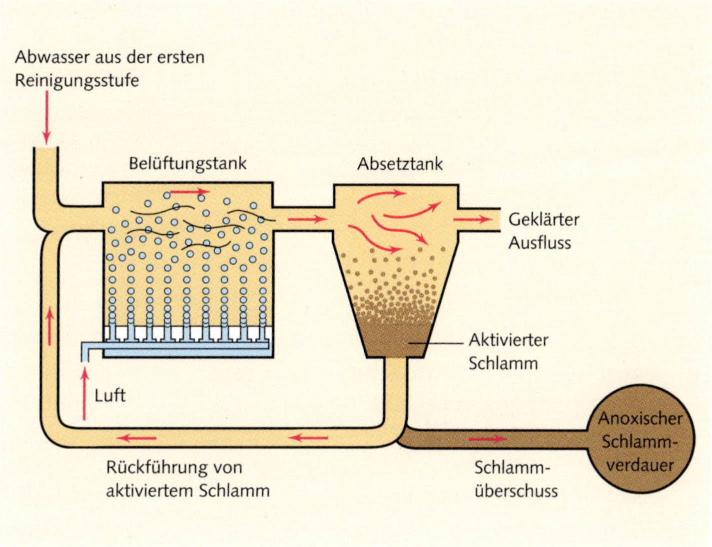

Abb. 3.9 Aufbau einer Belebtschlammanlage

3.4.4.2 Alkohol-Dehydrogenase

Alkohol-Dehydrogenase, ein Enzym, das in der Leber Ethanol abbaut, kann in der Analytik zur quantitativen Bestimmung des Alkohols genutzt werden. Es kommt auch in den Zellen der Hefe *Saccharomyces cerevisiae* vor und kann dadurch biotechnisch produziert werden. Da es sich um ein intrazelluläres Enzym handelt, ist in diesem Falle zunächst ein Zellaufschluss notwendig. Nach Abtrennung der Zelltrümmer erfolgt eine Grobreinigung durch Fällung oder Zentrifugation. Das so erhaltene Proteingemisch muss für analytische Zwecke von anderen Proteinen und anderen störenden Einflüssen befreit werden. Dabei kommen z. B. chromatografische und andere Methoden zum Einsatz, wie sie in ▶ Kap. 4, S. 59 beschrieben werden.

3.4.5 Abwasserreinigung

Die biologische Abwasserreinigung erfolgt im Gegensatz zu vielen anderen biotechnologischen Verfahren in einem kontinuierlichen Prozess. In kommunalen Kläranlagen werden Abwässer aus Haushalten und kleineren Betrieben dabei mechanisch, biologisch und chemisch gereinigt. Dabei arbeiten die Mikroorganismen der biologischen Reinigungsstufe im Prinzip wie in einem natürlichen Gewässer. Da der Aufbau einer Kläranlage bereits in Bd. 2 (Katzer/Katzer, S. 256 ff.) ausführlich beschrieben ist, wird hier nur auf die biologische Reinigung eingegangen.

In offenen oder geschlossenen **Belebtschlammanlagen** bauen aerobe Mikroorganismen unter Belüftung organische Stoffe zu Wasser, Kohlenstoffdioxid, Nitrat, Sulfat und Phosphat ab. Schlämme mit schwer abbaubaren organischen Stoffen werden in **Faulschlammbehältern** durch anaerobe Bakterien unter Luftabschluss zersetzt. Dabei entstehen aus hochmolekularen Stoffen zunächst wasserlösliche Verbindungen, wie z. B. Essigsäure, die dann von Methan produzierenden Bakterien weiter abgebaut werden. Das dabei entstehende Biogas kann zur Energieversorgung der Kläranlage genutzt werden.

3.4.6 Erzlaugung

Im Metallbergbau werden Bakterien eingesetzt, um bestimmte Metalle – vor allem Kupfer – aus sulfidischen Erzen mit einem niedrigen Gehalt am gewünschten Metall zu gewinnen. Da solche Erze häufig von Eisenverbindungen wie z. B. Pyrit (FeS_2) durchsetzt sind, muss man diese Verunreinigungen entfernen. Zu diesem Zweck wird das Gestein mit einer sauren Lösung, die geeignete Bakterien enthält, ausgelaugt (engl. *leaching*). Man nutzt dazu die Fähigkeit des Bakteriums *Thiobacillus ferrooxidans*, das Eisen und Schwefel oxidiert.

Bei dieser Oxidation wird das sulfidische Erz in lösliches Eisensulfat umgewandelt:

$2\ FeS_2 + 2\ H_2O + 7\ O_2 \rightarrow 2\ FeSO_4 + 2\ H_2SO_4$

Außerdem wird Eisen(II) zu Eisen(III) oxidiert:

$4\ FeSO_4 + O_2 + 2\ H_2SO_4 \rightarrow 2\ Fe_2(SO_4)_3 + 2\ H_2O$

Dieses kann wiederum das Kupfer aus dem Erz oxidieren:

$Cu_2S + 2\ Fe_2(SO_4)_3 \rightarrow 2\ CuSO_4 + 4\ FeSO_4 + S$

Das Kupfer liegt nach diesem Prozess als lösliches Kupfersulfat vor und kann abgetrennt und aufgearbeitet werden.

3.5 Aufgaben

1. Die Herstellung von Ethanol kann chemisch durch Hydratisierung von Ethen mit Phosphorsäure als Katalysator bei 300 °C und 70 hPa oder biotechnisch durch alkoholische Gärung durchgeführt werden. Nennen Sie einige Vorteile des biochemischen Verfahrens.
2. Für die Produktion im Laborfermenter wird eine Bakteriendichte von 10^8 Zellen/mL angestrebt. Eine Kultur der Zellzahl $3{,}5 \cdot 10^4$ Zellen/mL steht für die Vermehrung bereit. Die Generationszeit beträgt 40 min. Berechnen Sie die Zeit, die zum Erreichen der gewünschten Zellzahl notwendig ist.
3. Für die industrielle Produktion von Backhefe wird im Labor eine Schüttelkultur aus 300 mg Hefe vorbereitet. Nach 24 Stunden sind 20 g Hefe entstanden.
   Berechnen Sie die Wachstumsrate und die Verdopplungszeit.
4. Berechnen Sie den Ertragskoeffizienten der Citronensäureproduktion.
5. In einem Bioreaktor wächst ein aerobes Bakterium in einer Nährlösung mit Glucose als Kohlenstoffquelle. Um festzustellen, wie viel Glucose nach einiger Zeit noch zur Verfügung steht, wird das freigesetzte Volumen an CO_2 gemessen.
   Zu Beginn enthielt die Nährlösung 1000 g Glucose. Berechnen Sie die Restmasse nach Freisetzung von 650 L CO_2 (unter Normbedingungen) unter Vernachlässigung der für den Baustoffwechsel der Bakterien verbrauchten Glucose.
6. Beschreiben Sie die Aufarbeitung eines Enzyms nach der Fermentation, das sich in der Bakterienzelle befindet.
7. Formulieren Sie die Reaktionsgleichungen für folgende Vergärungen von Glucose:
   a) Buttersäuregärung durch Clostridien mit den Nebenprodukten Wasserstoff und Kohlenstoffdioxid.
   b) Milchsäuregärung durch einige Lactobacillen mit den Nebenprodukten Ethanol und Kohlenstoffdioxid.
8. a) Geben Sie an, welche der im Text beschriebenen Produkte sich im Emersverfahren erzeugen lassen und welche nur im Submersverfahren.
   b) Nennen Sie die im Text beschriebenen Primärmetabolite und Sekundärmetabolite.

4 Durchführung biochemischer Arbeiten

Alle Lebensvorgänge der Zelle beruhen letztlich auf dem komplizierten Zusammenspiel der Biomoleküle. Deswegen gilt das besondere Interesse ihrem Aufbau, ihren Eigenschaften und Reaktionen. Vor allem Proteine nehmen dabei eine herausragende Stellung ein.

Wie schon in ▶ Kap. 1, S. 9 beschrieben, handelt es sich bei den Proteinen um Makromoleküle aus miteinander verknüpften Aminosäuren. Diese Bausteine bestimmen viele Eigenschaften von Proteinen.

Funktion	Beispiele
Strukturbildung und -erhaltung	**Keratin** bildet Haare, Fingernägel und Federn, **Kollagen** Knorpel und Sehnen. Verschiedene Proteine, darunter **Tubulin** und **Actin**, durchziehen als Netzwerk das Cytoplasma von Zellen und sorgen als Cytoskelett für eine mechanische Stütze.
Transport	**Hämoglobin** transportiert den Sauerstoff im Blut.
Schutz und Abwehr	**IgM = Immunglobulin M** wird als Antikörper gegen Krankheitserreger und andere Fremdstoffe ausgeschüttet und ist damit ein wichtiger Bestandteil des Immunsystems.
Steuerung und Regelung	**Insulin** regelt den Blutzuckerspiegel, **Somatotropin** das Wachstum.
Katalyse	Enzyme bilden die zahlenmäßig größte Gruppe der Proteine, da für nahezu jede biochemische Reaktion ein spezieller Biokatalysator erforderlich ist. So katalysieren die Verdauungsenzyme **Pepsin** und **Trypsin** den Abbau von Proteinen der Nahrung, **Alkoholdehydrogenase** den Abbau von Alkohol.
Bewegung	**Actin** und **Myosin** sind für die Muskelkontraktion verantwortlich.
Speicherung	**Casein** der Milch und **Ovalbumin** des Eies stellen wichtige tierische Speicherproteine dar.

Tab. 4.1 Bedeutung der Proteine im Organismus

4.1 Eigenschaften und Untersuchung von Aminosäuren

Zwanzig **Aminosäuren**, genauer: 2-Aminocarbonsäuren, bilden die Bausteine der Proteine und werden deshalb als proteinogene Aminosäuren bezeichnet. Die Chiralität des zweiten C-Atoms bedingt eine Stellung der Aminogruppe in der Projektionsformel rechts oder links, wobei in den Proteinen nur L-Aminosäuren auftreten. Sie liegen praktisch nur in Form ihrer Zwitterionen vor, die durch intramolekulare Protonenübertragung von der Carboxylgruppe auf die Aminogruppe entstehen. Solche „inneren Salze" sind fest und weisen mit 175 °C–300 °C relativ hohe Schmelztemperaturen auf.

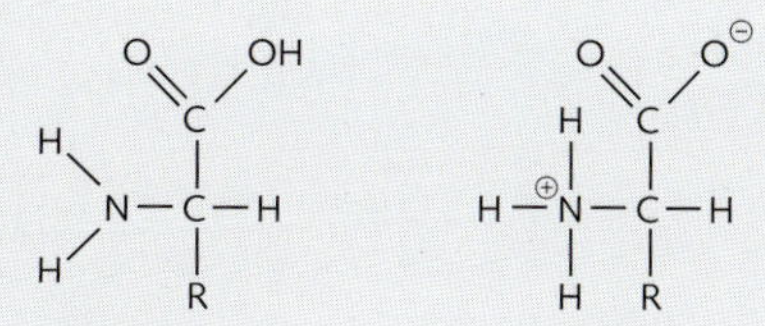

allgemeine Formel **Zwitterion**

Die Struktur des Restes R bestimmt die weiteren Eigenschaften der Aminosäuren und damit der Proteine, beispielsweise ihre Wasserlöslichkeit und die Fähigkeit, andere Moleküle zu binden.

Es ist üblich, Aminosäuren mit einer Abkürzung aus drei Buchstaben oder mit einem Ein-Buchstaben-Symbol zu bezeichnen, um sie in langen Abfolgen Platz sparend darzustellen.

Aminosäuren mit unpolaren Seitenketten

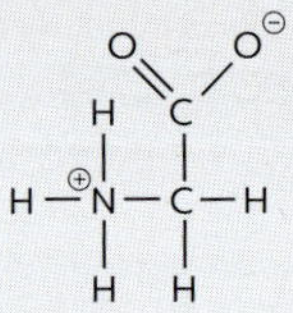

Glycin (Gly) G

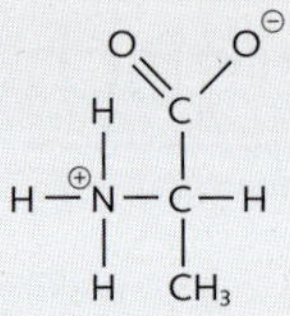

Alanin (Ala) A

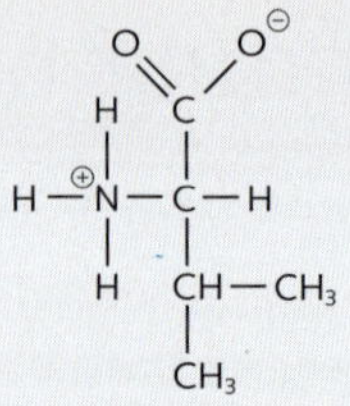

Valin (Val) V

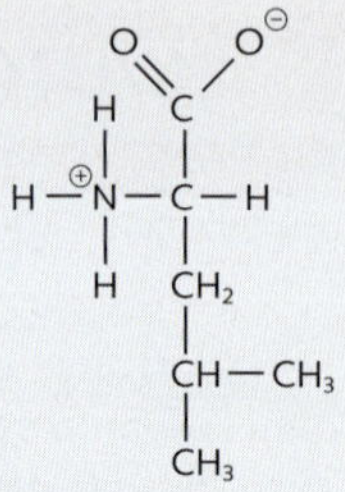

Leucin (Leu) L

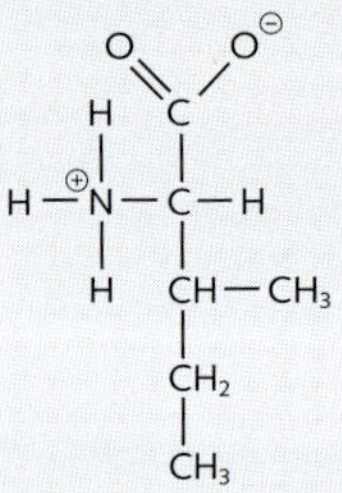

Isoleucin (Ile) I

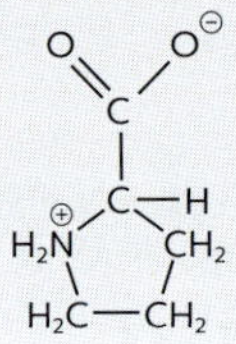

Prolin (Pro) P

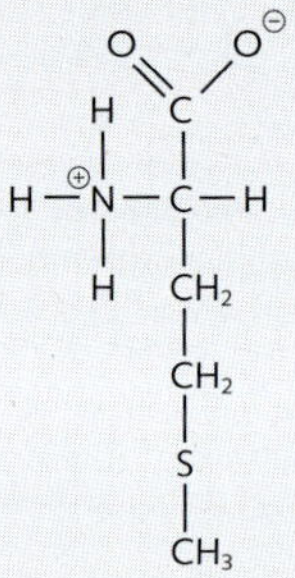

Methionin (Met) M

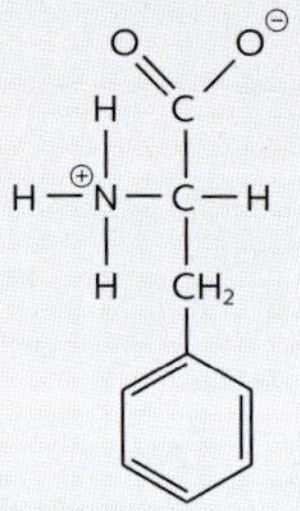

Phenylalanin (Phe) F

Aminosäuren mit polaren Seitenketten

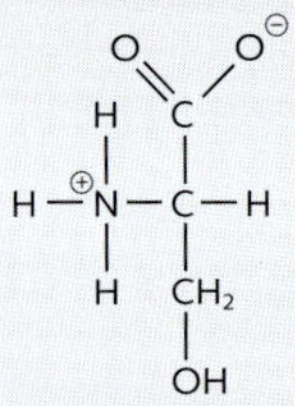

Serin (Ser) S

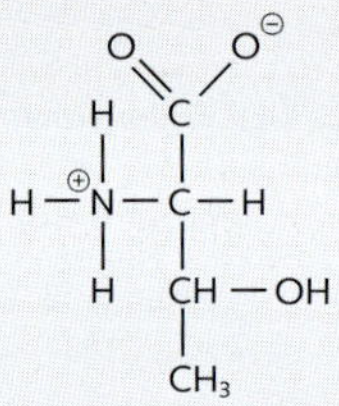

Threonin (Thr) T

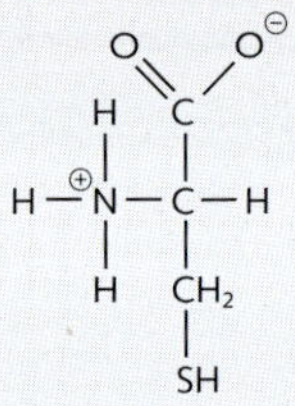

Cystein (Cys) C

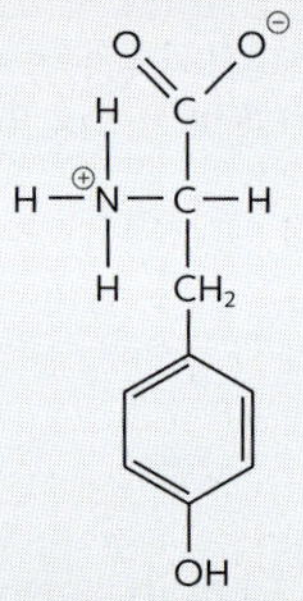

Tyrosin (Tyr) Y

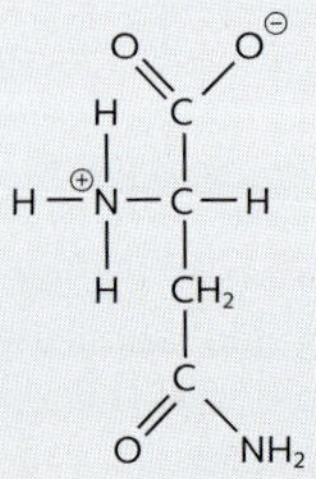

Asparagin (Asn) N

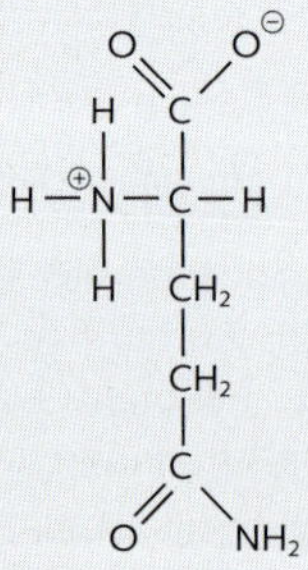

Glutamin (Gln) Q

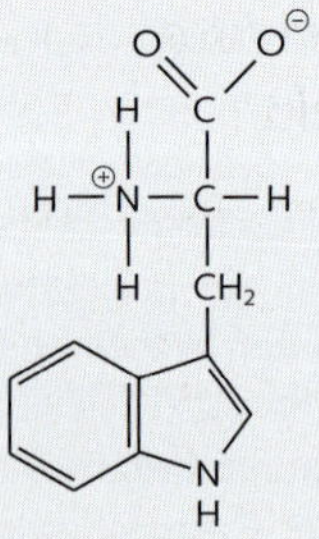

Tryptophan (Trp) W

Aminosäuren mit basischen Seitenketten		
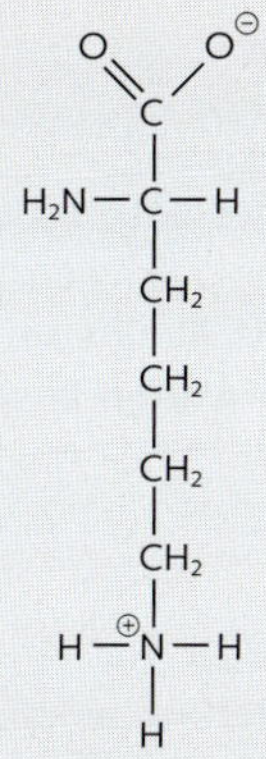 Lysin (Lys) K	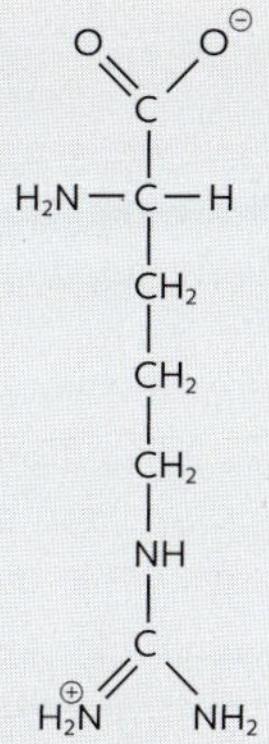 Arginin (Arg) R	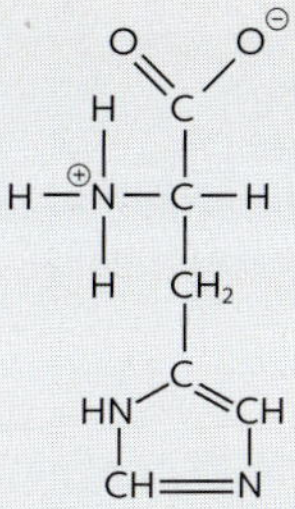 Histidin (His) H
Aminosäuren mit sauren Seitenketten		
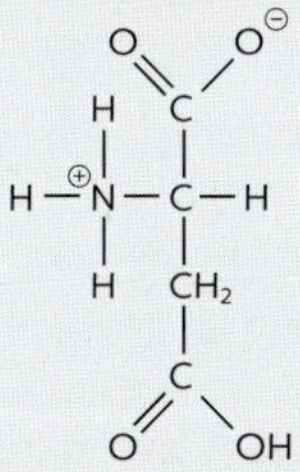 Asparaginsäure (Asp) D	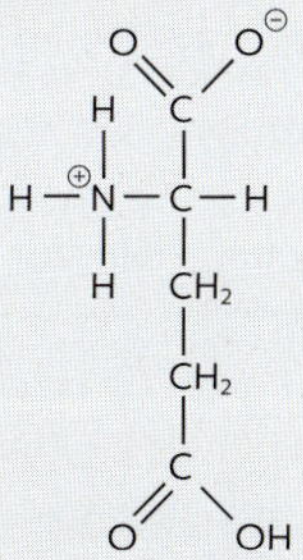 Glutaminsäure (Glu) E	

Tab. 4.2 Strukturformeln, Abkürzungen und Ein-Buchstaben-Symbole der 20 proteinogenen Aminosäuren

Da die beiden Aminosäuren mit einer zweiten Carboxylgruppe – Asparaginsäure und Glutaminsäure – bei physiologischem pH-Wert in Form ihrer Anionen vorliegen, verwendet man an Stelle der Namen der Säuren häufig die Namen ihrer Salze Aspartat und Glutamat.

4.1.1 Säure-Base-Eigenschaften und isoelektrischer Punkt

Auf Grund ihrer beiden funktionellen Gruppen verhalten sich Aminosäuren **amphoter**. Sie lassen sich daher sowohl mit Säuren als auch mit Basen umsetzen.

Titriert man eine wässrige Lösung von Glycin mit Salzsäure, so findet folgende Protolyse statt:

$$H_3\overset{\oplus}{N}-CH_2-COO^{\ominus} + HCl \longrightarrow H_3\overset{\oplus}{N}-CH_2-COOH + Cl^{\ominus}$$

Die Carboxylatgruppe des Zwitterions fungiert also als Base.

Titriert man eine wässrige Lösung von Glycin mit Natronlauge, so reagiert entsprechend die protonierte Aminogruppe als Säure.

$$H_3\overset{\oplus}{N}-CH_2-COO^{\ominus} + NaOH \longrightarrow H_2N-CH_2-COO^{\ominus} + Na^{\oplus} + H_2O$$

Stellt man die Ergebnisse beider Reaktionen in *einem* Diagramm dar, so erhält man eine Titrationskurve, die derjenigen einer zweiprotonigen Säure entspricht. Aus dem Massenwirkungsgesetz lassen sich demnach zwei Säurekonstanten bzw. zwei pK_s-Werte ermitteln. Der pK_s-Wert der protonierten Aminogruppe beträgt 2,34; der pK_s-Wert der Carboxylgruppe 9,60.

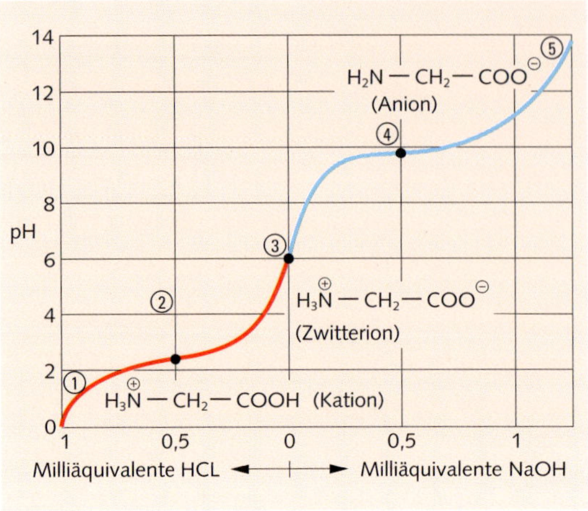

Abb. 4.1 Titrationskurve von Glycin

Aus dieser Titrationskurve lassen sich wichtige Eigenschaften der Aminosäure ableiten, wenn man die Struktur des Glycins bei 5 charakteristischen pH-Werten betrachtet.

① Die Aminosäure liegt vollständig als Kation vor.

② Die Aminosäure liegt zu 50 % als Kation und zu 50 % als Zwitterion vor.

③ Die Aminosäure liegt praktisch nur als Zwitterion vor.

④ Die Aminosäure liegt zu 50 % als Zwitterion und zu 50 % als Anion vor.

⑤ Die Aminosäure liegt vollständig als Anion vor.

4.1.1.1 Pufferwirkung

Am Punkt ② liegt ein äquimolares Gemisch aus Kation und Zwitterion vor, am Punkt ④ ein äquimolares Gemisch aus Zwitterion und Anion. Eine solche Kombination aus einer schwachen Säure und ihrer korrespondierenden Base wirkt als Puffer, d. h. sie hält den pH-Wert einer Lösung auch bei Zusatz geringer Mengen von Oxoniumionen oder Hydroxidionen annähernd konstant.

Nach der Henderson-Hasselbalch-Gleichung lässt sich der pH-Wert einer Pufferlösung aus dem pK_s-Wert der Säure und dem Verhältnis der Konzentrationen von schwacher Säure HA und korrespondierender Base A^- berechnen:

$$pH = pK_s + \lg\frac{c(A^-)}{c(HA)}$$

Für die beiden äquimolaren Puffer entsprechen die pH-Werte an den Punkten ② und ④ den beiden pK_s-Werten des Glycins. Zur Herstellung von Pufferlösungen mit abweichenden pH-Werten lassen sich die Konzentrationen von Kation und Anion der Aminosäure durch Zugabe von Salzsäure bzw. Natronlauge variieren.

Nur wenn die Aminosäure nahezu vollständig als Zwitterion vorliegt, ist keine Pufferung möglich. Für Glycin ist das bei pH 5,97 der Fall, dem Punkt ③ der Titrationskurve.

4.1.1.2 Isoelektrischer Punkt

Am Punkt ① liegt die Aminosäure vollständig als Kation vor, am Punkt ⑤ entsprechend als Anion. Beide Formen würden in einem elektrischen Gleichspannungsfeld zur entsprechenden Elektrode wandern.

Am Punkt ③ dagegen liegt die Aminosäure praktisch nur als Zwitterion vor. Da die Anzahl der positiven und negativen Ladungen in diesem Fall gleich groß ist, findet keine Wanderung im elektrischen Feld statt. Der entsprechende – für jede Aminosäure charakteristische – pH-Wert wird als **isoelektrischer Punkt** = **pI** bezeichnet.

Er lässt sich aus den beiden pK_s-Werten wie folgt berechnen:

$$pI = \frac{1}{2}(pK_{s1} + pK_{s2})$$

Setzt man die beiden pK_s-Werte des Glycins ein, so erhält man einen pI von 5,97, wie er sich auch aus der Titrationskurve ermitteln lässt.

Die isoelektrischen Punkte der meisten Aminosäuren liegen zwischen 5,4 und 6,3. Nur Aminosäuren mit ionisierbaren Seitenketten weisen einen dritten pK_s-Wert auf, der den isoelektrischen Punkt in den sauren oder alkalischen Bereich verschiebt.

saure Aminosäuren	pI	annähernd neutrale Aminosäuren	pI	basische Aminosäuren	pI
Asparaginsäure	3,0	Glycin	6,1	Histidin	7,59
Glutaminsäure	3,2	Leucin	5,98	Lysin	9,9
		Phenylalanin	5,88	Arginin	10,76

Tab. 4.3 Isoelektrische Punkte einiger Aminosäuren

4.1.2 Auftrennung und Nachweis

Alle Aminosäuren lassen sich auf Grund ihres organisch gebundenen Stickstoffs nachweisen. Will man dagegen Gemische verschiedener Aminosäuren auftrennen, so macht man sich ihre unterschiedlichen Seitenketten zunutze. Neben Größe und Polarität spielt dabei vor allem die unterschiedliche Ladung in Abhängigkeit vom pH-Wert eine wichtige Rolle.

4.1.2.1 Dünnschichtchromatografie DC

Auf Grund ihrer unterschiedlichen Seitenketten lassen sich Aminosäuregemische mit chromatografischen Verfahren auftrennen. Häufig erfolgt die Untersuchung mittels Dünnschichtchromatografie (siehe Katzer/Katzer, Band 1, Kap. 14.9). Man trägt dabei die Proben und Vergleichssubstanzen auf eine dünne Schicht eines Feststoffes auf einer Platte auf, wo sie unterschiedlich stark adsorbiert werden. Stellt man die Platte anschließend in eine Chromatografiekammer mit einem geeigneten Lösemittel, so werden die einzelnen Komponenten des Gemisches nacheinander desorbiert und wandern mit dem Laufmittel von ihrer Startposition am unteren Rand der Platte nach oben.

Als stationäre Phase dient für Aminosäuren beispielsweise Cellulose, als mobile ein Alkoholgemisch. Um die farblosen Substanzen zu identifizieren, besprüht man die Platte anschließend mit einem geeigneten Nachweisreagenz, im Falle der Aminosäuren mit **Ninhydrin**. Das Stickstoffatom der Aminosäure verbindet zwei Ninhydrinmoleküle zu einem violetten Farbstoff.

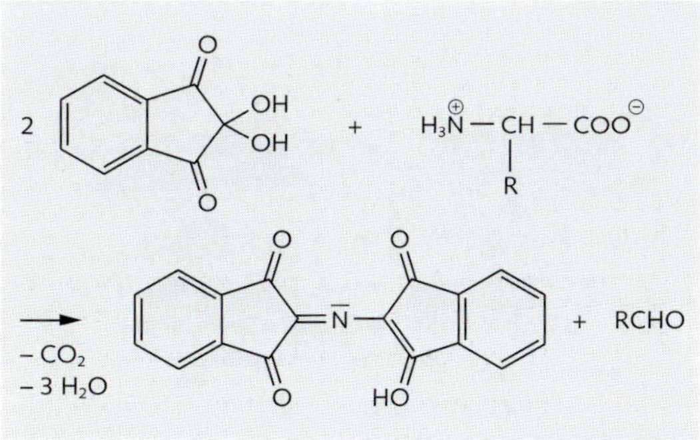

Zur genaueren Identifizierung werden die Abstände zwischen Startlinie und Substanz bzw. Laufmittelfront ausgemessen und ins Verhältnis gesetzt. Auf diese Weise erhält man den Retentionsfaktor oder R_f-Wert.

$$R_f = \frac{\text{Wanderungsstrecke der Substanz}}{\text{Wanderungsstrecke des Laufmittels}}$$

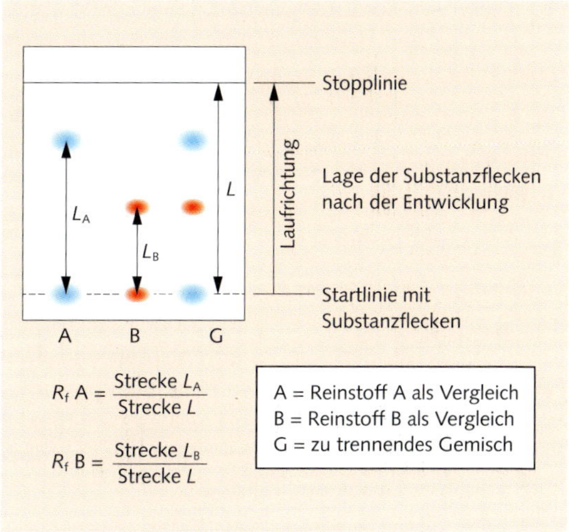

Abb. 4.2 Dünnschichtchromatogramm

4.1.2.2 Ionenaustauschchromatografie

Da bei entsprechenden pH-Werten Aminosäuren als Anionen oder Kationen vorliegen, lassen sie sich auch an Ionenaustauscher binden. Bei dieser besonderen Form der Säulenchromatografie fungiert als Träger meistens ein Kunstharz, beispielsweise ein Styrol-Divinylbenzol-Copolymerisat, mit geladenen Gruppen. Kationenaustauscher tragen Carboxyl- oder Sulfonsäuregruppen, Anionenaustauscher Amino- oder quartäre Ammoniumgruppen. Pufferlösungen unterschiedlicher pH-Werte und Salzkonzentration dienen als mobile Phase.

Will man ein Gemisch mehrerer Aminosäuren mit Hilfe eines Kationenaustauschers auftrennen, so bringt man es in einer stark sauren Lösung auf die entsprechend vorbereitete Säule ($R\text{-}SO_3^{\ominus}$). Anstelle der Gegenionen (hier Natrium) werden die Aminosäurekationen gebunden.

$$R\text{-}SO_3^{\ominus} \ldots Na^{\oplus} + {}^{\oplus}NH_3\text{-}CHR\text{-}COOH$$
$$\rightarrow R\text{-}SO_3^{\ominus} \ldots {}^{\oplus}NH_3\text{-}CHR\text{-}COOH + Na^{\oplus}$$

Anschließend eluiert man zunächst mit einer sauren Pufferlösung, deren pH-Wert und Salzkonzentration man durch Mischen kontinuierlich ansteigen lässt (Gradienten-Elution). Dabei werden die Aminosäurekationen deprotoniert und vom Träger abgewaschen.

$$R\text{-}SO_3^{\ominus} \ldots {}^{\oplus}NH_3\text{-}CHR\text{-}COOH + OH^{\ominus} \text{ (aus dem Puffer)}$$
$$\rightarrow R\text{-}SO_3^{\ominus} \ldots {}^{\oplus}NH_3\text{-}CHR\text{-}COO^{\ominus} + H_2O$$

$$R\text{-}SO_3^{\ominus} + Na^{\oplus} \text{ (aus dem Puffer)} + {}^{\oplus}NH_3\text{-}CHR\text{-}COO^{\ominus}$$
$$\rightarrow R\text{-}SO_3^{\ominus} \ldots Na^{\oplus} + {}^{\oplus}NH_3\text{-}CHR\text{-}COO^{\ominus}$$

Die sauren Aminosäuren werden dabei zuerst abgelöst, gefolgt von den neutralen, während die basischen zuletzt die Säule verlassen.

Diese Technik wird auch im automatischen Aminosäuren-Analysator eingesetzt.

4.1.2.3 Elektrophorese

Taucht man 2 Elektroden in eine wässrige Elektrolytlösung und legt eine genügend hohe Gleichspannung an, so wandern die Ionen entsprechend ihrer Ladung in Richtung der beiden Pole. Bei konstanter Spannung hängt die Wanderungsgeschwindigkeit der geladenen Teilchen von ihrer Nettoladung, aber auch von ihrer Größe und Form ab.

Wenn die Ionen die Anode bzw. Kathode erreichen, werden sie durch Abgabe oder Aufnahme von Elektronen entladen, ein Vorgang, den man sich bei der Elektrolyse zunutze macht.

Bei der Elektrophorese dagegen verläuft dieser Prozess unvollständig, weil die Ionen die Elektroden im Allgemeinen gar nicht erreichen. Man lässt die geladenen Teilchen nämlich auf einem festen Träger aus Papier oder Gel wandern und bricht ab, wenn sie eine gewisse Strecke zurückgelegt haben.

Trägt man ein Gemisch verschiedener Aminosäuren in der Mitte eines Filterpapierstreifens auf und bringt diesen in eine Pufferlösung mit einem bestimmten pH-Wert, so wandern die Aminosäuren entsprechend ihrer Nettoladung auf die Kathode oder Anode zu.

Um das Ergebnis nach der Auftrennung sichtbar zu machen, behandelt man das Papier anschließend mit Ninhydrin. Dabei entsteht auf dem Träger ein Bild unterschiedlicher gefärbter Zonen der einzelnen Komponenten, das **Elektropherogramm**.

4.2 Eigenschaften und Nachweis von Peptiden

4.2.1 Aufbau der Peptidbindung

Aminosäuren werden bei der Synthese von Proteinen zu langen Ketten verknüpft. Dabei reagiert die Aminogruppe einer Aminosäure mit der Carboxylgruppe einer anderen unter Wasserabspaltung zur **Peptidbindung** (zur besseren Verständlichkeit der Reaktion wurden die ungeladenen Formeln verwendet). Aus zwei Molekülen Glycin entsteht bei dieser Reaktion das Dipeptid Glycylglycin.

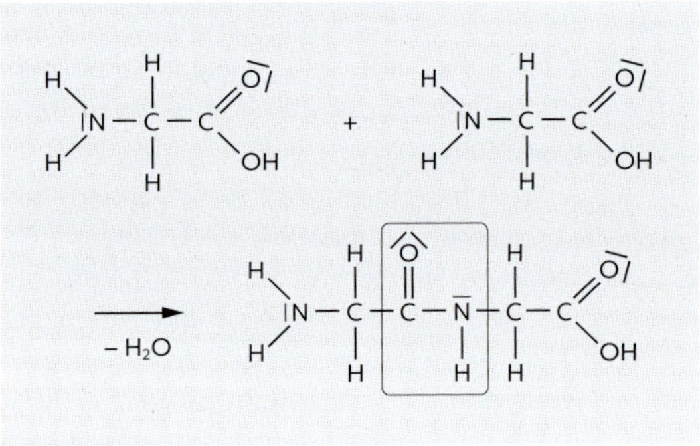

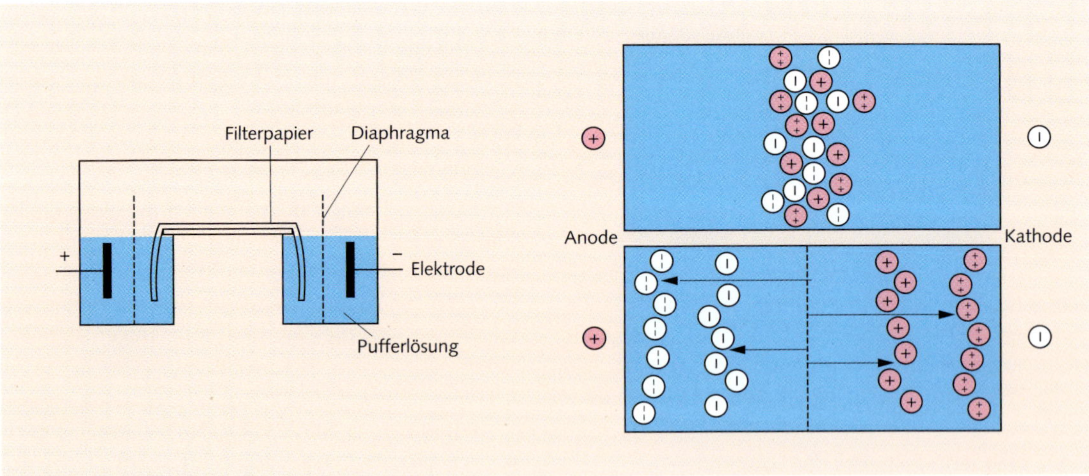

Abb. 4.3 Prinzip der Papierelektrophorese: links Elektrophoresekammer, rechts Bewegung der geladenen Teilchen

Einige aus etwa 3–10 Aminosäuren bestehende **Oligopeptide** und aus etwa 11–100 Aminosäuren bestehende **Polypeptide** erfüllen wichtige biologische Aufgaben.

Anzahl der Aminosäuren	Peptid	beteiligte Aminosäuren	Beispiel
2	Dipeptid	Gly-Gly	Glycylglycin Puffer, pH um 8,4
3	Tripeptid	γ-Glu-Cys-Gly	Glutathion Entgiftung von Peroxiden in der Zelle
4	Tetrapeptid	Thr-Lys-Pro-Arg	Tuftsin Botenstoff, Gewebshormon
5	Pentapeptid	Tyr-Gly-Gly-Phe-Met	Met-Enkephalin Neuropeptid, wirkt als körpereigenes Schmerzmittel

Tab. 4.4 Wichtige natürliche Peptide

4.2.1.1 Aminosäuresequenz

Üblicherweise wird die Formel oder Kurzschreibweise eines Peptids so dargestellt, dass die Aminosäure mit freier Aminogruppe links steht und die mit freier Carboxylgruppe rechts. Man bezeichnet das Aminoende auch als N-terminales Ende, das Carboxylende als C-terminales Ende (▶ siehe Abb. unten).

Das Met-Enkephalin wirkt nur dann als Neuropeptid, wenn die 5 Aminosäuren genau in dieser Reihenfolge verknüpft sind. Deshalb ist die **Sequenz** von entscheidender Bedeutung für ein Peptid oder Protein.

4.2.1.2 Geometrie der Peptidbindung

Eine Peptidkette sollte um die C-N-Bindung frei drehbar sein. Durch Röntgenstrukturanalyse von Proteinkristallen wurde diese Vermutung jedoch widerlegt. Die vier Atome der Peptidbindung und die beiden benachbarten C-Atome liegen nämlich in einer Ebene, aus der die Seitenketten der Aminosäuren und die Wasserstoffatome herausragen. Zudem weist die C=O-Doppelbindung etwa 40 % Einfachbindungscharakter auf, die C-N-Einfachbindung etwa 40 % Doppelbindungscharakter. Diese Eigenschaften lassen sich wie bei den Carbonsäureamiden durch Mesomerie erklären.

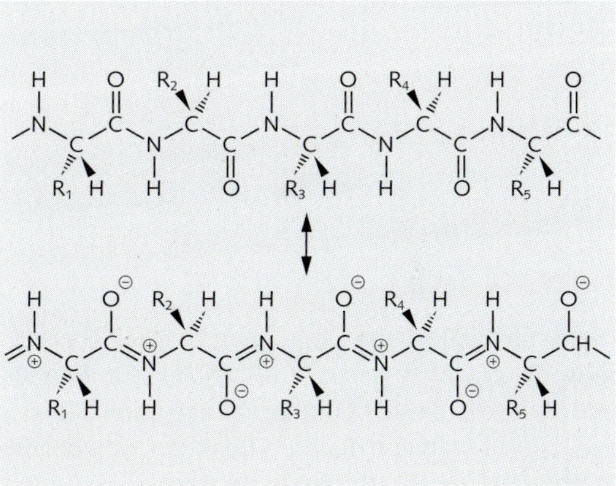

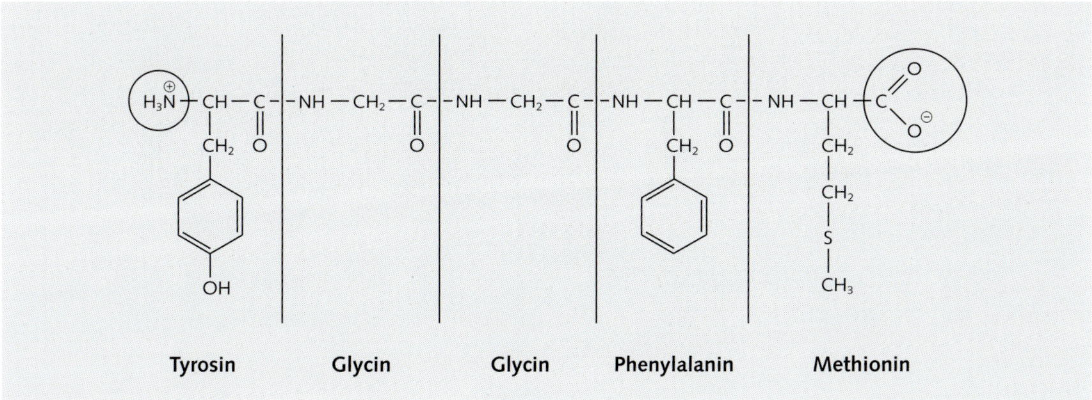

Diese relativ starre räumliche Anordnung ermöglicht Wasserstoffbrücken zwischen den Peptidbindungen nebeneinander angeordneter Polypeptidketten.

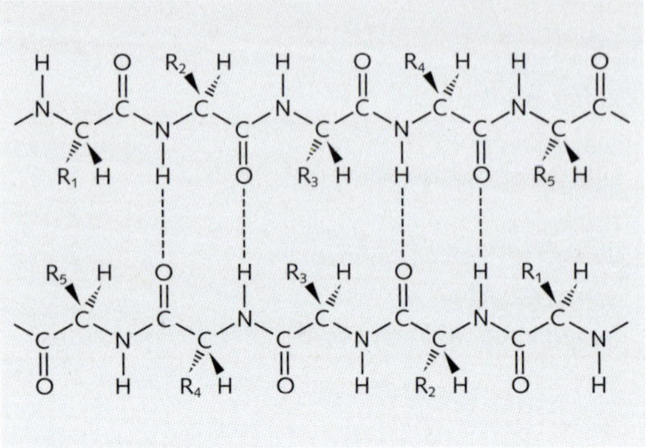

4.2.2 Nachweis der Peptidbindung durch Biuretreaktion

Beim trockenen Erhitzen von Harnstoff verbinden sich zwei Moleküle unter Abspaltung von Ammoniak zu **Biuret**.

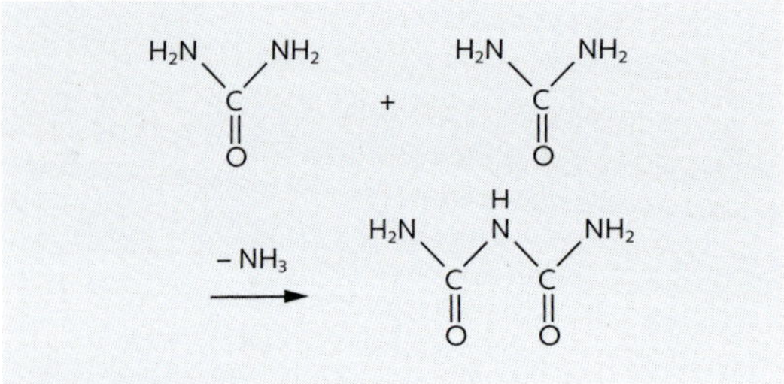

Dieser Stoff bildet mit Cu^{2+}-Ionen in alkalischer Lösung einen violett gefärbten Komplex. Da Peptide und Proteine diese Komplexbildung ebenfalls zeigen, spricht man von der Biuretreaktion, obwohl der Stoff Biuret selbst nicht daran beteiligt ist. Zwei Polypeptidkettenabschnitte umschließen dabei mit ihren Stickstoffatomen das Kupferion:

4.3 Aufbau und Eigenschaften von Proteinen

4.3.1 Räumliche Strukturen

Proteine sind Polypeptidketten aus mehr als 100 Aminosäuren, die in komplizierter Weise gefaltet und dadurch räumlich fixiert werden. Nur in dieser charakteristischen Konformation können sie ihre biologischen Funktionen wahrnehmen.

Schon seit langer Zeit ist der Aufbau des Peptidhormons Insulin, das maßgeblich an der Regulation des Blutzuckerspiegels beteiligt ist, bekannt. Obwohl Insulin mit seinen 51 Aminosäuren streng genommen noch nicht zu den Proteinen zählt, werden die typischen Strukturen wegen der leichteren Überschaubarkeit an diesem Beispiel beschrieben.

Im Modell hat Insulin folgenden Aufbau:

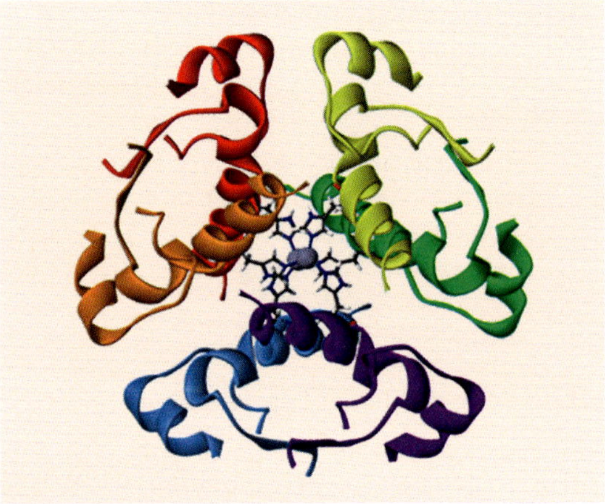

Abb. 4.4 Modell des Insulins

Das Bild berücksichtigt, ausgehend vom molekularen Aufbau, die 4 Strukturen des Polypeptids Primärstruktur, Sekundärstruktur, Tertiärstruktur und Quartärstruktur.

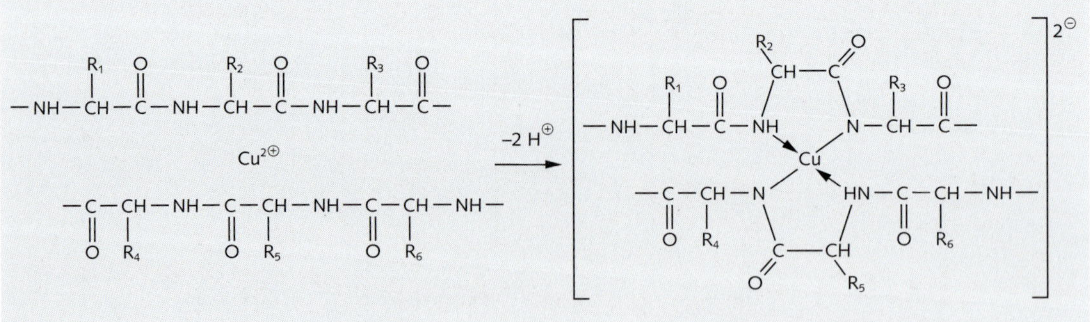

Insulin liegt zu 57 % als α-Helix, zu 6 % als β-Faltblatt, zu 10 % als β-Schleifen und zu 27 % als Zufallsknäuel vor.

4.3.1.1 Primärstruktur

Unter der Primärstruktur versteht man die Reihenfolge (= Sequenz) der Aminosäuren.

Insulin besteht aus einer A-Kette aus 21 Aminosäuren und einer B-Kette aus 30 Aminosäuren. Ihre Sequenzen lassen sich mit dem Ein-Buchstaben-Code in kurzer Form darstellen. Für das Humaninsulin erhält man:

A-Kette: GIVEQCCTSICSLYQLENYCN
B-Kette: FVNQHLCGSHLVEALYLVCGERGFFYTPKT

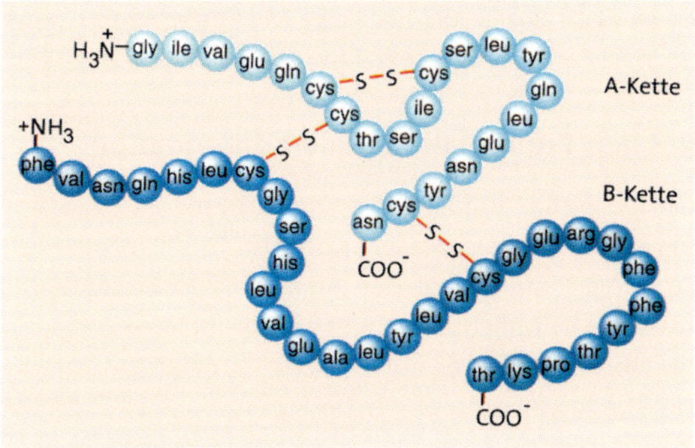

Abb. 4.5 Primärstruktur des Humaninsulins mit Disulfidbrücken

Da die Seitenketten der Aminosäuren in Wechselwirkung treten, ist bereits durch die Aminosäuresequenz die dreidimensionale Struktur eines Proteins festgelegt.

4.3.1.2 Sekundärstruktur

Unter der Sekundärstruktur versteht man durch Wasserstoffbrücken zwischen den Peptidbindungen stabilisierte Bereiche der Polypeptidkette (▶ siehe auch 4.2.1 Geometrie der Peptidbindung, S. 64)

- **α-Helix**. Wenn die Aminosäurereste R groß sind, ordnet sich die Polypeptidkette bevorzugt als α-Helix an. Bei dieser Struktur windet sich das Molekül schraubenförmig um sich selbst. Die Wendel wird durch Wasserstoffbrücken innerhalb der Kette zusammengehalten. Nach 3,6 Aminosäureeinheiten ist eine Windung mit einer Ganghöhe von 540 pm durchlaufen. Die α-Helix ist rechtsgängig, d. h. die Windungen der Polypeptidkette sind wie die eines Korkenziehers angeordnet. Die Aminosäurereste weisen von der Helix ausgehend nach außen, so dass ihnen relativ viel Platz zur Verfügung steht.
  Ein Strukturprotein, das überwiegend α-helical vorliegt, ist das α-Keratin, aus dem Haare, Federn, Nägel, Klauen und Hufe der Landtiere bestehen. Auch im Kollagen liegt die Polypeptidkette weitgehend als Helix vor.

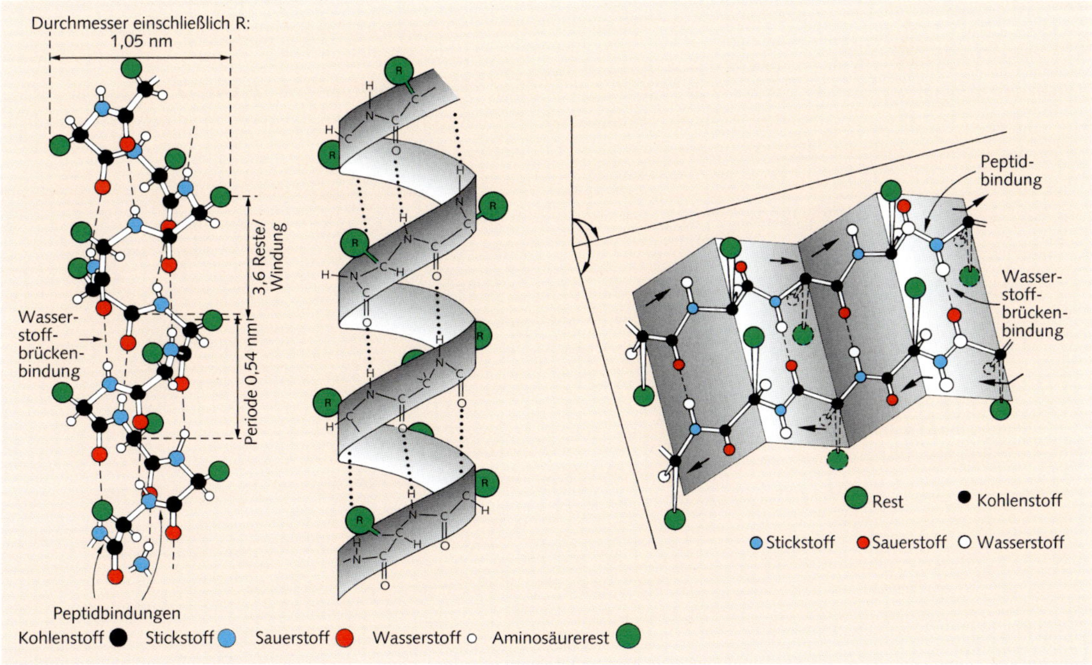

Abb. 4.6 Sekundärstrukturen der Proteine; links α-Helix, rechts β-Faltblattstruktur

- **β-Faltblattstruktur.** Bei der gegenläufigen (antiparallelen Faltblattstruktur) ordnen sich mehrere Polypeptidketten oder Abschnitte einer Polypeptidkette so nebeneinander an, dass die Peptidgruppen wie in den Flächen und die dazwischen liegenden C-Atome wie in den Kanten eines mehrfach gefalteten Blattes liegen. Benachbarte Ketten werden durch Wasserstoffbrücken zusammengehalten, und die Seitengruppen R stehen abwechselnd oberhalb und unterhalb der Blattebene. Die Seitengruppen liegen jedoch ziemlich dicht beieinander, sodass sperrige oder gleich geladene Reste die Anordnung stören.
  Ein Strukturprotein, das ausschließlich in Faltblattstruktur vorliegt, ist das Fibroin, das Hauptprotein der Seide.
- **β-Schleifen.** An Stellen, an denen die Polypeptidkette wie eine Haarnadelkurve ihre Richtung ändert, findet man häufig β-Schleifen (engl. *β-turns*). Dies sind Abschnitte, in denen 4 Aminosäurereste so angeordnet sind, dass sich der Verlauf der Kette um etwa 180° in die Gegenrichtung umkehrt. Die Schleife wird durch eine Wasserstoffbrücke zwischen den Aminosäuren 1 und 4 stabilisiert.
- **Zufallsknäuel.** Außerdem treten in den meisten Proteinen auch Kettenteile auf, deren Anordnung weder einer Helix noch einem Faltblatt entsprechen. Solche Molekülbereiche werden als Zufallsknäuel oder random coil bezeichnet.

4.3.1.3 Tertiärstruktur

Unter der Tertiärstruktur versteht man die durch Kräfte zwischen den Seitenketten räumlich fixierte Anordnung der Polypeptidkette.

Dabei kommen die folgenden Bindungen und intermolekularen Anziehungskräfte vor (▶ siehe Tabelle unten).

Die beiden Polypeptidketten des Insulins werden durch zwei Disulfidbrücken verknüpft. Andere Bindungen erzeugen Schlaufen innerhalb der Ketten.

4.3.1.4 Quartärstruktur

Unter der Quartärstruktur versteht man die Zusammenlagerung mehrerer Polypeptidketten zu einer funktionellen Einheit. So sind beispielsweise im Insulin 6 Untereinheiten oder Monomere, die jeweils aus einer A- und einer B-Kette bestehen, unter Beteiligung eines Zinkions zu einem Hexamer verknüpft. In ▶ Abb. 4.4 S. 66 ist jedes Monomer durch eine andere Farbe dargestellt.

4.3.1.5 Proteinfaltung und Konformation

Die gesamte dreidimensionale Struktur eines Proteins wird auch als dessen **Konformation** bezeichnet. Art und Reihenfolge der Aminosäuren lassen zwar mehrere Möglichkeiten der räumlichen Anordnung zu, von denen aber nur eine, die native Konformation, die jeweilige biologische Funktion eines Proteins gewährleistet. Bereits während der Biosynthese und kurz danach findet der Aufbau der korrekten räumlichen Anordnung, die **Proteinfaltung**, statt.

Bei großen Proteinen können sich bestimmte Bereiche von mehr als 50 Aminosäuren unabhängig vom Gesamtprotein falten und dadurch spezielle Aufgaben übernehmen. Solche als **Domänen** bezeichneten Einheiten findet man beispielsweise bei Enzymen und Immunglobulinen (▶ s. Kap. 5, S. 78 und 6, S. 91).

• Disulfidbrücken (Atombindungen)	zwischen Cysteinmolekülen	R—S—S—R
• Ionenbindungen	zwischen geladenen Seitenketten, z. B. Lysin und Asparaginsäure	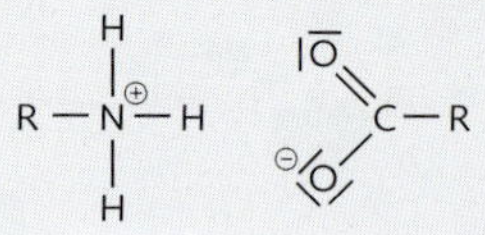
• Wasserstoffbrücken	zwischen polaren Seitenketten, z. B. Serin und Glutamin	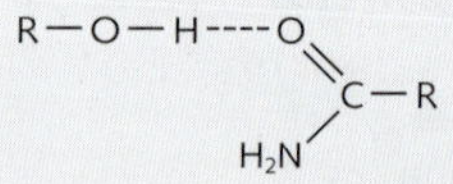
• van-der-Waals Kräfte	zwischen unpolaren Seitenketten, z. B. Leucin und Alanin	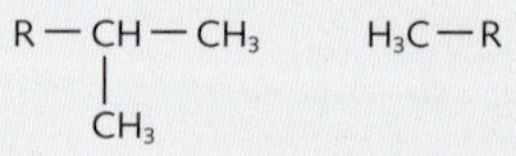

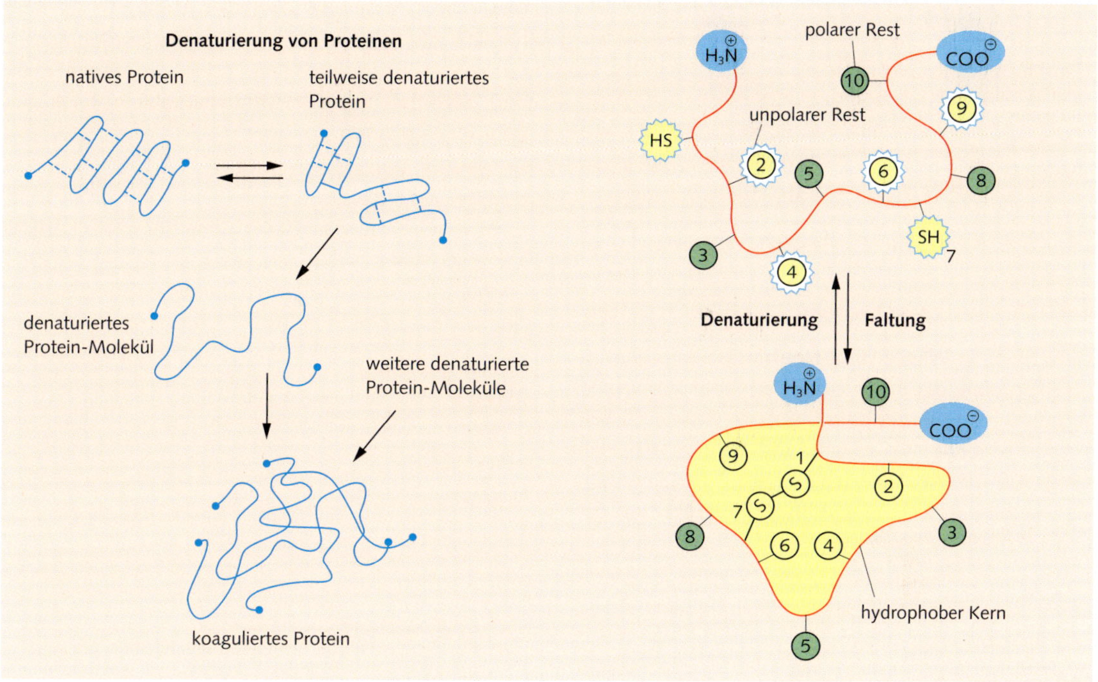

Abb. 4.7 Faltung und Denaturierung von Proteinen

4.3.1.6 Denaturierung

Dass Eiklar beim Kochen fest wird, zeigt am deutlichsten, dass Proteine durch äußere Einwirkungen ihre Struktur verändern. Die Polypeptidkette bleibt dabei zwar unverletzt, aber die Bindungen der Tertiärstruktur werden aufgehoben. Man nennt den Vorgang **Denaturierung**, weil die Veränderung der nativen Konformation zum Verlust der biologischen Aktivität führt. Außer Hitze wirken auch Änderungen des pH-Wertes, Salzlösungen, Alkohole, Schwermetalle und andere Chemikalien denaturierend, beispielsweise das für die SDS-PAGE verwendete β-Mercaptoethanol. In manchen Fällen verläuft der Vorgang reversibel, während die Zerstörung durch hohe Temperaturen in der Regel irreversibel ist.

4.3.2 Molekülmasse und physikalisch-chemische Eigenschaften

4.3.2.1 Molekülmasse

Während das Insulin mit seinen 51 Aminosäuren und einer Molmasse von 5750 $g \cdot mol^{-1}$ ein relativ kleines Polypeptid darstellt, können Proteine ohne weiteres den 40-fachen Wert erreichen. Wie viele Aminosäuren in solchen Makromolekülen enthalten sind, lässt sich näherungsweise berechnen, wenn man die mittlere Molmasse einer proteinogenen Aminosäure von 110 $g \cdot mol^{-1}$ zugrunde legt. Für ein Protein mit einer Molmasse von 200 000 $g \cdot mol^{-1}$ erhält man:

$200\,000\ g \cdot mol^{-1} : 110\ g \cdot mol^{-1} = 1818$ Aminosäuren.

Wendet man diese Überschlagsrechnung auf das Insulin an, so errechnet man

$51 \cdot 110\ g \cdot mol^{-1} = 5610\ g \cdot mol^{-1}$

Bei größeren Molekülen reicht eine Genauigkeit im Hunderterbereich aus.

In der Proteinchemie werden Molekülmassen häufig in der Masseneinheit Dalton (Da) angegeben. Man versteht darunter eine Atomare Masseneinheit (u), d. h. ein Zwölftel der absoluten Masse eines Atoms des Kohlenstoffisotops ^{12}C.

$1\ Da = 1{,}661 \cdot 10^{-24}\ g$

Zahlenmäßig entspricht diese Angabe in etwa der molaren Masse M in $g \cdot mol^{-1}$. Für große Proteine verwendet man das Kilodalton (kDa).

Größenmarker für die Trennung von Proteinen durch Elektrophorese (▶ siehe auch 4.1.2 und 4.4.2) werden üblicherweise in kDa angegeben.

Insulin (Monomer)	6000 Da
Lysozym	14400 Da
Ovalbumin	45000 Da = 45 kDa
Rinderserumalbumin (BSA)	68000 Da = 68 kDa
Immunglobulin IgG	150000 Da = 150 kDa
Immunglobulin IgM	950000 Da = 950 kDa

Tab. 4.5 Massen einiger Polypeptide und Proteine

4.3.2.2 Physikalisch-chemische Eigenschaften

Löslichkeit in Wasser und Neutralsalzlösungen. Einige Proteine, die im Blut oder anderen Körperflüssigkeiten vorkommen, sind gut in Wasser löslich, Strukturproteine wie Haare und Sehnen natürlich nicht. Auf diesem Unterschied beruht die Einteilung der Proteine in lösliche **globuläre Proteine** und unlösliche **fibrilläre Proteine**.

Rinderserumalbumin weist eine Wasserlöslichkeit von immerhin 1 g · L^{-1} bei 20 °C auf. Dieser für ein Molekül mit einer Molmasse von 68000 g · mol^{-1} beachtliche Wert lässt sich mit Hilfe des räumlichen Aufbaus erklären: die Polypeptidkette ist so angeordnet, dass die hydrophoben Seitenketten nach innen gekehrt sind, die hydrophilen dagegen nach außen.

Noch besser als in reinem Wasser lösen sich globuläre Proteine in verdünnten Salzlösungen wie beispielsweise Ammoniumsulfatlösung. Die gut hydratisierten anorganischen Ionen werden dabei an die Proteinoberfläche gebunden und trennen größere Aggregate voneinander, ein Vorgang, den man als **„Einsalzen"** (salting in) bezeichnet. Erhöht man die Salzkonzentration, so entziehen weitere Kationen und Anionen den Proteinen das Wasser aus der Hydrathülle, so dass sie wieder ausfallen. Diese Salzfällung nennt man auch **„Aussalzen"** (salting out).

Löslichkeit in Wasser bei unterschiedlichen pH-Werten. Wie gut sich ein Protein in Wasser löst hängt auch vom pH-Wert des Mediums ab. Sind nämlich die Seitenketten der beteiligten Aminosäuren durch Protonenabgabe oder -aufnahme geladen, so entstehen gut hydratisierbare Proteinkationen oder -anionen.

Bei gleicher Anzahl von positiven und negativen Ladungen liegt das Protein als Zwitterion ohne Hydrathülle vor und weist damit seine geringste Löslichkeit auf. Wie bei den Aminosäuren ist der entsprechende, für jedes Protein charakteristische pH-Wert der isoelektrische Punkt (pI).

Protein	pI
Pepsin	1,0
Ovalbumin	4,6
Urease	5,0
Hämoglobin	6,8
Ribonuclease	9,6
Lysozym	11,0

Tab. 4.6 Isoelektrische Punkte einiger Proteine

Verhalten im elektrischen Feld. Als geladene Teilchen wandern Proteine im elektrischen Feld zur entsprechenden Elektrode. Dabei wird ihre Wanderungsgeschwindigkeit unter anderem von ihrer Ladung bestimmt. Da am isoelektrischen Punkt keine Wanderung stattfindet, kann man Proteingemische mittels Elektrophorese (▶ siehe auch 4.1.2, S. 64 und 4.4.2, S. 73) bei unterschiedlichen pH-Werten auftrennen.

4.3.3 Einteilung der Proteine

Proteine können nach verschiedenen Kriterien in Gruppen eingeteilt werden;

- **Nach ihrer Herkunft:** Dabei wird nicht nur unterschieden, ob die Proteine von Tieren, Pflanzen, Mikroorganismen oder Viren stammen, sondern

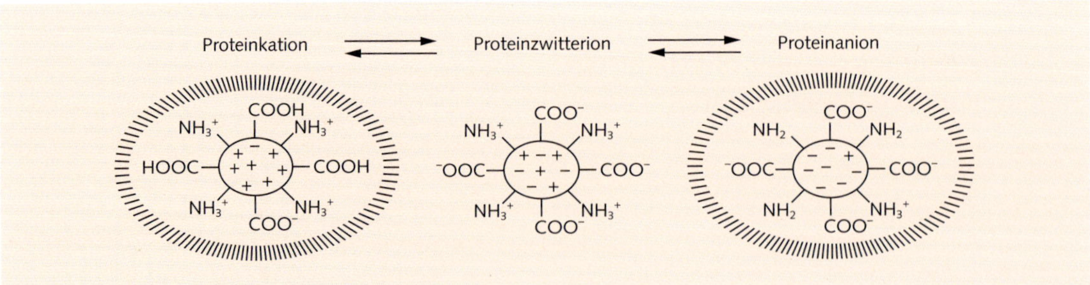

Abb. 4.8 Hydratation eines Proteins in Abhängigkeit von seiner Ladung

auch, in welchem Teil eines Organismus sie vorkommen. Proteine der Zellmembran haben einen anderen Aufbau und andere Eigenschaften als solche aus Muskeln oder Blut von Tieren oder den Samen und Früchten von Pflanzen.

- **Nach ihrer biologischen Funktion:** Eine Einteilung nach den biologischen Funktionen Strukturbildung und -erhaltung, Transport, Schutz und Abwehr, Steuerung und Regelung, Katalyse, Bewegung und Speicherung wurde in ▶ Tabelle 4.1, S. 59 bereits dargestellt.
- **Nach ihrer Löslichkeit:** Auf Grund ihrer Löslichkeit in Wasser und Neutralsalzlösungen lassen sich zwei große Gruppen unterscheiden:
  - **Fibrilläre Proteine = Skleroproteine:** unlöslich in Wasser und Neutralsalzlösungen.
    Beispiele: Myosin des Muskels, Keratin der Haare, Kollagen der Sehnen.
  - **Globuläre Proteine = Sphäroproteine**: löslich in Wasser oder Neutralsalzlösungen.
    - **Albumine:** löslich in Wasser, selbst am isoelektrischen Punkt.
      Beispiele: Rinderserumalbumin (BSA), Ovalbumin aus Ei.
    - **Globuline:** schwer löslich in reinem Wasser, löslich in Neutralsalzlösungen.
      Beispiele: Immunglobuline aus Blut, Legumin aus Hülsenfrüchten.
- **Nach ihren Bestandteilen:** Proteine können ausschließlich aus Polypeptidketten bestehen, von denen mehrere zu einer größeren Einheit verknüpft werden, oder aber mit anderen Stoffgruppen assoziiert sein. In diesem Fall spricht man von zusammengesetzten Proteinen. Der Nichtproteinanteil wird häufig als **prosthetische Gruppe** bezeichnet, das zusammengesetzte Protein als **Proteid**. Die Bindung erfolgt dabei über die Seitenketten der Aminosäuren als Atombindung oder Komplexbildung. Man unterscheidet:
  - **Glykoproteine**: Monosaccharide können nicht nur untereinander unter Wasserabspaltung verknüpft werden, sondern auch mit entsprechenden funktionellen Gruppen der Aminosäuren. Die Hydroxylgruppen von Serin und Threonin bilden dabei O-glykosidische Bindungen aus, die Amidgruppe von Asparagin eine N-glykosidische Bindung.
    Beispiele: Immunglobuline, Avidin aus Hühnereiklar, Fibronectin der Zellmembran, Lectin aus Pflanzen oder Bakterien.
  - **Lipoproteine**: Lipide bilden mit Proteinen größere Aggregate.
    Beispiel: Transportform des Cholesterins.
  - **Phosphoproteine**: Die Hydroxylgruppe der Aminosäure Serin kann mit Phosphorsäure verestert sein.
    Beispiel: Casein der Milch.
  - **Chromoproteine**: Das Protein ist mit einem Farbstoffmolekül verbunden.
    Beispiele: Hämoglobin des Blutes, Cytochrome der Atmungsenzyme.
  - **Nucleoproteine**: Proteine können auch an Nucleinsäuren gebunden werden.
    Beispiel: Histone der Chromosomen von Eukaryoten.

Unter Berücksichtigung der vier Einteilungskriterien lässt sich das Protein IgG, ein Immunglobulin, folgendermaßen charakterisieren:

Der Herkunft nach handelt es sich um ein tierisches Protein, genauer: ein Protein des Blutserums. Als Teil des Immunsystems besteht seine biologische Funktion in der Abwehr von körperfremden Stoffen. Durch seine Löslichkeit in Neutralsalzlösungen gehört es zu den globulären Proteinen, genauer: zu den Globulinen. Da es Kohlenhydratseitenketten aufweist, rechnet man es zu den Glykoproteinen.

4.4 Isolierung, Reinigung und Analyse von Proteinen

In der natürlichen Umgebung in Zellen oder Körperflüssigkeiten wie Blutserum liegen stets neben diversen Begleitstoffen Proteingemische vor. Will man daraus ein reines Protein gewinnen, so muss man es von den Begleitstoffen isolieren und verschiedene Proteine voneinander trennen. Danach folgt häufig eine Quantifizierung und gegebenenfalls eine Sequenzierung, d. h. die Bestimmung der Reihenfolge der Aminosäuren. Bei all diesen Prozessen werden die zuvor besprochenen Eigenschaften der Aminosäuren und Proteine ausgenutzt.

4.4.1 Isolierung und Reinigung

4.4.1.1 Ausfällung

Salzfällung. Durch Zugabe von Neutralsalzen wie Ammoniumsulfat werden Proteine aus ihren Lösungen ausgefällt (ausgesalzen) und bilden größere Aggregate. Die Bildung dieses Proteinniederschlages wird als **Präzipitation** (lat. *praecipitare* hinabsinken) bezeichnet. Dabei findet keine Denaturierung statt, sondern eine reversible Zusammenballung, die durch Verdünnung mit Pufferlösung rückgängig gemacht werden kann.

Isoelektrische Fällung. Durch Veränderung des pH-Wertes lassen sich Proteine an ihrem isoelektrischen Punkt ausfällen.

4.4.1.2 Dialyse

Nach einer Salzfällung muss die Proteinlösung von Ammoniumsulfat befreit werden. Dazu füllt man sie in einen Schlauch mit einer semipermeablen Membran aus Cellulose, die für die großen Proteinmoleküle undurchlässig ist, während sie die Ionen des Salzes passieren lässt. Bringt man diesen Dialysierschlauch in eine weniger konzentrierte Pufferlösung ein, so diffundieren die Ionen aus dem Schlauch in das verdünnte Medium der Umgebung und hinterlassen eine gereinigte Proteinlösung.

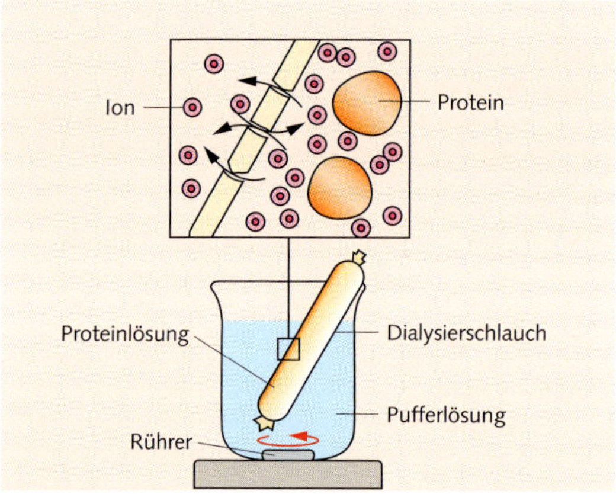

Abb. 4.9 Dialyse

4.4.2 Trennung von Proteingemischen

Die unterschiedliche Molekülgröße und unterschiedliche Ladungen bei verschiedenen pH-Werten sind die wichtigsten zur Trennung herangezogenen Eigenschaften.

4.4.2.1 Gelfiltration

Bei diesem Verfahren handelt es sich um eine besondere Art der Säulenchromatografie (s. Katzer/Katzer, Band 1, S. 252), die auch als Gelchromatografie bezeichnet wird. Im Prinzip beruht die Trennung auch in diesem Fall darauf, dass die Moleküle an der Oberfläche eines festen Stoffes, der stationären

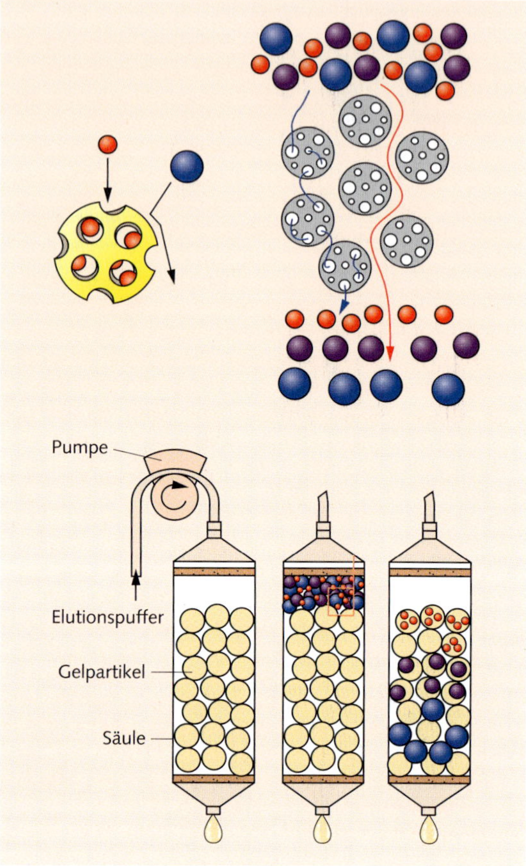

Abb. 4.10 Prinzip der Gelfiltration

Phase, unterschiedlich stark festgehalten werden. Bringt man das Elutionsmittel, die mobile Phase, auf die Säule mit dem zu trennenden Gemisch, so werden die einzelnen Bestandteile unterschiedlich schnell abgelöst und verlassen nacheinander mit dem Lösemittel die Säule.

Bei der Gelfiltration dient als stationäre Phase ein Gel aus Polysacchariden oder Polyacrylamid mit einem Partikeldurchmesser von 10–500 µm. Durch Poren in den Kügelchen können kleine Moleküle in ein verzweigtes Kanalsystem eindringen, während größere an der Oberfläche verbleiben. Die Trennung erfolgt also nicht auf Grund von Adsorption und Desorption, sondern durch Ausschluss größerer Moleküle vom Eintritt in die Poren des Gels. Deshalb bezeichnet man diese Art der Chromatografie auch als Ausschlusschromatografie.

Als mobile Phase dient eine Pufferlösung. Beim Eluieren verlassen große Moleküle die Säule zuerst, weil die kleineren länger in den Kügelchen des Gels festgehalten werden.

4.4.2.2 Gel-Elektrophorese

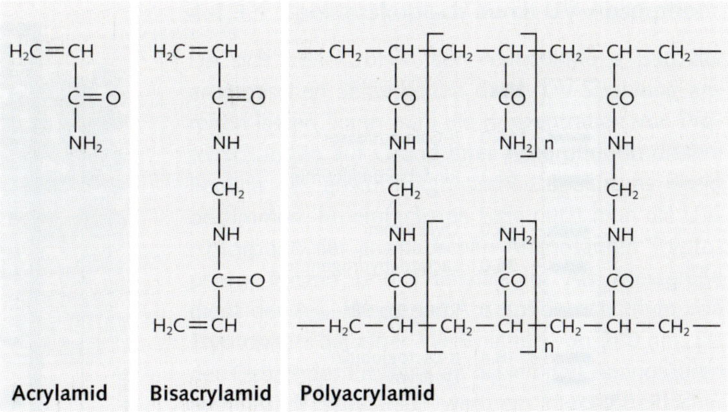

Wie unter ▶ 4.1.2, S. 63 beschrieben versteht man unter Elektrophorese die Wanderung von positiv oder negativ geladenen Teilchen in einem elektrischen Gleichspannungsfeld, in den meisten Fällen auf einem festen Träger. Bei der Gel-Elektrophorese von Proteinen verwendet man dafür im Allgemeinen ein Gel aus Polyacrylamid, seltener aus Agarose. Das Gelmaterial bildet in Abhängigkeit von seiner Konzentration ein dreidimensionales Netzwerk mit Poren von 0,2–0,5 nm Durchmesser. Große Proteinmoleküle werden dadurch stärker zurückgehalten als kleinere, die dann mit höherer Geschwindigkeit durch das Gel wandern. Hält man Temperatur, elektrische Spannung, pH-Wert und Ionenstärke der Pufferlösung konstant, so erfolgt die Trennung eines Proteingemisches auf Grund von Ladung und Molekülgröße.

Zur Herstellung des Polyacrylamidgels muss das Monomer Acrylamid polymerisiert werden. Dabei handelt es sich um eine Radikalkettenpolymerisation, die durch **A**mmonium**p**eroxodi**s**ulfat = APS unter Wirkung von N,N,N',N'-**Te**tra**me**thylen**d**iamin.= TEMED ausgelöst wird. Die bei der Reaktion entstehenden kettenförmigen Makromoleküle werden durch Bisacrylamid quer vernetzt.

Die aus den Komponenten bereitete Gellösung wird in eine Gelkassette eingefüllt und polymerisiert dort, wobei Taschen zur Aufnahme der Proben ausgespart bleiben.

Das fertige Gel kann senkrecht oder waagerecht in die Elektrophoresekammer mit der Pufferlösung eingesetzt werden. Um den Verlauf der farblosen Stoffe während der Elektrophorese zu verfolgen, verwendet man zwei Farbstoffe: der Indikatorfarbstoff Bromphenolblau zeigt die Laufmittelfront an, der Farbstoff Coomassie-Blau färbt die Proteine. Weitere Möglichkeiten zu deren Anfärbung sind Silbernitrat oder Amidoschwarz.

4.4.2.3 Polyacrylamidgel-Elektrophorese = SDS-PAGE

Bei einer Gel-Elektrophorese wandern Proteine im elektrischen Feld entsprechend dem Verhältnis ihrer Molekülgröße zu ihrer Ladung. Will man sie nach ihrer Molmasse auftrennen, so muss man die Einflüsse von Ladung und Molekülgestalt ausschalten. Dies geschieht durch das anionische Detergenz Natriumdodecylsulfat (eng. **s**odium **d**odecyl **s**ulfat, $C_{12}H_{25}$-O-SO_3Na) SDS unter Mitwirkung von

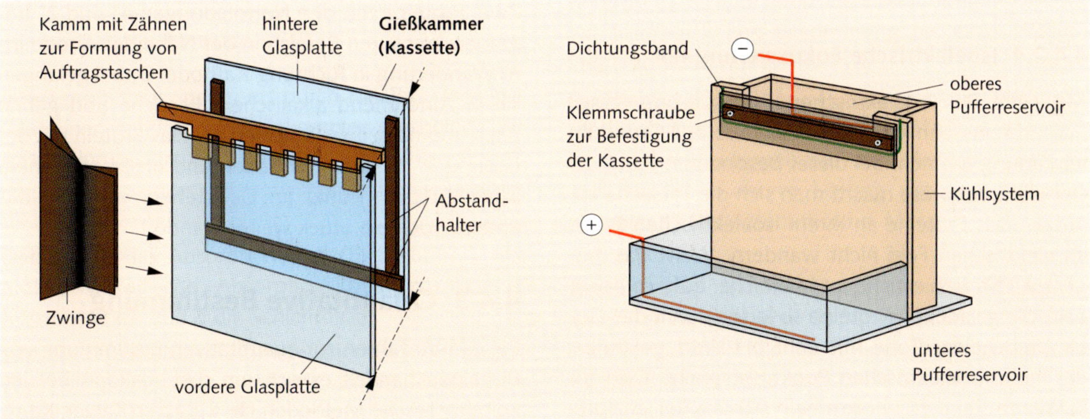

Abb. 4.11 Elektrophoresekammer: links Gießkammer, rechts Trennapparatur

4.4.3.3 Methoden zur Isolierung, Reinigung und Analyse von Proteinen

Methode	Prinzip	Anwendung
Salzfällung	Proteine verlieren in konzentrierten Neutralsalzlösungen ihre Hydrathülle und fallen aus.	Gewinnung von Proteinen aus Zellaufschlüssen.
Dialyse	Salze und kleine Moleküle verlassen die Proteinlösung durch eine semipermeable Membran.	Reinigung und Konzentrierung von Proteinen, z. B. nach einer Salzfällung
Gelfiltration	Säulenchromatografie. Trennung auf Grund der Molekülgröße: kleine Moleküle dringen in das Gel ein und werden festgehalten, große werden schneller eluiert.	Trennung von Proteingemischen. Molekülmassenbestimmung.
Isoelektrische Fokussierung	Elektrophorese. Trennung auf Grund des pI. Proteine wandern in einem pH-Gradienten-Gel bis zu ihrem pI.	Trennung von Proteingemischen. Identifizierung von Tierarten auf Grund spezifischer Proteinbandenmuster.
SDS-PAGE	Elektrophorese. Trennung auf Grund der Molekülgröße Durch SDS werden alle Proteine denaturiert und negativ geladen, kleine Moleküle wandern schneller als große durch das Gel.	Trennung von Proteinen Molekülmassenbestimmung
UV-Absorption	Aromatische Aminosäuren verursachen eine Lichtabsorption bei 280 nm, die fotometrisch gemessen wird.	Quantitative Bestimmung.
Biuretreaktion	Proteine bilden über ihre Peptidbindungen mit Cu^{2+}-Ionen in alkalischer Lösung blauviolette Komplexe, die kolorimetrisch bestimmt werden.	Quantitative Bestimmung.
Lowry-Methode	Abwandlung der Biuretmethode durch ein zweites Reagenz, das die Empfindlichkeit erhöht.	Quantitative Bestimmung.
Bradford-Methode	Proteine bilden mit Coomassie-Brilliant-Blau einen blauen Farbstoff, der kolorimetrisch bestimmt wird.	Quantitative Bestimmung.
BCA-Methode	Proteine reduzieren unter bestimmten Bedingungen Cu^{2+}-Ionen zu Cu^{+}-Ionen. Diese bilden mit BCA violette Farbkomplexe, die kolorimetrisch bestimmt werden.	Quantitative Bestimmung.

Tab. 4.7 Methoden zur Isolierung, Reinigung und Analyse von Proteinen

4.5 Aufgaben

1. Die beiden Aminosäuren Phenylalanin und Lysin liegen als Gemisch vor. Erläutern Sie, wie sich ihre Trennung im elektrischen Feld (Elektrophorese) durch die Wahl des pH-Wertes erreichen lässt und geben Sie die entsprechenden Strukturformeln der Aminosäuren an.

2. Aus dem Dipeptid Glycylglycin und seinem Hydrochlorid lässt sich ein Puffer herstellen.

Geben Sie die Strukturformeln der Puffersäure und ihrer korrespondierenden Base an.

3. Der synthetische Süßstoff Aspartam entsteht durch Peptidbindung der Carboxylgruppe am C_1 von Asparaginsäure mit der Aminogruppe von Phenylalanin, dessen Carboxylgruppe mit Methanol verestert ist. Geben Sie die Strukturformel an.

4. Ocytocin, ein Hormon der Hypophyse, besteht aus 9 Aminosäuren:
H_2N—Gly—Leu—Pro—Cys—Asn—Glu—Ile—Tyr—Cys—COOH

Der Strang ist zu einem Ring geschlossen, an dem eine Seitenkette hängt.

Erläutern Sie, durch welche Bindung der Ring gebildet wird und zeichnen Sie die Form unter Verwendung der Ein-Buchstaben-Symbole der Aminosäuren. Welcher räumlichen Struktur ist die Bindung zuzuordnen?

5. a) Das Verdauungsenzym Ribonuclease hat eine Molmasse von 13 640 g · mol^{-1}. Berechnen Sie die Anzahl der Aminosäuren.

b) Der menschliche Blutgerinnungsfaktor VIII besteht aus 2332 Aminosäuren. Berechnen Sie die Molasse und geben Sie die Masse in Dalton bzw. kDa, sinnvoll gerundet, an.

6. Zu den im Blutplasma vorkommenden Proteinen gehören die Serumalbumine und das Blutgerinnungsprotein Fibrinogen. Sie weisen in Wasser und Ammoniumsulfatlösungen unterschiedliche Löslichkeiten auf:

	Albumin	**Fibrinogen**
Wasser	löslich	löslich
Ammoniumsulfatlösung		
$c(NH_4)_2SO_4$ = 0,8 mol · L^{-1}	löslich	unlöslich
$c(NH_4)_2SO_4$ = 2,4 mol · L^{-1}	unlöslich	unlöslich

Erläutern Sie, wie man die beiden Proteine in reiner Form aus einer verdünnten Lösung getrennt voneinander gewinnen kann.

7. Molekülmassenbestimmungen von Proteinen lassen sich mit Hilfe der Gelfiltration und der SDS-PAGE durchführen. Erläutern Sie, warum bei der Gelfiltration große Moleküle schneller durch das Gel wandern als kleine, während es sich bei der SDS-PAGE gerade umgekehrt verhält.

8. Geben Sie an, zu welchem Zweck bei der Untersuchung von Aminosäuren und Proteinen die folgenden Reagenzien eingesetzt werden?

a) Ninhydrin

b) β-Mercaptoethanol

c) Kupfer(II)sulfat

d) SDS

e) Coomassie-Brilliant-Blau

9. Erläutern Sie den Unterschied zwischen „Ausfällung" und „Denaturierung" von Proteinen.

10. a) Geben Sie an, welche Faktoren die Wanderungsgeschwindigkeit von Proteinen im elektrischen Feld bestimmen.

b) Erläutern Sie, wie diese Faktoren bei den verschiedenen Verfahren der Elektrophorese genutzt werden.

5 Durchführung immunologischer und diagnostischer Arbeiten – Enzyme

Bei den Enzymen handelt es sich um Proteine mit besonderen Aufgaben (▶ siehe Kap. 4, S. 59).

Zahlreiche **Enzyme** katalysieren alle in der Zelle ablaufenden Reaktionen. Bei einigen Krankheiten produziert der Körper bestimmte Enzyme in erhöhtem Maße, sodass über die quantitative Erfassung dieser Enzyme die Krankheit diagnostiziert werden kann.

Enzyme werden aber auch aus biologischem Material in reiner Form gewonnen und nicht nur in der medizinischen Diagnostik, sondern auch in der Analytik und Biotechnologie außerhalb des Organismus eingesetzt.

5.1 Wirkungsweise von Enzymen

5.1.1 Katalyse

In einem lebendigen Organismus laufen chemische Reaktionen ab, die ansonsten nur unter drastischen Bedingungen möglich sind. Beispielsweise kann das Polysaccharid Stärke in einer Reaktionsapparatur nur unter Erhitzen mit Säure in seine Bausteine zerlegt werden, während bei der Verdauung dieser Prozess bei Körpertemperatur unter physiologischen pH-Bedingungen geschieht. Die hohe Aktivierungsenergie für diese Spaltung wird durch einen **Biokatalysator**, nämlich das Enzym Amylase, gesenkt. Bisher sind mehrere Tausend verschiedene Enzyme bekannt.

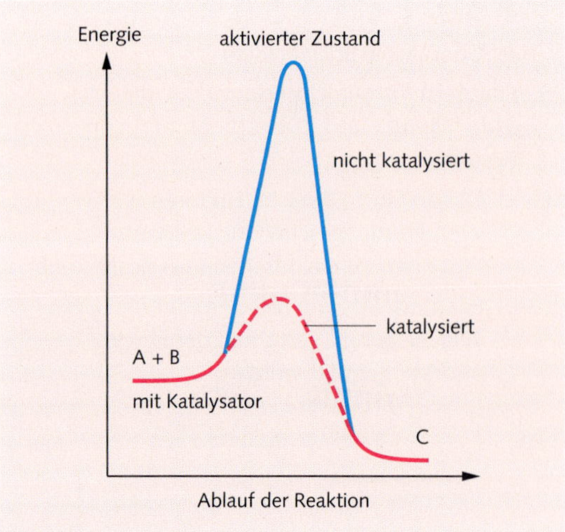

Abb. 5.1 Ablauf einer Reaktion mit und ohne Katalysator

Wie für andere Katalysatoren gilt auch für Enzyme:

- sie beschleunigen Reaktionen, indem sie die Aktivierungsenergie herabsetzen,
- sie beschleunigen die Gleichgewichtseinstellung,
- sie wirken in kleinsten Mengen,
- sie bilden mit den Edukten reaktionsfähige Zwischenprodukte oder Übergangszustände, gehen dann aber unverändert aus der Reaktion hervor.

5.1.2 Spezifität

Enzyme sind im Gegensatz zu vielen chemischen Katalysatoren hochgradig spezialisiert. Sie können nur *bestimmte* Stoffe, ihre **Substrate**, in *bestimmten* Reaktionen umsetzen. Demnach spricht man von **Substratspezifität** und **Reaktionsspezifität** oder **Wirkungsspezifität**.

Besonders gut lässt sich die Wirkungsweise von Enzymen am Beispiel der Urease erklären. Es handelt sich dabei um ein Enzym, das in vielen Bakterien vorkommt und den Abbau von Harnstoff zu Ammoniak katalysiert, eine Reaktion, die sich z. B. durch den stechenden Geruch von Misthaufen verrät. Urease bewirkt die hydrolytische Spaltung ihres Substrates Harnstoff bei Raumtemperatur gemäß folgender Gleichung:

$$NH_2{-}CO{-}NH_2 + H_2O \longrightarrow 2\,NH_3 + CO_2$$

Die ähnlich aufgebauten Stoffe Thioharnstoff und Guanidin werden nicht umgesetzt.

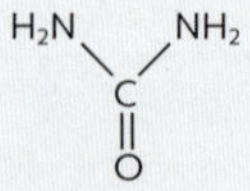

Harnstoff

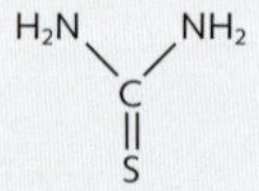

Thioharnstoff

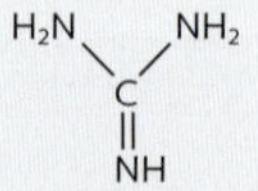

Guanidin

Im Modell kann man sich das Harnstoff-Molekül als einen Schlüssel vorstellen, der genau in sein Schloss, das Enzym Urease, passt. Thioharnstoff und Guanidin sind demnach falsche Schlüssel.

Die Bindung des Substrats erfolgt nur in einem bestimmten Bereich des Enzyms, seinem **aktiven Zentrum**. In dieser Region bildet die Polypeptidkette eine Art Tasche, in der bestimmte Aminosäuren das Substrat über die Ausbildung von Wasserstoffbrücken und van-der-Waals-Kräften fixieren können.

5.1.3 Reaktionsbedingungen

Enzyme arbeiten dann am besten, wenn die Reaktionsbedingungen ihrem natürlichen Milieu entsprechen. So findet die Spaltung von Nahrungsproteinen im Magen durch Pepsin bei Körpertemperatur und pH 2 statt, Urease dagegen arbeitet im leicht alkalischen Bereich. Das Enzym *Taq-Polymerase* des in Geysieren und heißen Quellen lebenden Bakteriums *Thermus aquaticus* hingegen hat sein Temperaturoptimum bei 72 °C und benötigt Magnesiumionen.

5.1.3.1 Temperatur

Gemäß der RGT-Regel (Reaktionsgeschwindigkeit-Temperatur-Regel) verdoppelt sich die Reaktionsgeschwindigkeit bei einer Erhöhung der Temperatur um 10 °C. Für Enzyme gilt dieser Sachverhalt bis etwa 30 °C. Danach setzt eine zunehmende Hitzedenaturierung des Proteins ein, so dass die biologische Aktivität verloren geht. Enzyme für analytische Zwecke werden kühl gelagert, um ihre Haltbarkeit zu erhöhen.

5.1.3.2 pH-Wert

Die ionisierbaren Seitenketten der Aminosäuren können protoniert oder deprotoniert werden. Dadurch führt eine starke Änderung des pH-Wertes zu einer Veränderung der Konformation der Proteine.

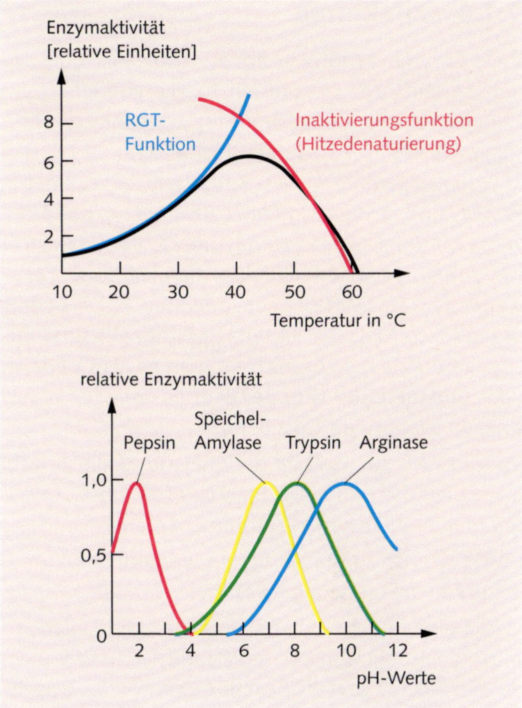

Abb. 5.3 Abhängigkeit der Enzymaktivität von den Reaktionsbedingungen, oben: Temperatur, unten: pH-Wert

Dies ist besonders kritisch im aktiven Zentrum der Enzyme, weil dann das Substrat nicht mehr richtig gebunden werden kann. Bei enzymatischen Analysen wird deshalb immer ein Puffer verwendet.

5.1.3.3 Ionenstärke

Bestimmte Ionen fördern die Aktivität von Enzymen, andere hemmen sie. So wirken z. B. Magnesiumionen als **Aktivatoren** für phosphatgruppenübertragende Enzyme. Die Vergiftung durch Schwermetallionen wie Hg^{2+} und Cu^{2+} beruht auf ihrer Eigenschaft als **Inhibitoren**.

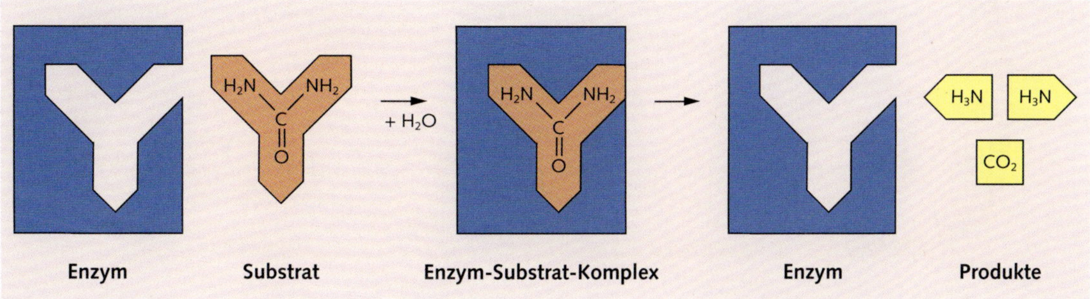

Abb. 5.2 Modell einer enzymatischen Reaktion

5.1.4 Cofaktoren

Viele Enzyme benötigen andere Moleküle oder Ionen, so genannte Cofaktoren für die von ihnen gesteuerten Reaktionen. Die gesamte katalytisch wirksame Funktionseinheit, das **Holoenzym**, setzt sich aus dem eigentlichen, als **Apoenzym** bezeichneten Protein und seinem **Cofaktor** zusammen. Beispielsweise benötigt Urease zur Hydrolyse von Harnstoff Ni^{2+}-Ionen. Bei einem Cofaktor handelt es sich entweder um ein Metallkation oder um ein kleineres organisches Molekül. Ist letzteres fest mit dem Enzym verbunden, so bezeichnet man es als **Coenzym** oder **prosthetische Gruppe,** wird es dagegen reversibel angelagert, als **Cosubstrat**.

Im Vergleich zur Vielzahl der Enzyme ist die Anzahl der Cofaktoren erheblich geringer, da ein Cofaktor mit mehreren Enzymen zusammenarbeiten kann.

Im Gegensatz zu den Enzymen werden Cofaktoren bei der Reaktion häufig reversibel verändert.

Wird beispielsweise Ethanol enzymatisch oxidiert, so muss dabei ein anderer Stoff reduziert werden. In diesem Fall fungiert als Reaktionspartner das Cosubstrat **NAD^+ = Nicotinsäureamid-Adenin-Dinucleotid** das dabei zu NADH + H^+ reduziert wird.

5.1.5 Zusammenwirken von Enzym und Cosubstrat

Beim Abbau von Alkohol in der Leber wird das Ethanol zunächst durch das Enzym Alkoholdehydrogenase (ADH) zu Acetaldehyd oxidiert und dann durch Aldehyddehydrogenase (Al-DH) zu Essigsäure weiteroxidiert, wobei das Coenzym NAD^+ zu NADH + H^+ reduziert wird. Essigsäure reagiert sofort mit Coenzym A zu „aktivierter Essigsäure" und wird im Citronensäurezyklus, einem äußerst wichtigen Stoffwechselprozess, weiter abgebaut.

Bei der Herstellung von Essig aus Ethanol durch Essigsäurebakterien läuft ein vergleichbarer Stoffwechselvorgang ab. Diese natürlichen Prozesse dienen als Vorbild für enzymatische Reaktionen unter Laborbedingungen. Enzyme und Coenzyme in hoch reiner Form werden für die quantitative Bestimmung von Ethanol eingesetzt (▶ siehe auch 5.4.1, S. 87).

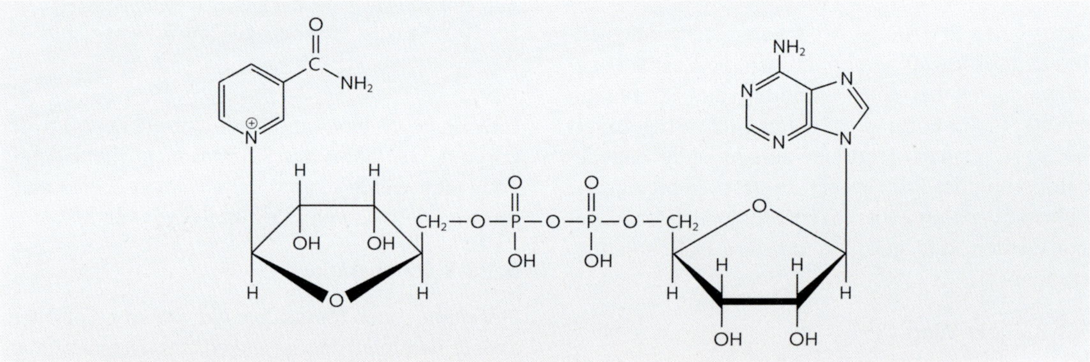

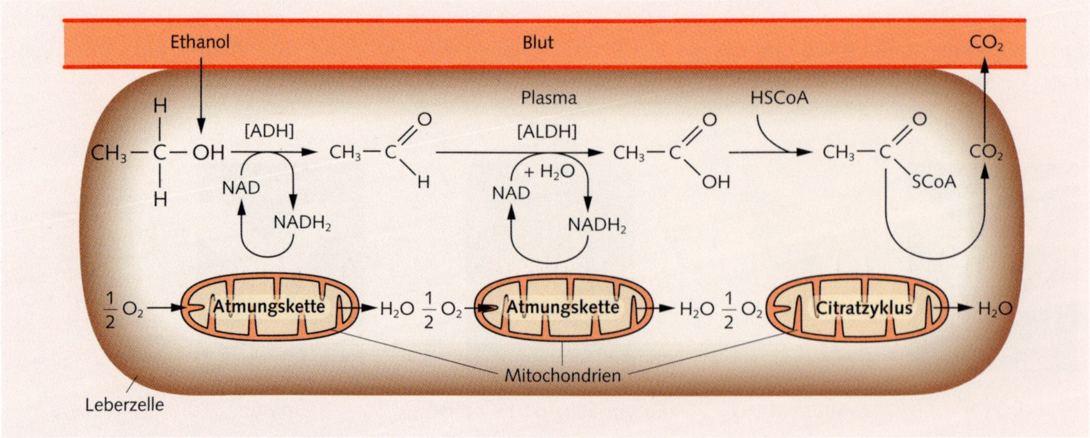

Abb. 5.4 Abbau von Alkohol in der Leber

5.2 Einteilung der Enzyme und Cofaktoren und wichtige Beispiele

5.2.1 Enzyme

Die Bezeichnung eines Enzyms leitet sich von seinem Substrat und seiner Wirkung ab bzw. von dem Typus der von ihm katalysierten Reaktion. In der systematischen Nomenklatur bildet man die Namen eines Enzyms aus

- dem Namen seines Substrates: z. B. Glucose
- seiner Wirkung: oxid(ieren)
- der Endsilbe „ase" ase

Name des Enzyms: *Glucoseoxidase*

Je nach Art der katalysierten chemischen Reaktion werden Enzyme internationalen Vereinbarungen gemäß in 6 Klassen eingeteilt:

1. **Oxidoreduktasen:** Biochemische Redoxreaktionen;
2. **Transferasen:** Übertragung einer Gruppe von einem Molekül auf ein anderes;
3. **Hydrolasen:** Bindungsspaltungen durch Hydrolyse;
4. **Lyasen:** Spaltung oder Knüpfung einer Bindung wie C-C, C-O oder C-N ohne Beteiligung oxidativer oder hydrolytischer Schritte;
5. **Isomerasen:** Änderung der räumlichen Struktur eines Moleküls;
6. **Ligasen:** Verknüpfung von 2 Molekülen unter Hydrolyse einer „energiereichen" Bindung.

Zur näheren Klassifizierung wurde von der IUBMB (**I**nternational **U**nion Of **B**iochemistry And **Mo**lecular **B**iologie) ein Codesystem aus 4 Ziffern eingeführt, das eine genauere Zuordnung ermöglicht, die EC-Nummer (Enzym Commission). Beispielsweise hat das Enzym β-Galactosidase die Nummer EC 3.2.1.23. Das bedeutet:

3 das Enzym gehört zur Klasse 3 der Hydrolasen;

3.2 eine glykosidische Bindung wird hydrolysiert;

3.2.1 es handelt sich um eine O-glykosidische Bindung;

3.2.1.23 β-Galactosidase ist das 23. Enzym dieser Klasse.

Mit Hilfe der EC-Nummer lassen sich Informationen über die Enzyme aus umfangreichen Datenbanken entnehmen, beispielsweise

- www.brenda-enzymes.org
- www.expasy.org
- www.rcsb.org

In der folgenden Tabelle sind wichtige Enzyme zusammengestellt:

Klasse	Enzym	Reaktion	Biologische Funktion	Verwendung
1	Alkohol-Dehydrogenase	Ethanol wird zu Acetaldehyd oxidiert, NAD^+ wird zu NADH + H^+ reduziert	Alkoholabbau in der Leber	enzymatische Bestimmung von Ethanol
	Lactat-Dehydrogenase	Milchsäure bzw. Lactat wird zu Brenztraubensäure bzw. Pyruvat oxidiert, NAD^+ wird zu NADH + H^+ reduziert	Umwandlung von Lactat in Pyruvat und umgekehrt, wird beim Zerfall von Zellen frei gesetzt	enzymatische Bestimmung von Lactose
	Aldehyd-Dehydrogenase	Acetaldehyd wird zur (aktivierten) Essigsäure oxidiert, NAD^+ wird zu NADH + H^+ reduziert	Alkoholabbau in der Leber	enzymatische Bestimmung von Ethanol
	Glucose-Oxidase	Glucose wird oxidiert zu Gluconsäure (Aldehydgruppe zur Carbonsäuregruppe), molekularer Sauerstoff wird reduziert zu Wasserstoffperoxid	Stoffwechsel des Schimmelpilzes *Aspergillus niger*	enzymatische Bestimmung von Glucose
	Succinat-Dehydrogenase	Bernsteinsäure bzw. Succinat ($-CH_2-CH_2-$) wird zu Fumarsäure bzw. Fumarat (-CH=CH-) dehydriert, Coenzym FAD wird zu $FADH_2$ reduziert	Kohlenhydratabbau, Citronensäurezyklus	enzymatische Bestimmung von Bernsteinsäure

Klasse	Enzym	Reaktion	Biologische Funktion	Verwendung
1	Glutathion-Reduktase	oxidiertes Glutathion (-S-S-) wird reduziert zu 2 -SH, NADPH + H^+ wird zu NADP oxidiert	reduziertes Glutathion ist notwendig für die Erythrocytenstruktur	enzymatische Bestimmung von Glutathion
	Cytochrom-c-Oxidase	Cytochrom c ist ein Elektronen übertragendes Protein, das mit Häm verknüpft ist, Eisen II wird zu Eisen III oxidiert, molekularer Sauerstoff wird reduziert zu Wasser	protonenpumpendes Enzym der Atmungskette	Oxidasetest in der Mikrobiologie
	Katalase	Wasserstoffperoxid wird zu Wasser reduziert, Wasserstoffperoxid wird zu Sauerstoff oxidiert	zerstört toxische Sauerstoffverbindungen	Katalasetest in der Mikrobiologie
2	*Eco*RI-Methylase	eine Methylgruppe (-CH_3) wird auf Adenin in der DNA übertragen	Schutz der Bakterien-DNA vor dem Schneiden durch Restriktionsenzyme	
	Leucin-Transaminase u. a.	eine Aminogruppe (-NH_2) wird auf eine α-Ketocarbonsäure übertragen	Biosynthese der Aminosäuren	Enzymatische Bestimmungen
	Fettsäure-Synthase	Malonyl-CoA (C_3-Körper) wird mehrmals auf Acetyl-CoA (C_2-Körper) übertragen unter jeweiliger Abspaltung von CO_2	Aufbau von langkettigen Fettsäuren aus C_2-Einheiten	
	Stärkesynthase	ein Glucoserest wird auf eine bestehende Oligosaccharidkette übertragen	Aufbau von Stärke	
	Hexokinase Pyruvat-Kinase	ein Phospatrest wird mit Hilfe von ATP auf ein Molekül wie Glucose oder Pyruvat übertragen	Phosphorylierung, energetische Aktivierung	Enzymatische Bestimmungen
	DNA-Polymerase, Reverse Transkriptase	ein Nucleotid (Zucker + Phosphat + organische Base) wird auf das 3′-OH-Ende eines bereits vorhandenen Polynucleotidstranges übertragen	Aufbau von DNA „Umschreiben" der RNA in DNA	Polymeraseketten-reaktion PCR
3	α-Amylase	glykosidische Bindungen (Ether, R-O-R) innerhalb eines Stärkemoleküls werden gespalten in 2 alkoholische Hydroxylgruppen (ROH)	Verdauung von Kohlenhydraten	Abbau von Stärke in der Biotechnologie
	Lysozym	glykosidische Bindungen im Murein werden gespalten	Auflösen der Bakterienzellwand	Zellaufschluss
	β-Galactosidase	glykosidische Bindungen der Lactose zwischen Glucose und Galactose werden gespalten	Abbau von Lactose	Enzymatische Bestimmung von Lactose
	Trypsin, Pepsin, Papain Collagenase	Peptidbindungen (-NH-CO-) innerhalb eines Proteins (Endopeptidasen = Proteinasen) werden bei bestimmten Aminosäuren gespalten in Amino- und Carboxylgruppe	Verdauung der Proteine	Passagieren von Zellen in der Zellkulturtechnik
	Aminopeptidasen Carboxypeptidasen	Peptidbindungen werden am Ende der des Proteins (Exopeptidasen) gespalten	Verdauung der Proteine	Biotechnologie
	Alkalische Phosphatase	eine Esterbindung zwischen Phosphatrest und OH-Gruppe wird gespalten	Gegenspieler zu Kinasen	Markierung von Antikörpern für immunologische Tests

Klasse	Enzym	Reaktion	Biologische Funktion	Verwendung
3	Restriktions-endonucleasen	eine Esterbindung zwischen Phosphatrest und Desoxyribose in der DNA wird gespalten	Erzeugung von Doppelstrangbrüchen in der DNA	Molekularbiologische Tests
4	Pyruvat-Decarboxylase	die C-C- Bindung in Brenztrauben-säure bzw. Pyruvat wird unter CO_2-Abspaltung und Entstehung von Acetaldehyd gelöst	Stoffwechsel der Kohlenhydrate	
	Carboanhydrase = Carbonat-Dehydrase	Kohlenstoffdioxid und Wasser werden unter Aufbau einer C-O-Bindung zu Kohlensäure verknüpft	zelluläres Puffer-system	
	Fumarase = Fumarat-Hydratase	Bildung von C-O- und C-H-Bindungen durch Addition von Wasser an die Doppelbindung der Fumarsäure	Stoffwechsel der Kohlenhydrate, Citronensäurecyclus	
5	Maleylacet-acetat-Isomerase	Umwandlung der cis-Form Malein-säurederivat in die trans-Form Fumarsäurederivat	Abbau von Phenyl-alanin und Tyrosin im Organismus	
	Alanin-Racemase	Umwandlung von L-Alanin in D-Alanin	Bakterienenzym, Auf-bau des Peptido-glykans der Zellwand	
	Glucose-6-phosphat-Isomerase	Umwandlung des Aldehyds Glucose in das Keton Fructose	Abbau der Kohlen-hydrate	Enzymatische Bestimmung von Glucose
	Helicase	Entwindung der Helix des DNA-Doppelstranges	Replikation der DNA	
6	Acetat-CoA-Ligase	verknüpft Acetat mit Coenzym A (C-S-Bindung)	Ethanolabbau in der Leber	
	DNA-Ligase	verknüpft die Desoxyribose eines DNA-Stranges mit dem Phosphat-rest eines anderen (P-O-Bindung)	Verbindung von DNA-Fragmenten nach Entfernen beschädigter Teile	Verbinden von Genfragmenten in der Molekularbiologie

Tab. 5.1 wichtige Enzyme

5.2.2 Cofaktoren

Cosubstrat	übertragenes Teilchen	Enzym-klasse	Beispiel	biologische Funktion	Verwendung
NAD^+ = Nicotinamid-Adenin-Dinucleotid $NADP^+$ = Nicotinamid-Adenin-Dinucleotid-Phosphat	$1\ H^+ + 2\ e^-$	Oxido-reduktasen	Alkohol-dehydrogenase	Dehydrierungs-reaktionen, z. B. Ethanol und Ethanal	Enzymatische Bestimmungen
FMN = Flavin-Mononucleotid FAD = Flavin-Adenin-Dinucleotid	$2\ H^+ + 2\ e^-$	Oxido-reduktasen	Glutathion-reduktase	Dehydrierungs-reaktionen, Regeneration des Antoxidans Glutathion	
Ubichinon (Coenzym Q)	$2\ H^+ + 2\ e^-$	Oxido-reduktasen	Succinat-dehydrogenase	Elektronentransport in der Atmungskette	
Häm	$1\ e^-$	Oxido-reduktasen	Katalase	Entgiftung von Wasserstoffperoxid durch Zersetzung	

Cosubstrat	übertragenes Teilchen	Enzymklasse	Beispiel	biologische Funktion	Verwendung
ATP = Adenosintriphosphat	Phosphatreste	Transferasen	Hexokinase	bringt Moleküle in einen energetisch aktivierten Zustand	Enzymatische Bestimmungen
CoA = Coenzym A	Acylreste	Transferasen	Fettsäuresynthase	bringt Acylgruppen in einen energetisch aktivierten Zustand, z. B. zum Aufbau von Fettsäuren	
Biotin (Vitamin H)	CO_2	Ligasen	Carboxylasen	Übertragung von CO_2 im Citronensäurezyklus	Markierung von Antikörpern bei immunologischen Tests

Metallion	Enzymklasse	Beispiel	biologische Funktion	Verwendung
Zn^{2+}	Hydrolasen	Carboxypeptidasen	bringt Moleküle in einen energetisch aktivierten Zustand	Spurenelement bei Zellaufschlüssen
Mg^{2+}	Transferasen	Hexokinase DNA-Polymerase	bringt Moleküle in einen energetisch aktivierten Zustand	Enzymatische Bestimmungen Polymerasekettenreaktion PCR

Tab. 5.2 wichtige Cofaktoren

5.3 Enzymaktivität und Enzymkinetik

Enzyme haben einen erheblichen Einfluss auf die Geschwindigkeit biochemischer Reaktionen. Ein Enzym weist nämlich dann eine hohe Aktivität auf, wenn es eine große Substratmenge in kurzer Zeit umsetzt.

5.3.1 Aktivität

Misst man in einer geeigneten Testreaktion die Abnahme der Konzentration des Substrats oder die Zunahme der Konzentration des Produkts pro Zeiteinheit, so kann man daraus die Reaktionsgeschwindigkeit und damit die Enzymaktivität ermitteln. Je mehr Reaktionszyklen (engl. *turnover*) ein Enzymmolekül pro Sekunde katalysiert, desto aktiver ist das Enzym.

Die **Wechselzahl** (*turnover number*) gibt an, wie viele Moleküle Substrat vom aktiven Zentrum des Enzyms pro Sekunde umgesetzt werden, unter der Bedingung, dass das Enzym vollständig mit Substrat gesättigt ist.

Urease weist gegenüber ihrem Substrat Harnstoff eine Wechselzahl von $10^4 \cdot s^{-1}$ auf, Katalase gegenüber Wasserstoffperoxid eine solche von $10^7 \cdot s^{-1}$. Demnach arbeitet Katalase 1000-mal so schnell wie Urease.

Im Allgemeinen wird die Enzymaktivität in zwei Einheiten angegeben:

- der klassischen Einheit U (unit):
  1 U ist die Enzymmenge, die bei 25 °C unter optimalen Bedingungen 1 µmol Substrat pro Minute umsetzt.
- der SI-Einheit kat (katal):
  1 kat ist die Enzymmenge, die unter Standardbedingungen 1 mol Substrat pro Sekunde umsetzt.

Beide Einheiten lassen sich leicht ineinander umrechnen:

$1\ U = 16{,}67 \cdot 10^{-9}\ kat$ $\qquad$ $1\ kat = 6 \cdot 10^7\ U$

Häufig wird die Enzymaktivität auf Masse oder Volumen der eingesetzten Probe bezogen.

In einem Proteingemisch natürlichen Ursprungs kommt das gesuchte Enzym oft nur in geringer Menge vor. Bestimmt man die Enzymaktivität dieses Gemisches, so erhält man wichtige Informationen über charakteristische Eigenschaften der eingesetzten Probe.

In der medizinischen Diagnostik lassen erhöhte oder erniedrigte Aktivitäten bestimmter Enzyme Rückschlüsse auf krankhafte Veränderungen zu. Beispielsweise gibt die Bestimmung der Lactatdehydrogenase Hinweise auf einen Herzinfarkt.

Bei der Aufreinigung eines Enzyms aus einem Proteingemisch in mehreren Stufen gestattet die Bestimmung der Enzymaktivität nach jedem Schritt Aussagen über den Erfolg des Reinigungsprozesses. Je reiner ein Enzympräparat ist, desto mehr Einheiten sind in einem Milligramm des Proteingemisches enthalten.

Die Aktivität von Enzymen wird durch quantitative Bestimmung der von ihnen umgesetzten Substrate bzw. Cosubstrate ermittelt (▶ siehe 5.4 Enzymatische Analysen, S. 87).

5.3.2 Enzymkinetik

Wie schnell ein Enzym sein Substrat umsetzt, hängt auch von der zur Verfügung stehenden Substratmenge ab. Diesen Zusammenhang untersucht die Enzymkinetik.

Im Verlauf einer enzymatischen Reaktion bildet sich zunächst aus dem Enzym (E) und seinem Substrat (S) ein Enzym-Substrat-Komplex (ES), der dann in Enzym (E) und Produkt (P) zerfällt:

$$E + S \underset{k_{-1}}{\overset{k_{+1}}{\rightleftharpoons}} ES \overset{k_{+2}}{\rightleftharpoons} E + P$$

Dabei bedeuten k_{+1} bzw. k_{-1} die Geschwindigkeitskonstanten für die Bildung des Enzym-Substrat-Komplexes bzw. die entsprechende Rückreaktion und k_{+2} die Geschwindigkeitskonstante für den Zerfall des Enzym-Substrat-Komplexes und damit für die Entstehung des Produktes.

Die Gesamtgeschwindigkeit dieser Reaktion wird davon beeinflusst, wie viel des Komplexes sich aus einer bestimmten Enzymmenge und einer bestimmten Substratmenge bilden kann, denn nicht jedes aktive Zentrum des Enzyms wird besetzt.

Bestimmt man die Reaktionsgeschwindigkeit in Abhängigkeit von der Substratkonzentration, z. B. durch Leitfähigkeitsmessungen, und überträgt die Messwerte in ein Diagramm, so erhält man eine Kurve, die sich asymptotisch der Geraden v_{max} nähert. Dadurch lässt sich die Substrat-Konzentration bei maximaler Geschwindigkeit praktisch nicht ablesen.

Deshalb schlugen Michaelis und Menten vor, eine Konstante K_M einzuführen, die die Substratkonzentration bei halbmaximaler Geschwindigkeit angibt. Man nennt sie Michaelis-Konstante.

Über die Geschwindigkeitskonstanten der Hin- und Rückreaktionen lässt sich der mathematische Zusammenhang zwischen Reaktionsgeschwindigkeit, Substratkonzentration und Michaelis-Konstante ermitteln.

Man erhält die Michaelis-Menten-Gleichung

$$v = \frac{v_{max} \cdot c(S)}{K_M + c(S)}$$

Da man aus der Kurve die Werte von K_M und v_{max} schlecht ablesen kann, trägt man die reziproken Werte $\frac{1}{v}$ und $\frac{1}{c(S)}$ gegeneinander auf. Bei diesem Linearisierungsverfahren nach *Lineweaver-Burk* entsteht eine Gerade, deren Achsenabschnitten man

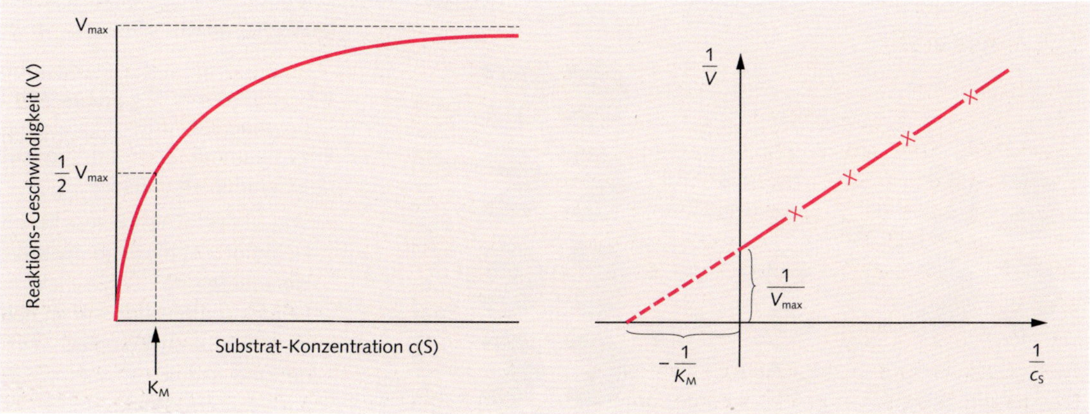

Abb. 5.5 links Abhängigkeit der Reaktionsgeschwindigkeit von der Substratkonzentration, rechts Linearisierung nach Lineweaver und Burk

die Werte für $-\frac{1}{K_M}$ bzw. $\frac{1}{v_{max}}$ entnehmen kann. Die umgeformte Michaelis-Menten-Gleichung lautet

$$\frac{1}{v} = \frac{K_M}{v_{max}} \cdot \frac{1}{c(S)} + \frac{1}{v_{max}}$$

Welche Bedeutung hat nun K_M für die Aktivität eines Enzyms?

K_M ist letztlich eine Konzentrationsangabe, die besagt, wie viel mol eines Substrates notwendig sind, um die Hälfte aller aktiven Zentren eines Enzyms zu besetzen. Braucht man dafür viel Substrat, so ist die Affinität des Enzyms zu seinem Substrat gering und der K_M-Wert groß, braucht man wenig Substrat, so ist K_M klein.

Die folgende Grafik Abb. 5.6 veranschaulicht den Zusammenhang:

Eine bestimmte Anzahl von Enzymmolekülen, hier 4, reagiert mit 2 verschiedenen Substraten (gelb und braun). Um die Hälfte der aktiven Zentren zu besetzen (hier 2) sind im Falle des gelben Substrates 4 Moleküle nötig, im Falle des braunen dagegen 6. Das gelbe Substrat hat eine größere Affinität zum Enzym, sein K_M-Wert ist niedrig. Das braune Substrat hat eine kleinere Affinität zum Enzym, sein K_M-Wert ist daher höher. Bei Konkurrenz zweier Substrate um dasselbe Enzym wird diejenige Reaktion ablaufen, die eine kleinere Substratmenge erfordert. Beispielsweise setzt Fumarase eher Fumarat als Malat um.

Die Michaelis-Konstante hängt aber nicht nur vom Substrat ab, sondern wird auch von den Reaktionsbedingungen pH-Wert, Temperatur und Ionenkonzentration beeinflusst. Nicht zuletzt ist es entscheidend, aus welchem Organismus das Enzym gewonnen wurde.

Vielfältige K_M-Werte sind den unter ▶ 5.2.1, S. 81 aufgeführten Datenbanken zu entnehmen.

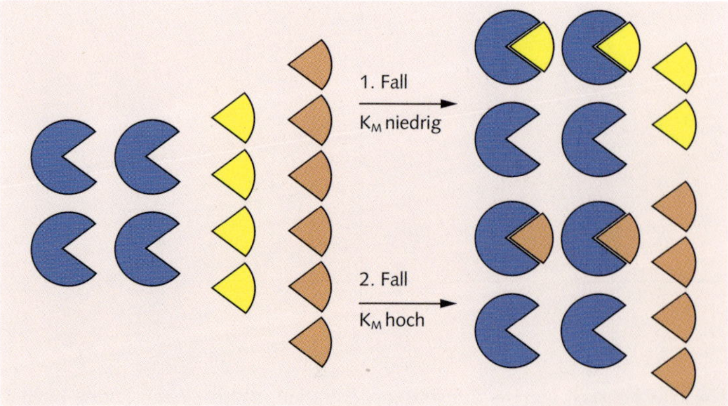

Abb. 5.6 Veranschaulichung von K_M am Modell

Enzym	K_M in mol · L^{-1}	Substrat
Katalase	$2{,}5 \cdot 10^{-2}$	H_2O_2
Lysozym	$6{,}0 \cdot 10^{-6}$	Murein
β-Galactosidase	$4{,}0 \cdot 10^{-3}$	Lactose
Urease	$2{,}5 \cdot 10^{-2}$	Harnstoff
Carboanhydrase	$1{,}2 \cdot 10^{-2}$	CO_2
Fumarase	$5{,}0 \cdot 10^{-6}$ $2{,}5 \cdot 10^{-5}$	Fumarat Malat

Tab. 5.3 Michaelis-Konstanten einiger Enzyme (nach Lehninger)

5.3.3 Hemmung von Enzymen

Im lebendigen Organismus laufen nicht alle enzymatisch gesteuerten Reaktionen ständig ab. Vielmehr unterliegt die Aktivität von Enzymen speziellen Kontrollmechanismen. Spezifische Ionen oder kleine Moleküle wirken dabei als Hemmstoffe oder Inhibitoren von Enzymen. Auch viele toxische Stoffe wie z. B. Schwermetalle oder Arzneimittel wie das Antibiotikum Penicillin haben derartige hemmende Einflüsse. Diese können reversibel oder irreversibel sein.

- Bei der **kompetitiven Hemmung** tritt der Inhibitor in Konkurrenz zum Substrat, indem er das aktive Zentrum des Enzyms besetzt. Durch Erhöhung der Substratkonzentration kann die Hemmung beseitigt werde. K_M des Enzyms ist in diesem Falle größer, v_{max} dagegen bleibt gleich.
- Bei der **nichtkompetitiven Hemmung** wird der Inhibitor an einer anderen Stelle des Enymmoleküls gebunden und verhindert dadurch die Reaktion. Weil die Hemmung nicht durch eine Erhöhung der Substratkonzentration beseitigt werden kann, bleibt K_M gleich, aber v_{max} steigt an.

Im Lineweaver-Burk-Diagramm kann man die unterschiedlichen Enzymhemmungen am Verlauf der Geraden erkennen.

- Von der nichtkompetitiven Hemmung ist die **unkompetitive Hemmung** zu unterscheiden, bei der der Inhibitor sich an den Enzym-Substrat-Komplex bindet und dadurch sowohl K_M als auch v_{max} erniedrigt.

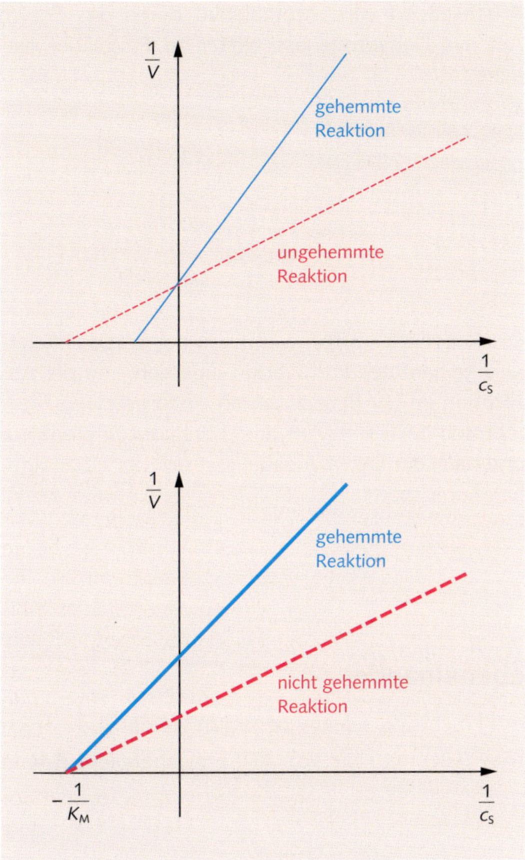

Abb. 5.7 oben kompetitive, unten nichtkompetitive Hemmung

- Bei der **allosterischen Hemmung** bindet sich der Inhibitor an eine besondere Stelle außerhalb des aktiven Zentrums und verändert dadurch die Konformation des Enzyms (▶ siehe 4.3.1, räumliche Strukturen, S. 66). Diese Form der Hemmung gehorcht nicht der Michaelis-Menten-Kinetik.

5.4 Enzymatische Analysen

Wegen ihrer Spezifität werden Enzyme als Reagenzien zur quantitativen Bestimmung einzelner Stoffe in einem komplexen Gemisch verwendet. Das ist vor allem in der medizinischen Diagnostik und in der Lebensmittelanalytik der Fall. So lassen sich der Ethanolgehalt einer Blutprobe oder der Gehalt von Glucose im Zuckergemisch eines Fruchtsaftes selektiv bestimmen.

5.4.1 Prinzip

Oxidoreduktasen katalysieren die Oxidation eines Substrats, wobei eine äquivalente Menge des Cosubstrats $NADP^+$ (oder NAD^+) reduziert wird. Die maßgeblichen Formelausschnitte des Coenzyms zeigen die Hydrierung des Nicotinamidringes.

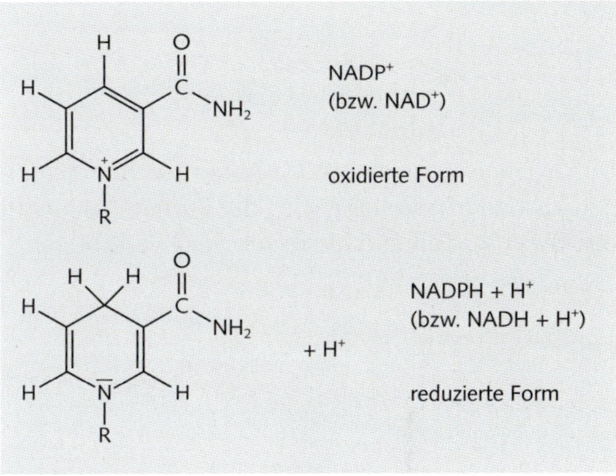

Da oxidierte und reduzierte Form des Coenzyms unterschiedliche Absorptionsmaxima im UV-Bereich aufweisen, kann man eine **fotometrische Bestimmung** durchführen. Man misst in der Regel im Absorptionsmaximum des reduzierten Coenzyms bei 340 nm vor und nach der Enzymzugabe.

Nach dem Lambert-Beerschen Gesetz gilt:

$A = \varepsilon \cdot c \cdot d$ und damit $c = \frac{A}{\varepsilon \cdot d}$

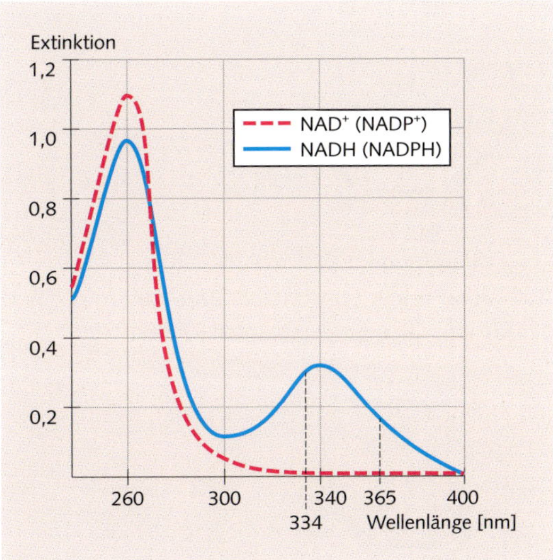

Abb. 5.8 Absorptionsspektrum von NAD^+ bzw. NADH und $NADP^+$ bzw. NADPH

5.4.2 Bestimmung von Ethanol

Ethanol wird durch das Enzym Alkoholdehydrogenase zu Acetaldehyd oxidiert. Das Gleichgewicht dieser Reaktion liegt auf der linken Seite.

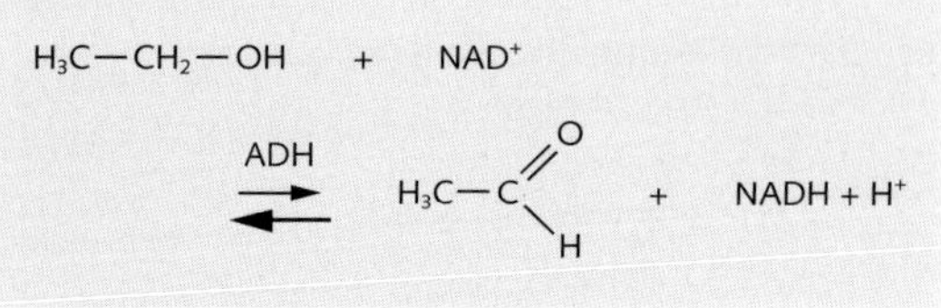

Durch Überschuss an NAD^+, Abfangen des Acetaldehyds und alkalisches Milieu der Pufferlösung wird das Gleichgewicht auf die rechte Seite verschoben.

Anschließend wird Acetaldehyd durch das Enzym Aldehyd-Dehydrogenase weiter zu Essigsäure oxidiert.

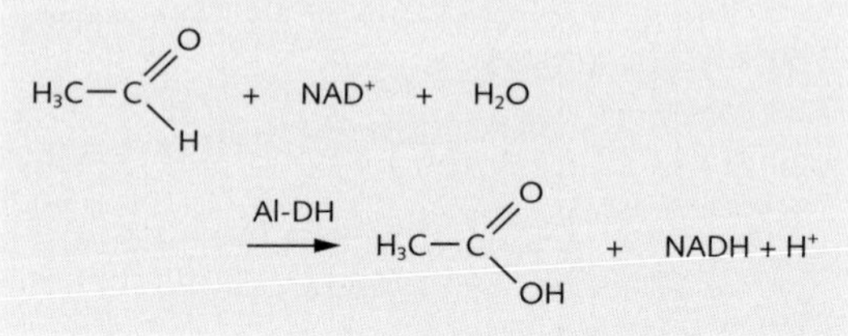

Die Reagenzlösungen werden in der vorgeschriebenen Reihenfolge in Küvetten pipettiert und die Absorption im UV-Bereich gegen einen Leerwert fotometrisch bestimmt. Aus der Extinktionsdifferenz vor und nach der Enzymzugabe lässt sich der Ethanolgehalt berechnen.

5.4.3 Bestimmung verschiedener Zucker nebeneinander

Glucose und Fructose können in einem Gemisch, z. B. einem Fruchtsaft, selektiv bestimmt werden.

Zunächst werden beide Zucker durch das Enzym Hexokinase (HK) mit Hilfe von ATP phosphoryliert, d. h. in ihre energiereiche Form überführt:

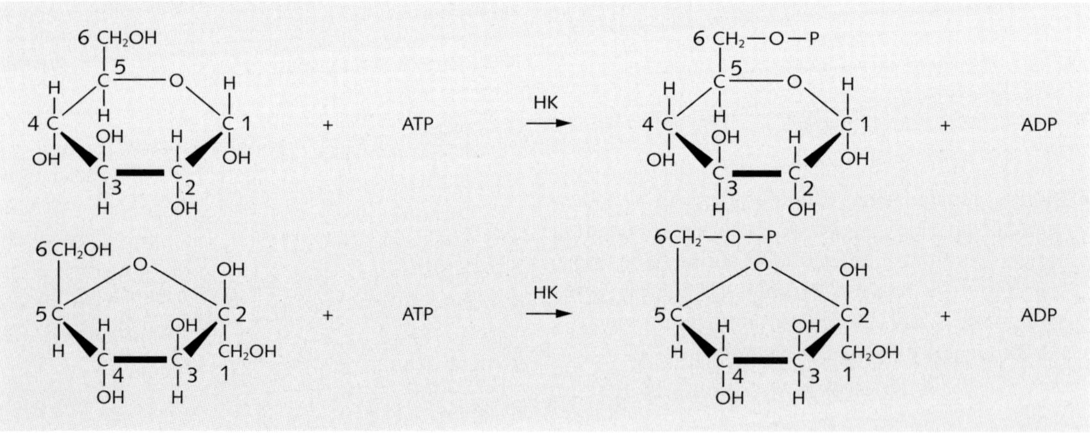

Auf Grund seiner Substratspezifität kann nur das Glucose-6-phosphat anschließend durch $NADP^+$ mit Hilfe des Enzyms Glucose-6-phosphat-Dehydrogenase (G6P-DH) zu Gluconsäure-6-phosphat oxidiert werden:

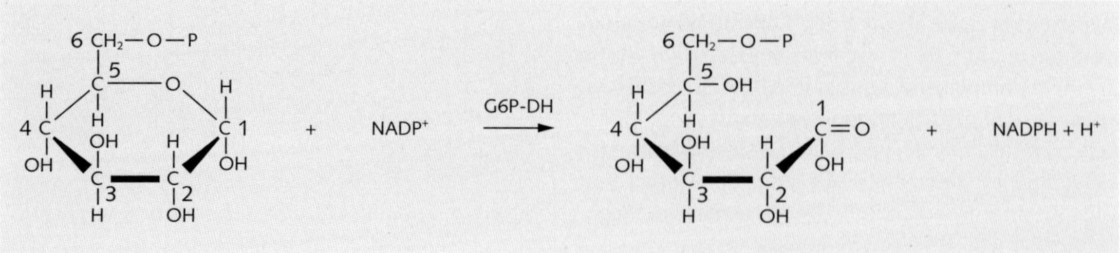

Nach Messung der Extinktion lässt sich der Gehalt der ursprünglich vorhandenen Glucose errechnen.

Anschließend wird in derselben Küvette Fructose-6-phosphat durch das Enzym Phosphoglucose-Isomerase (PGI) in Glucose-6-phosphat umgewandelt:

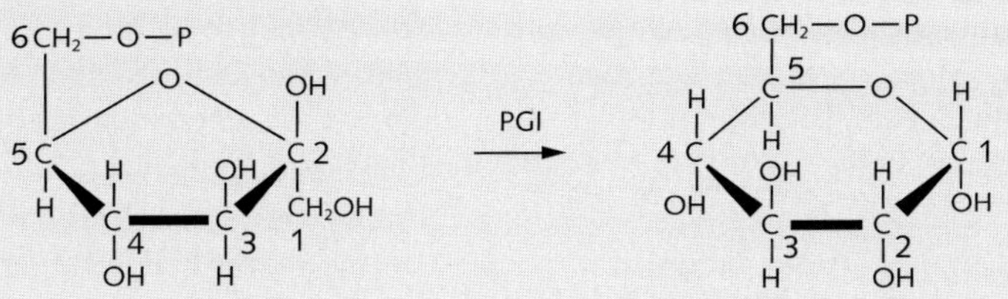

Dieses Produkt wird nun durch $NADP^+$ mit Hilfe des Enzyms Glucose-6-phosphat-Dehydrogenase (G6P-DH) zu Gluconsäure-6-phosphat oxidiert:

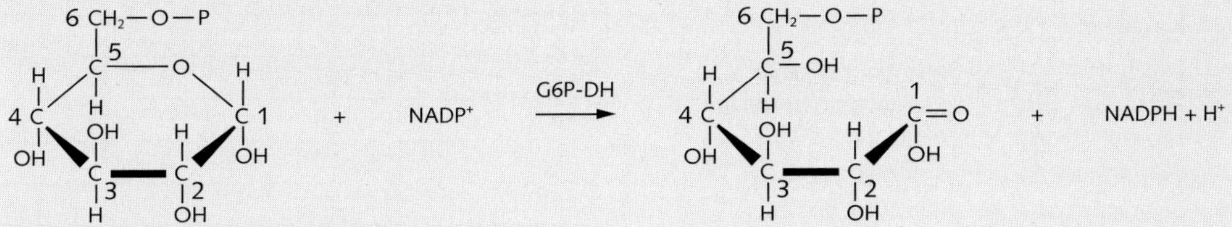

Nach Messung der Extinktion lässt sich aus der Differenz der Gehalt der aus der Fructose entstandenen Glucose errechnen.

5.4.4 Bestimmung der Amylase-Aktivität

Da Enzyme durch erhöhte Temperatur geschädigt werden, kann man durch Bestimmung ihrer Aktivität nachweisen, ob ein Lebensmittel erhitzt wurde. Die in schonend gewonnenem Honig vorkommenden Amylasen katalysieren die Hydrolyse von Stärke über verschiedene Stufen bis zur Glucose.

Zur Bestimmung der Enzymaktivität versetzt man eine Stärkelösung mit einer Lösung des zu prüfenden Honigs. In genau bemessenen Zeitabständen werden dem Gemisch Proben entnommen und mit Iodlösung versetzt. Die Blaufärbung lässt sich fotometrisch messen. Trägt man die Extinktionswerte gegen die Reaktionszeit auf, so lässt sich aus der Extinktionsänderung pro Zeit die Amylaseaktivität in g pro 100 g Honig ermitteln.

5.5 Aufgaben

1. Die beiden Disaccharide Maltose und Lactose können enzymatisch gespalten werden. Erläutern Sie am Beispiel der beiden Enyme α-Glucosidase und β-Galactosidase, was man bei Enzymen unter Substratspezifität und Wirkungsspezifität versteht.
2. Das Enzym GPT (Glutamat-Pyruvat-Transaminase) katalysiert die Umwandlung von Brenztraubensäure (2-Oxopropansäure) in Alanin durch Reaktion mit Glutaminsäure. Geben Sie die Reaktionsgleichung unter Verwendung von Strukturformeln an und ordnen Sie das Enzym in die entsprechende Enzymklasse ein.
3. Das Enzym Lactatdedydrogenase (LDH) katalysiert sowohl die Umsetzung von Milchsäure 2-Hydroxypropansäure (Lactat) zu Brenztraubensäure (Pyruvat) mit Hilfe des Coenzyms NAD^+ als auch die Rückreaktion. Folgende Michaeliskonstanten für die beiden Substrate werden angegeben:
   Lactat: $K_M = 6{,}7 \text{ mmol} \cdot L^{-1}$;
   Pyruvat: $K_M = 0{,}16 \text{ mmol} \cdot L^{-1}$.

   Geben Sie die Reaktionsgleichung an und begründen Sie mit Hilfe der Michaeliskonstanten die Lage des Gleichgewichts.
4. Von einem Enzym wurde die Reaktionsgeschwindigkeit in Abhängigkeit von der Substratmenge bestimmt. Dabei wurden Messreihen der ungehemmten Reaktion und einer durch einen Inhibitor gehemmten Reaktion aufgestellt.
   a) Ermitteln Sie zeichnerisch aus einem Lineweaver-Burk-Diagramm K_M und v_{max}.
   b) Geben Sie die Art der Hemmung an.

	ohne Inhibitor	**mit Inhibitor**
$c(S)$ in in $\frac{\text{mmol}}{\text{L}}$	v in $\frac{\text{mmol}}{\text{min}} \cdot 10^{-3}$	v in $\frac{\text{mmol}}{\text{min}} \cdot 10^{-3}$
2	0,187	0,150
4	0,263	0,227
6	0,308	0,274
8	0,330	0,303
10	0,351	0,323

5. Die Aktivität eines Enzyms im Blutserum soll bestimmt werden.

   Dazu wurden 10 µL der Probe in 1 mL Reaktionslösung gemischt und die gefärbte Lösung fotometrisch gemessen. Die Extinktion betrug 0,042, die Schichtdicke der Küvette 1 cm und der Extinktionskoeffizient $1{,}85 \cdot 10^4 \text{ L} \cdot \text{mol}^{-1} \cdot \text{cm}^{-1}$.

   Berechnen Sie die Aktivität pro L Probe in $U \cdot L^{-1}$ und $\mu kat \cdot L^{-1}$.

6 Durchführung immunologischer und diagnostischer Arbeiten – Immunglobuline

Bei den Immunglobulinen handelt es sich um Proteine mit besonderen Aufgaben (▶ siehe Kap. 4, S. 59).

Sie werden von speziellen Zellen des Immunsystems zur Abwehr von Krankheitserregern oder körperfremden Stoffen gebildet. Dringen beispielsweise Bakterien als Fremdkörper in einen menschlichen oder tierischen Organismus ein, so reagiert dieser darauf mit der Produktion von **Immunglobulinen**, die als **Antikörper** bezeichnet werden. Sie binden sich spezifisch an die Bakterienzellen und führen sie damit der Vernichtung durch andere Zellen des Immunsystems zu.

Ein Teil der Antikörper zirkuliert weiterhin im Blut des Menschen. Untersucht man eine solche Blutprobe im Labor, so lassen sich die Immunglobuline mit geeigneten Methoden nachweisen. Ein positiver Befund deutet darauf hin, dass der Mensch mit dem Krankheitserreger infiziert ist oder zumindest schon einmal Kontakt mit ihm hatte. Die Untersuchung von Blut und anderen Körperflüssigkeiten stellt damit ein wichtiges **diagnostisches Verfahren** dar.

Die Bildung von Immunglobulinen wird aber nicht nur durch Krankheitserreger, sondern auch durch diverse Moleküle ausgelöst. Deshalb bezeichnet man alle Substanzen, die das Immunsystem zur Bildung von Antikörpern anregen, als **Antigene**. Die spezifische Reaktion zwischen einem Antigen und seinem Antikörper zu einem **Immunkomplex** stellt die Grundlage aller **immunologischen Verfahren** dar.

Immunglobuline werden aus biologischem Material in reiner Form gewonnen und in der biochemischen Analytik, beispielsweise von Lebensmitteln, eingesetzt.

6.1 Wichtige Bestandteile des Immunsystems

6.1.1 Antikörper

Da Antikörper Bestandteile des Immunsystems sind und zu den globulären Proteinen gehören, bezeichnet man sie auch als **Immunglobuline**. Ihre ungeheure Vielfalt und Spezifität entsteht wie bei allen Proteinen durch die unterschiedliche Aminosäuresequenz und Kettenlänge, aber auch durch Seitenketten aus Oligosacchariden (Kohlenhydraten). Einen entscheidenden Einfluss auf die biologische Funktion hat aber auch der räumliche Bau des Antikörpers.

Bei den kleinsten Immunglobulinen vom Typ **IgG** handelt es sich um Glykoproteine (▶ siehe Kap. 4.3.3, S. 70) mit einer Masse von etwa 150 kDa (▶ siehe Kap. 4.3.2, S. 69). Sie sind aus vier Polypeptidketten zusammengesetzt, deren N-terminale Enden (NH_3^+) und C-terminale Enden (COO^-) die gleiche Ausrichtung aufweisen. Zwei identische kurze Ketten bestehen aus etwa 200 Aminosäuren und werden daher als L-Ketten bezeichnet (engl. *light* leicht). Entsprechend benennt man die beiden eben-

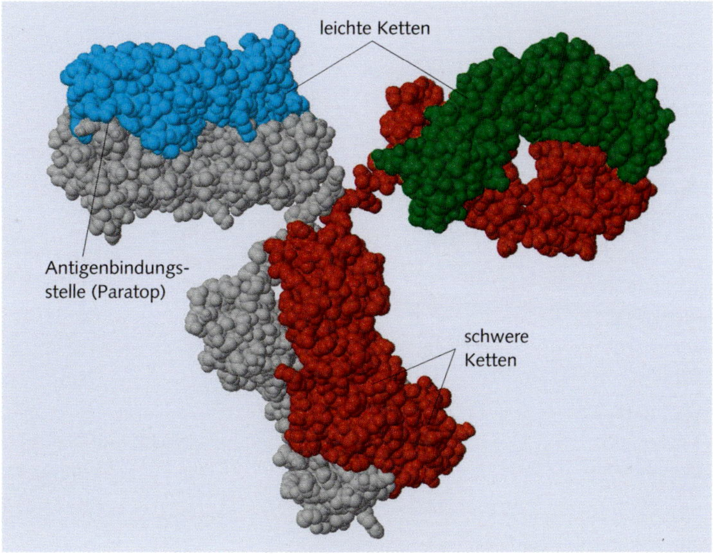

Abb. 6.1 Kalottenmodell eines Immunglobulins IgG

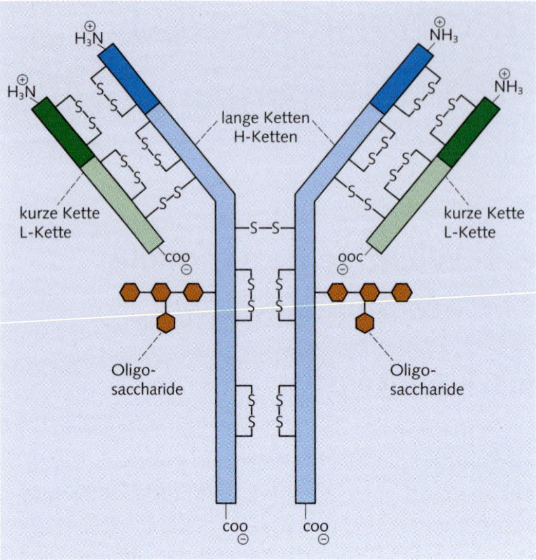

Abb. 6.2 Chemischer Aufbau eines Immunglobulins (Schema)

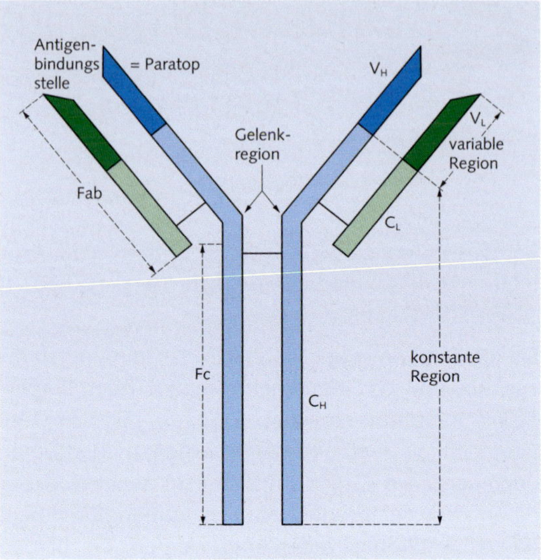

Abb. 6.3 Aufbau eines Immunglobulins (Schema) mit biologisch wichtigen Bereichen

falls identischen langen Ketten wegen ihrer Anzahl von etwa 450 Aminosäuren als H-Ketten (engl. *heavy* schwer). Durch mehrere Disulfidbrücken innerhalb der einzelnen Ketten entstehen Schlaufen. Beide H-Ketten tragen zusätzlich Seitenketten aus Oligosacchariden. Die für die biologische Funktion als Antikörper so wichtige Tertiärstruktur wird durch Disulfidbrücken zwischen den Ketten gebildet und durch andere Anziehungskräfte stabilisiert. Daraus resultiert eine y-förmige Gestalt.

Jede Polypeptidkette besitzt am N-terminalen Ende einen etwa 100 Aminosäuren umfassenden Bereich mit variabler Sequenz (leichte Kette: V_L, schwere Kette: V_H), die für jeden Antikörper spezifisch ist. Hinter diesem Abschnitt befinden sich Bereiche mit konstanter Sequenz (leichte Kette: C_L, schwere Kette: C_H). Durch die Kombination der variablen und konstanten Regionen der L- und H-Ketten entstehen zwei charakteristische Bereiche, an die die entsprechenden Antigene gebunden werden können. Sie werden daher als F_{ab}-Teile (**a**ntigen-**b**indende **F**ragmente) oder **Paratope** bezeichnet. Die Gelenkregion im Bereich der H-Ketten ermöglicht einen variablen Abstand der Paratope, sodass unterschiedlich weit voneinander entfernte Antigene durch einen Antikörper gebunden werden können. Die län-

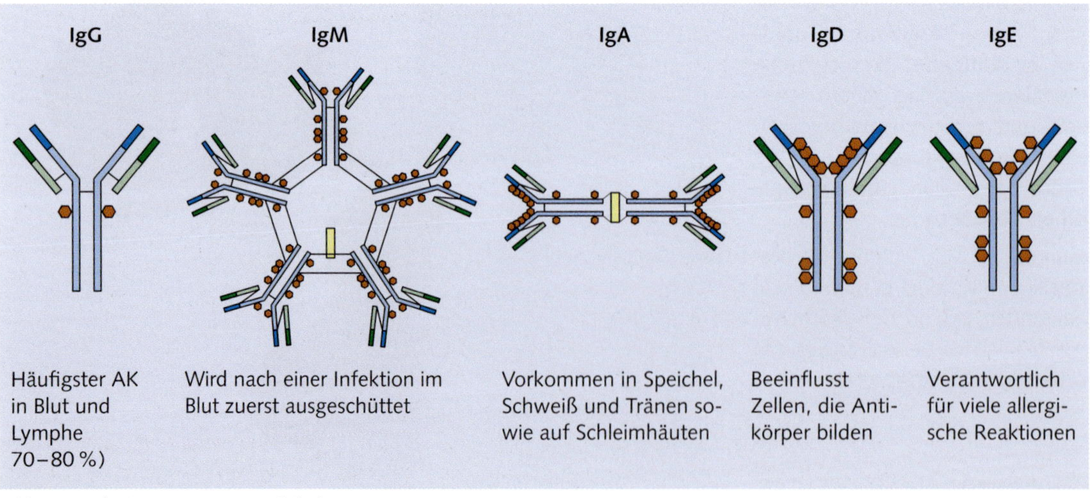

Abb. 6.4 Klassen von Immunglobulinen

geren Abschnitte der schweren Ketten mit den C-terminalen Enden, die F_c-Teile, (**c**ristalline **F**ragmente) verfügen nicht über Antigenbindungsstellen, können aber selbst als Antigene fungieren und andere Antikörper binden.

6.1.1.1 Klassen von Antikörpern

Bei grundsätzlich gleichem Aufbau unterscheiden sich die Immunglobuline in ihrer F_c-Region und ihrem Oligosaccharidanteil. Außerdem können die Monomere über weitere Disulfidbrücken verbunden und mit einem zusätzlichen Protein verbunden sein. Auf diese Weise entstehen 5 Klassen von Immunglobulinen, die bei der Abwehr im menschlichen Organismus unterschiedliche Aufgaben wahrnehmen (▶ siehe Abb. 6.4, S. 92).

6.1.1.2 Gewinnung von Antikörpern

Da das Immunsystem vieler Tiere im Grundsatz wie das menschliche funktioniert, kann man Schafe und Rinder, Kaninchen und Mäuse, ja selbst Hühner zur Bildung von Antikörpern veranlassen.

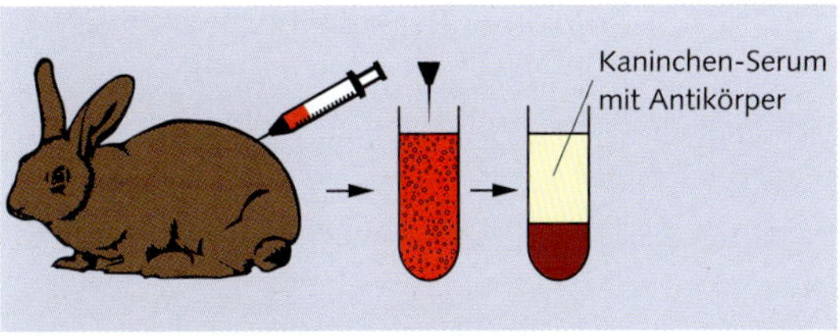

Abb. 6.5 Gewinnung von Antikörpern

Dazu injiziert man dem Tier das Antigen, d. h. einen abgeschwächten Erreger oder einen bestimmten Stoff, und entnimmt ihm nach einigen Tagen Blut. Nach Abtrennen der Blutzellen durch Zentrifugieren und Entfernen der Gerinnungsproteine erhält man das Blutserum mit den darin gelösten Antikörpern, auch Antiserum genannt.

Da diese Antikörper von vielen verschiedenen B-Lymphocyten (▶ siehe biologischer Exkurs, S. 95) gebildet werden, bezeichnet man sie als **polyklonale Antikörper**. Für manche Zwecke ist es notwendig, hochspezifische Antikörper zu erzeugen, die nur von einer Art von B-Lymphocyten stammen und deshalb **monoklonale Antikörper** genannt werden (▶ siehe Kapitel 8.4.2 Kultur von Hybridomazellen, S. 134).

Injiziert man das so gewonnene Kaninchenserum einem anderen Tier, z. B. einem Pferd, so bildet dieses Tier andere Antikörper gegen die als fremd erkannten Immunglobuline des Kaninchenblutes. Im Blutserum des Pferdes liegen also nach einer Weile zwei Sorten von Antikörpern vor: einerseits gegen den ursprünglichen Erreger und andererseits gegen die Immunglobuline des Kaninchens.

6.1.2 Antigene

Antigene, auch Immunogene genannt, sind Stoffe oder Molekülgruppen, die in einem fremden Organismus eine Immunreaktion auslösen. Dabei veranlassen sie unter anderem die Bildung von speziell gegen sie gerichteten Antikörpern. Während es sich bei Antikörpern (Ak) immer um Proteine handelt, können Antigene (Ag) sowohl Proteine als auch Kohlenhydrate, Nucleinsäuren oder Lipide sein. Sie sind in der Membran der Krankheitserreger lokalisiert oder frei in der Flüssigkeit beweglich.

Maßgeblich für die Reaktion mit Antikörpern sind aber nur bestimmte Bereiche des Antigens, die als **Epitope** bezeichnet werden. Große Antigene mit Molekülmassen von mehreren Kilodalton, beispielsweise Glykoproteine, verfügen über zahlreiche Epitope gleicher oder unterschiedlicher Art. Kleine Moleküle mit Molekülmassen unter etwa 1000 Da, beispielsweise das Steroidhormon Testosteron, sind selbst nicht in der Lage, in einem Organismus eine Immunreaktion auszulösen. Deswegen werden sie mit einem Protein, beispielsweise Rinderserumalbumin, gekoppelt. Diese Verbindung aus dem Molekül und dem Trägerprotein stimuliert dann im Organismus die Bildung von Antikörpern. Eine solche Verbindung bezeichnet man als **Konjugat**, das kleine Molekül als **Hapten** und das Protein als **Carrier**.

6.1.3 Antigen-Antikörper-Reaktion

Bei der Antigen-Antikörper-Reaktion „erkennt" der Antikörper, genauer – sein Paratop, die ihm entsprechende Stelle des Antigens, das Epitop, und heftet sich an diese. Die Bindung des Antigens an den Antikörper erfolgt wie die Bindung eines Substrats an sein Enzym durch van-der-Waals-Kräfte, Wasserstoffbrücken und elektrostatische Wechselwirkungen.

6.1.3.1 Bindungsstärke

Um die Stabilität von Antigen-Antikörper-Komplexen zu beurteilen genügt es aber nicht, die Bindung zwischen *einem* Epitop und *einem* Paratop zu betrachten. Da jedes Antikörpermolekül zwei gleiche Paratope aufweist, kann es sich an zwei weiter auseinander liegende Epitope desselben Antigens anlagern. Deshalb werden für die Bindungsstärke von Antigen-Antikörper-Komplexen zwei Begriffe verwendet:

- Die **Affinität** ist ein Maß für die Stärke der Wechselwirkung zwischen
  - *einem* Epitop auf einem Antigen und
  - *einem* Paratop des entsprechenden Antikörpers.
- Die **Avidität** ist ein Maß für die Stärke der Wechselwirkung zwischen
  - *mehreren* Epitopen auf einem Antigen und
  - den entsprechenden Paratopen des entsprechenden Antikörpers.

6.1.3.2 Visuelle Auswertung

Eine Antigen-Antikörper-Reaktion in einer Lösung wird sichtbar, wenn daran eine ausreichende Anzahl von Antikörpern und Antigen tragenden Partikeln, beispielsweise Bakterien oder Blutzellen, oder von löslichen Antigenen beteiligt ist.

Heften sich mehrere Antikörper mit ihren beiden Paratopen an die entsprechenden Epitope auf verschiedenen Zellen, so entstehen größere Aggregate, die sich zusammenballen und sedimentieren. Dieser Vorgang wird als **Agglutination** bezeichnet. Die Reaktion wird bei der Blutgruppenbestimmung ausgenutzt.

Werden lösliche Antigene mit mindestens zwei Epitopen durch mehrere Antikörper miteinander verbunden, so kommt es zu einer Trübung der Lösung mit anschließender Sedimentation. In diesem Fall spricht man von einer **Präzipitation**.

6.1.3.3 Spezifität

Ein großes Antigen, beispielsweise an der Oberfläche einer Bakterienzelle, kann nicht nur zahlreiche Epitope für *eine* Art von Antikörpern besitzen, sondern sogar unterschiedliche Epitope für verschiedene Antikörper aufweisen. Das Antiserum eines Tieres, das mit diesem Antigen immunisiert wurde, enthält polyklonale Antikörper, also ein Gemisch von Antikörpern, die zwar alle gegen dasselbe Antigen gerichtet sind, sich aber an verschiedenen Stellen anlagern.

Polyklonale Antikörper sind gegen unterschiedliche Epitope eines Antigens gerichtet, monoklonale Antikörper gegen ein einziges Epitop. In letzteren Fall ist die Antigen-Antikörper-Reaktion hoch spezifisch.

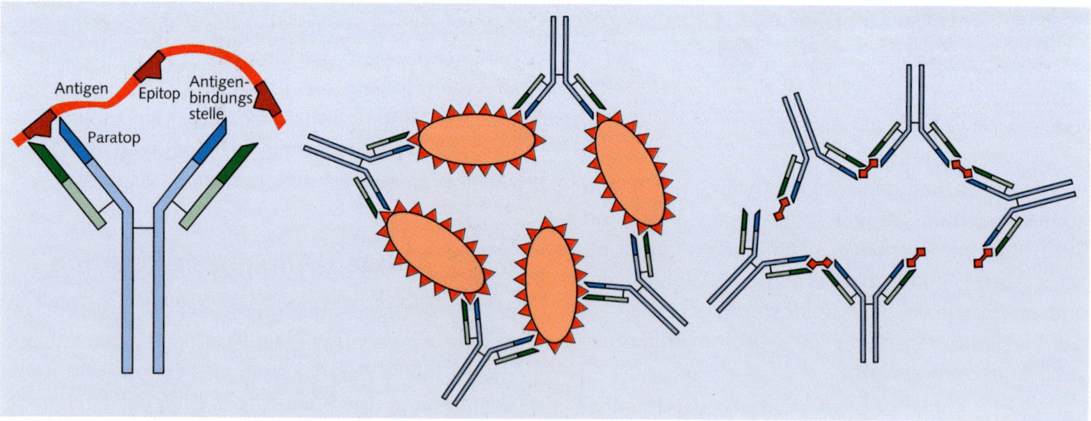

Abb. 6.6 Ag-Ak-Bindung. Links: Bindung der Epitope an die Paratope (Antigenbindungsstellen)
Mitte: Ag-Ak-Reaktion an der Oberfläche von Zellen,
Rechts: Bindung eines löslichen Antigens

Biologischer Exkurs

Wie wehrt der menschliche Organismus Krankheitserreger ab?

Wenn Bakterien, Viren oder andere Krankheitserreger in den menschlichen Körper gelangen, werden sie von verschiedenen weißen Blutzellen (Leukocyten) bekämpft. Besonders effektiv wirken dabei Makrophagen, die mit ihrer flexiblen Gestalt alle Arten von Mikroorganismen und Viren umfließen und „sich einverleiben".

Bei einer Infektion kommen die Mikroorganismen auch mit Lymphocyten in Kontakt, also weißen Blutzellen, die auf selektive Immunreaktionen spezialisiert sind. Nach dem Ort ihrer Entstehung unterscheidet man **B**-Lymphocyten, die im Knochenmark (engl. **b**one marrow) gebildet werden, und **T**-Lymphocyten, die in der **T**hymusdrüse ausdifferenziert werden.

Lymphocyten „erkennen" ihren Krankheitserreger an bestimmten Stoffen an seiner Oberfläche, den Antigenen und leiten sofort Maßnahmen zu seiner Beseitigung ein.

B-Lymphocyten vermehren sich durch Zellteilung. Der größte Teil der Tochterzellen spezialisiert sich weiter und produziert Antikörper (= Immunglobuline), also Proteine, die spezifisch an die passenden Antigene des Erregers gebunden werden. Diese Immunkomplexe aus Antigen und Antikörper werden von anderen weißen Blutzellen (oft Makrophagen) vernichtet. Der kleinere Teil der Tochterzellen bleibt als „B-Gedächtniszellen" mehrere Jahre im Organismus erhalten. Dringen nun erneut Krankheitserreger derselben Art in den Körper ein, so setzt die Zellvermehrung und Produktion von Antikörpern viel schneller ein als beim ersten Kontakt, und der Erreger wird früher und damit wirksamer vernichtet.

T-Lymphocyten erzeugen keine Antikörper, leisten aber als T-Killerzellen, T-Helferzellen und T-Gedächtniszellen einen überaus wichtigen Beitrag zur Immunabwehr.

Sind im Blut eines Organismus noch keine Antikörper gegen einen Krankheitserreger vorhanden, so kann deren Bildung durch eine Schutzimpfung angeregt werden. Diese erfolgt als aktive Immunisierung mit abgeschwächten Krankheitserregern, die die Bildung entsprechender Gedächtniszellen nach sich ziehen.

Ist die Infektionskrankheit bereits ausgebrochen, so lässt sich die Heilung dadurch unterstützen, dass dem Patienten Antikörper verabreicht werden, die ein anderes Lebewesen produziert hat. Dadurch entsteht aber keine Immunität, denn der Organismus baut die fremden Antikörper ab.

6.2 Immunologische Testverfahren

6.2.1 Grundlagen

Bei den immunologischen Testverfahren wird die hohe Spezifität der Antigen-Antikörper-Reaktion analytisch genutzt. Im Prinzip kann jedes Molekül, gegen das ein Organismus einen Antikörper produziert, auf diese Weise qualitativ und quantitativ bestimmt werden. Immunologische Testverfahren werden daher nicht nur in der Diagnostik von Krankheiten verwendet, die durch Viren, Bakterien oder andere Krankheitserreger hervorgerufen werden, sondern auch in der Lebensmittel- und Umweltanalytik. Entscheidend ist, dass dabei ein Antigen-Antikörper-Komplex gebildet wird.

Wenn die Konzentration von Antigen und Antikörper hoch genug ist, ruft der durch Agglutination bzw. Präzipitation entstandene unlösliche Komplex eine Trübung der Lösung bis zur Verklumpung ihrer Bestandteile hervor.

Bei geringeren Konzentrationen muss man die Empfindlichkeit der Reaktion erhöhen. Dies geschieht durch Markierung des Immunkomplexes mit radioaktiven Isotopen, Farbstoffen oder Enzymen, die eine niedrigere Nachweisgrenze ermöglichen.

6.2.2 Immunpräzipitation

6.2.2.1 Immundiffusion

Bei diesem Verfahren lässt man das Antigen aus einer Probe und einen Antikörper in einem Agarosegel gegeneinander diffundieren. Bei annähernd gleichen

Konzentrationen der beiden Reaktionspartner bildet sich ein unlöslicher Antigen-Antikörper-Komplex, das Präzipitat. Dieses wird nach Anfärbung als feine Linie mit bloßem Auge sichtbar. Die Methode wird nicht nur in der medizinischen Diagnostik angewandt, sondern auch in der Lebensmittelanalytik zum Nachweis fremder Proteine in Wurstwaren, denen Milcheiweiß oder Sojaeiweiß zugesetzt wurde.

6.2.2.2 Immunelektrophorese

Das Verfahren lässt sich durch Kombination mit einer Elektrophorese (▶ siehe auch 4.1.2, S. 64 und 4.4.2, S. 73) zur Immunelektrophorese verfeinern. Dabei werden die Proteine A bis E zunächst durch Elektrophorese in einem Agarosegel entsprechend ihrer Ladung aufgetrennt. Anschließend lässt man sie gegen ein Serum mit den Antikörpern gegen alle Proteine in einer länglichen Vertiefung diffundieren.

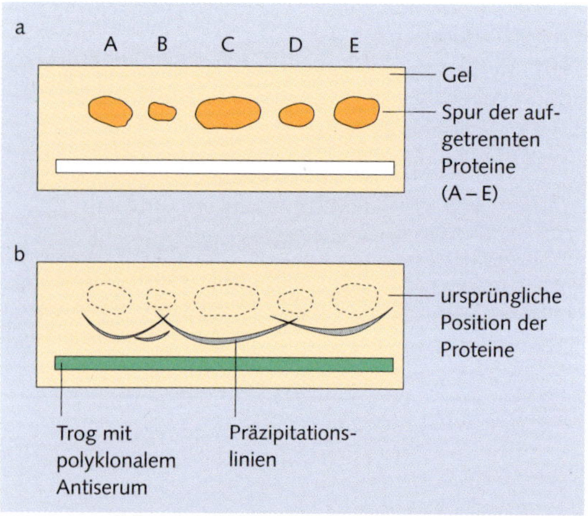

Abb. 6.7 Immunelektrophorese. Oben Elektrophorese der Antigene, unten Diffusion gegen die Antikörper

6.2.3 Quantitative Immunoassays

Unter einem Assay (engl.: Probe, Bestimmung) versteht man in der Diagnostik ein analytisches Verfahren zum Nachweis bestimmter Stoffe. Ein Immunoassay nutzt dabei Antigen-Antikörper-Reaktionen zu spezifischen Immunkomplexen. Diese Komplexe werden durch verschiedene Verfahren markiert, sodass man sie auswerten kann.

6.2.3.1 Radioimmunoassay (RIA)

Beim Radioimmunoassay wird das Antigen mit einem radioaktiven Isotop, z. B. Iod ^{125}I, markiert. Dadurch wird der gesamte Antigen-Antikörper-Komplex radioaktiv und lässt sich mit einem Szintillationszähler messen.

Heute sind andere Markierungsmethoden für Immunoassays gebräuchlicher.

6.2.3.2 Enzyme-linked Immunosorbent Assay (ELISA)

Beim Enzymimmunoassay (EIA) wird die Markierung mit einem Enzym durchgeführt. Dieses setzt dann sein Substrat zu einer farbigen Verbindung um, die mit einem Fotometer gemessen werden kann.

Eine störungsfreie Messung ist aber nur möglich, wenn alle Begleitstoffe vom Antigen-Antikörper-Komplex durch Waschen entfernt werden können, ohne dass der Komplex selbst in Mitleidenschaft gezogen wird. Deshalb bindet man eine der beiden Komponenten, Antigen oder Antikörper, durch Adsorption an einen festen Träger und erhält so einen **Festphasenassay**, die gebräuchliche Form des enzyme-linked Immuno**sorbent** Assay (ELISA).

Mikrotiterplatten sind Platten aus Kunststoffen wie Polystyrol oder Polypropylen, die in der Regel 96 Vertiefungen, Kavitäten (lat: Hohlraum) oder Wells (engl: Brunnenschacht) genannt, aufweisen. Proteine adsorbieren an die Plastikoberfläche aufgrund von Wechselwirkungen zwischen hydrophoben Regionen der Proteine und der unpolaren Oberfläche des Kunststoffs.

Da alle Reaktionen und Waschvorgänge in den Vertiefungen der Mikrotiterplatte stattfinden, müssen sämtliche Lösungen in die engen Näpfchen pipettiert werden.

Im Prinzip geht man bei einen ELISA folgendermaßen vor:

1. Nach der Beschichtung (engl. coating) der Platte werden nicht gebundene Antikörper bzw. Antigene mit einem Waschpuffer entfernt.

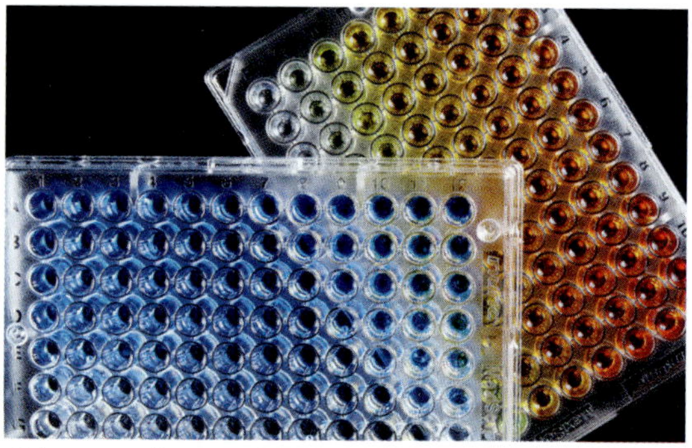

Abb. 6.8 Mikrotiterplatten

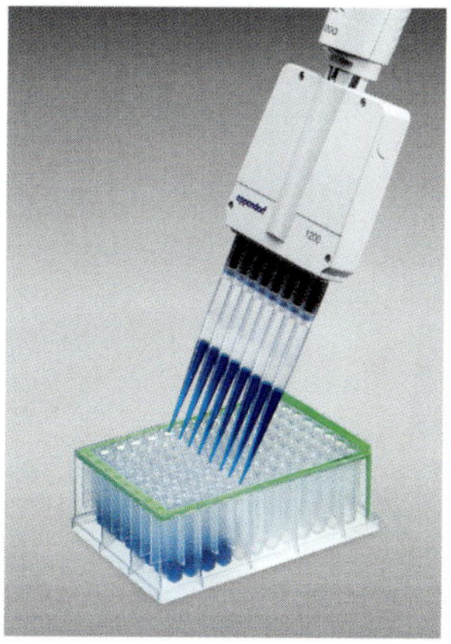

Abb. 6.9 Mikrotiterplatte mit 8-Kanalpipette

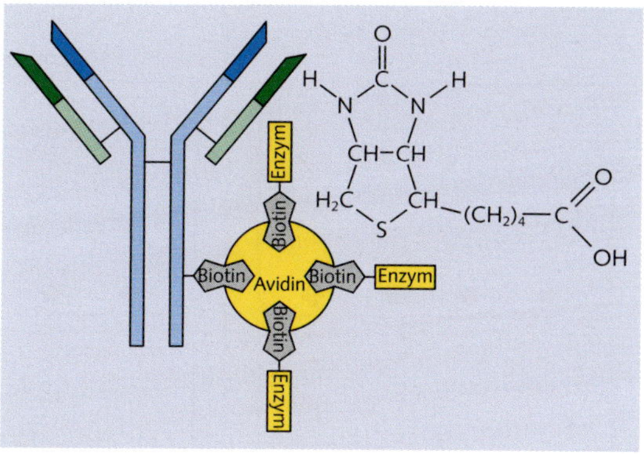

Abb. 6.10 Avidin-Biotin-markierter Antikörper

2. Unspezifische Proteinbindungsstellen werden durch Zugabe von Rinderserumalbumin (BSA) blockiert und Reste mit Waschpuffer entfernt.
3. Antigen bzw. Antikörper der Probe werden einpipettiert und gebunden und überschüssige Reste mit Waschpuffer entfernt.
4. Substratlösung wird zugegeben.
5. Die Mikrotiterplatte wird in ein spezielles Fotometer, den ELISA-Reader, gelegt.

Als **Enzyme** und **Substrate** werden folgende Kombinationen verwendet:

- Peroxidase aus Meerrettich (**H**orse**r**adish **P**eroxidase = HRP) mit TMB = **T**etra**m**ethyl**b**enzidin,
- Peroxidase katalysiert die Oxidation von TMB durch H_2O_2 zu einem gelb gefärbten Produkt.
- Alkalische Phosphatase (AP).
- Alkalische Phosphatase katalysiert die Hydrolyse von PNPP = **P**ara**n**itro**p**henyl**p**hosphat zu gelb gefärbtem p-Nitrophenol.

Ein besonderes Nachweisverfahren beruht auf der Kombination der Antikörper mit Avidin-Biotin-Komplexen. Avidin, ein Glykoprotein aus Hühnereiweiß, weist vier sehr spezifische Bindungsstellen für das Molekül Biotin auf. Biotin (= Vitamin H) kann wiederum durch seine Carboxylgruppe mit einer Aminogruppe der basischen Aminosäure Lysin reagieren und dadurch an ein Protein gebunden werden. Bei dreien der Proteine handelt es sich um Enzyme, beim vierten um einen Antikörper.

Nach Bindung an das Antigen und Umsetzung mit dem enzymspezifischen Substrat kommt es zu einer besonders intensiven Farbreaktion.

Bei gleichem Grundprinzip arbeitet der ELISA nach drei verschiedenen Konzepten:

- direkter ELISA: Antikörper ist Messgröße
- kompetitiver ELISA: Antigen ist Messgröße
- Sandwich-ELISA: Antigen ist Messgröße

6.2.3.3 Direkter ELISA

Mit einem direkten ELISA werden Antikörper, also Proteine bestimmt. Das können beispielsweise Antikörper gegen Viren wie HIV oder Herpesviren sein oder Antikörper gegen Klebereiweiß (Gliadin) aus Weizen. Der Antikörper der Probe fungiert dabei wiederum als Antigen für den enzymmarkierten Antikörper.

Die folgenden Darstellungen sollen die einzelnen Schritte eines ELISA mit Hilfe von Symbolen verdeutlichen. Gezeigt wird jeweils ein Well einer Mikrotiterplatte. Die einzelnen Symbole haben folgende Bedeutung:

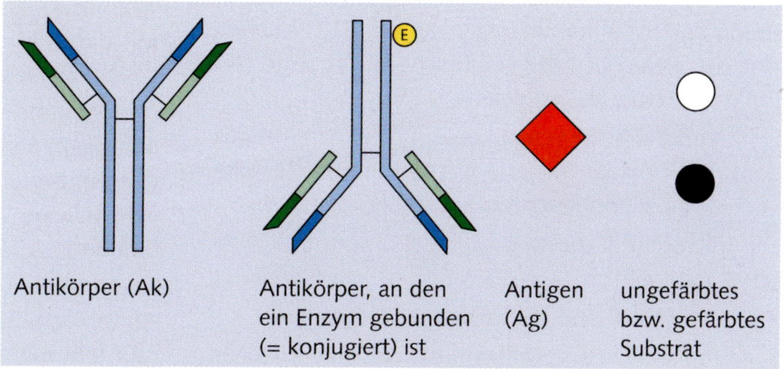

Abb. 6.11 Symbole für die bildliche Darstellung eines ELISA

geringe Konzentration an Antikörper	**hohe Konzentration an Antikörper**	
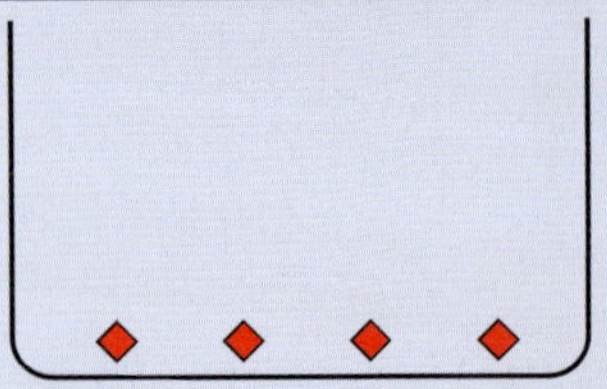		• Immobilisierung des Antigens durch Bindung an die Mikrotiterplatte. • Entfernen von überschüssigem Ag durch Waschen mit Pufferlösung. • Blockieren unspezifischer Proteinbindungsstellen durch BSA.
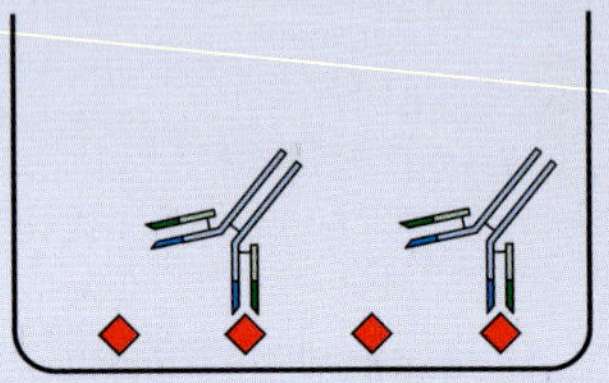	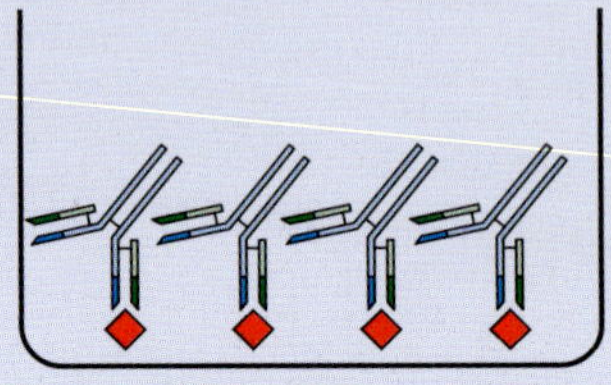	• Zugabe des Antikörpers der Probe bzw. der Standardlösung. • Inkubation: Bildung des Ag-Ak-Komplexes. • Entfernen der nicht gebundenen Antikörper durch Waschen mit Pufferlösung.
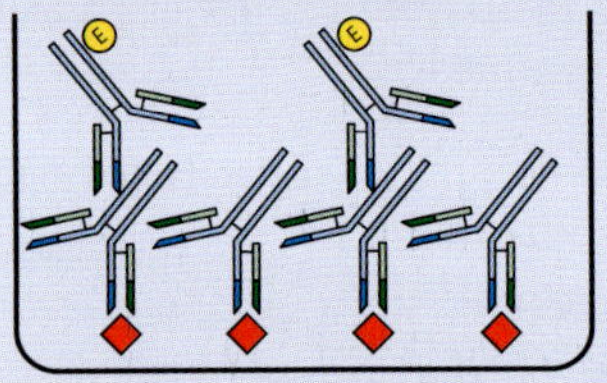	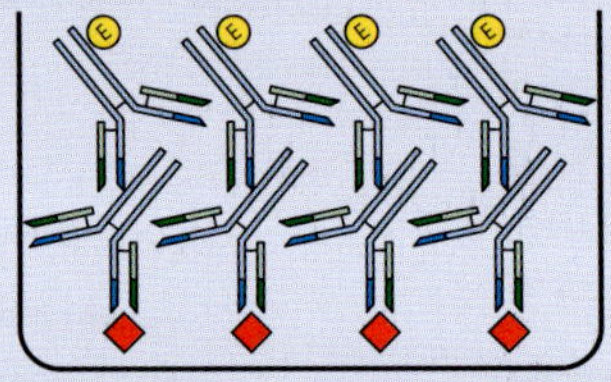	• Zugabe einer definierten Menge des enzymmarkierten Antikörpers (Detektionsantikörper). • Inkubation: Bildung des Ag-Ak-Ak-Komplexes. • Entfernen nicht gebundener Ak durch Waschen mit Pufferlösung.
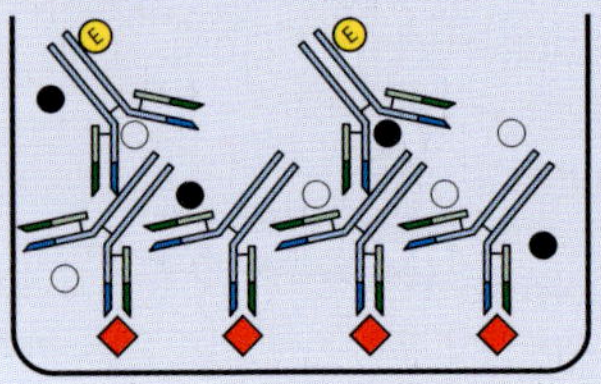	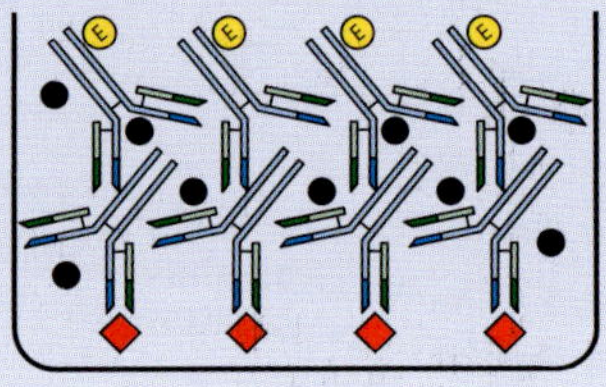	• Zugabe der Substratlösung. • Umsetzung des Substrates zu einer farbigen Verbindung durch das Enzym. • Je mehr Enzym markierter Antikörper gebunden wurde, desto intensiver die Färbung.

Abb. 6.12 Schritte eines direkten ELISA

Die Gegenüberstellung geringer und hoher Konzentration des nachzuweisenden Antikörpers zeigt den Zusammenhang zwischen Antikörpergehalt in der Probe und Menge des gefärbten Substrats.

6.2.3.4 Kompetitiver ELISA

Mit dieser Methode lassen sich vor allem niedermolekulare Substanzen bestimmen. Hormone wie Testosteron und Estradiol, Vitamine wie Vit. B12, Antibiotika wie Penicillin oder organische Stoffe wie TNT fungieren dabei als Antigene.

Beim kompetitiven ELISA konkurrieren das Antigen der Probe und das mit einem Enzym markierte Antigen um die Bindungsstellen am Antikörper.

Die Mikrotiterplatte wird mit Antikörpern beschichtet. Darauf gibt man

- die Probe mit dem nachzuweisenden Antigen,
- das entsprechende Antigen, das mit einem Enzym gekoppelt (= konjugiert) wurde.

Je mehr Antigen in der Probe enthalten ist, desto weniger enzymmarkiertes Antigen kann im Antigen-Antikörper-Komplex gebunden werden.

Nach dem Inkubieren und Waschen setzt man die Lösung des Substrats zu, das dann vom Enzym zu seinem gefärbten Produkt umgesetzt wird.

6.2.3.5 Sandwich-ELISA

Mit dieser Methode werden höhermolekulare Antigene wie beispielsweise Proteine bestimmt.

Der Name leitet sich vom Vergleich des Komplexes mit einem Sandwich ab: das zu bestimmende Antigen ist zwischen zwei Antikörpern gebunden wie eine Scheibe Wurst oder Käse zwischen zwei Scheiben Brot.

Auch in diesem Fall wird die Mikrotiterplatte mit Antikörpern beschichtet, den Wandantikörpern. Darauf gibt man die Probe mit dem nachzuweisenden Antigen, das in Abhängigkeit von seiner Konzentra-

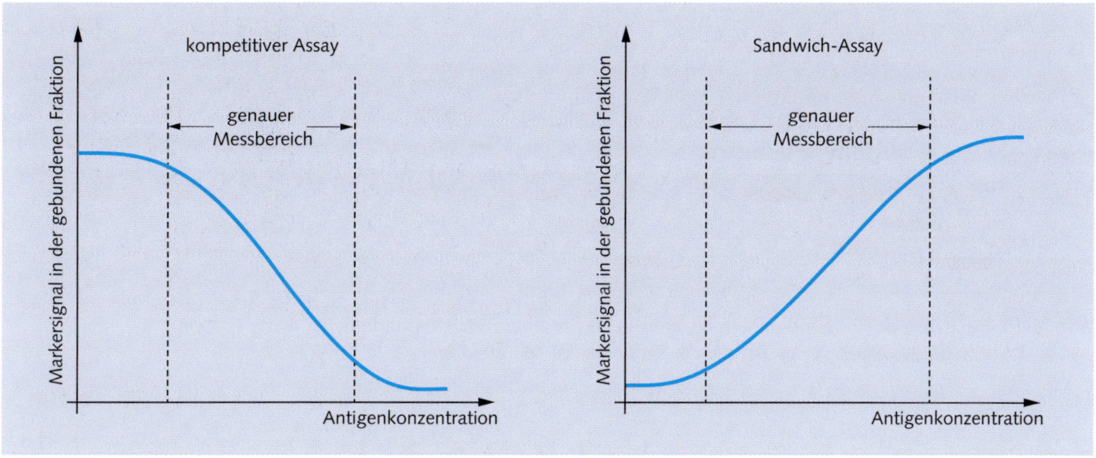

Abb. 6.13 Abhängigkeit der Farbintensität von der Antigenkonzentration. links kompetitiver Assay, rechts Sandwichassay

tion mehr oder weniger Antigen-Antikörper-Komplexe bildet. Nach dem Inkubieren und Waschen fügt man eine definierte Menge eines enzymmarkierten zweiten Antikörpers, des Detektionsantikörpers, hinzu. Dieser bindet an eine andere Stelle des Antigens und bildet damit das Sandwich Ak-Ag-Ak aus. Nach erneutem Inkubieren und Waschen setzt man die Lösung des Substrats zu, das dann vom Enzym zu seinem gefärbten Produkt umgesetzt wird.

Die Messung erfolgt fotometrisch mit einem ELISA-Reader. Der unterschiedliche Verlauf der beiden Kurven resultiert aus den unterschiedlichen Prinzipien der beiden Spielarten des ELISA.

6.2.4 Immunoblot = Western-Blot

Antikörper können auch eingesetzt werden, um einzelne Proteine in einem Proteingemisch zu identifizieren. Dazu trennt man dieses Gemisch zunächst mittels Elektrophorese in seine Komponenten auf. Gebräuchlich sind dabei sowohl die isoelektrische Fokussierung als auch die SDS-PAGE (▶ siehe 4.4.2.3, S. 73).

Da es nicht möglich ist, auf dem Gel weitere Reaktionen durchzuführen, überträgt man die aufgetrennten Proteine auf eine Membran aus Nitrocellulose oder Polyvinylidendifluorid (PVDF).

Diesen Vorgang, bei dem ein Abdruck des Proteinmusters auf der Membran entsteht, bezeichnet man als **Blotting** (engl. *blot* klecksen, ▶ siehe auch Kap. 7.4.1 Blotting-Verfahren, S. 113).

Dazu wird das Gel in etwas Pufferlösung direkt auf die Membran gelegt, die auf mehreren Lagen Filterpapier ruht. Nach dem Bedecken mit weiterem Filterpapier wird zwischen zwei Elektrodenplatten eine Spannung angelegt, sodass die Proteine senkrecht zu ihrer Trennrichtung vom Gel auf die Membran wandern und dort haften bleiben.

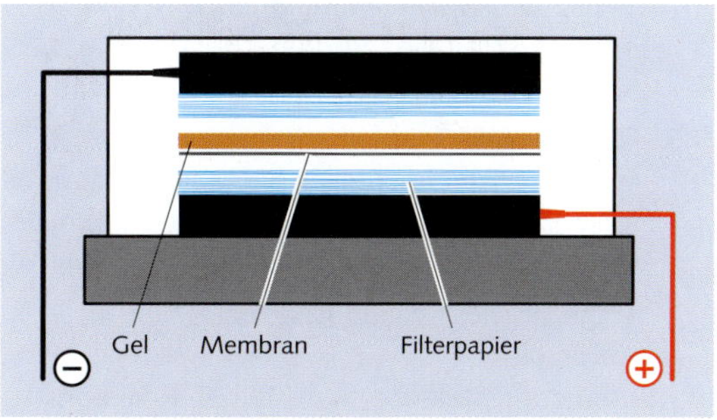

Abb. 6.14 Blotting durch Elektrophorese im Semi-Dry-Verfahren

Die eigentliche Identifikation der Proteine erfolgt mit Hilfe geeigneter Antikörper in zwei Schritten:

1. Zuerst wird ein unmarkierter Primärantikörper aufgebracht, der mit dem nachzuweisenden Protein, seinem Antigen, eine spezifische Bindung eingeht.
2. Anschließend fügt man den Sekundärantikörper, der wie bei den immunologischen Testverfahren mit Enzymen oder anderen Markern gekoppelt ist, hinzu und weist das Protein auf Grund der entsprechenden Farbreaktion nach.

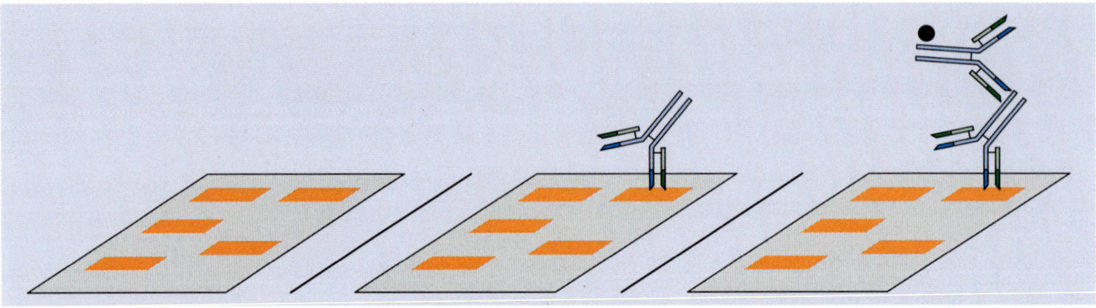

Abb. 6.15 Nachweis der Proteine mit Antikörpern. Links Membran mit Proteinmuster, Mitte Protein mit Primärantikörper, rechts Ag-Ak-Ak-Komplex mit Markierung

6.3 Aufgaben

1. Stellen Sie die Unterschiede zwischen polyklonalen und monoklonalen Antikörpern bezüglich ihrer Herkunft und ihrer Wirkungsweise zusammen.
2. Immunglobuline lassen sich durch die hydrolytisch wirkenden Enzyme Papain bzw. Pepsin (► siehe Kap. 5.2.1, Tabelle 5.1, S. 81) in verschiedene Fragmente aufspalten. Papain spaltet beide H-Ketten oberhalb der Disulfidbrücke, Pepsin dagegen unterhalb. Geben Sie jeweils die Anzahl der Fragmente an und machen Sie eine begründete Aussage darüber, ob diese noch Antigene binden können.
3. Für den ELISA werden enzymmarkierte Antikörper verwendet. Stellen Sie tabellarisch unter folgende Gesichtspunkten wichtige Merkmale von Enzymen und Antikörpern zusammen:
   - spezifischer Reaktionspartner,
   - Komplex,
   - Bindungsstelle des spezifischen Reaktionspartners,
   - weitere Bindungsstellen.
4. Alkalische Phosphatase (EC 3.1.3.1) und ihr Substrat p-Nitrophenol werden häufig für die Indikatorreaktion im ELISA verwendet.
   a) Geben Sie die Enzymklasse und die katalysierte Reaktion (Ziffern 3.1.3) so genau wie möglich an.
   b) Formulieren Sie die Reaktionsgleichung unter Verwendung von Strukturformeln und erklären Sie die Gelbfärbung in alkalischer Lösung.
5. Aflatoxine, Toxine aus Schimmelpilzen, lassen sich in Lebensmitteln mit Hilfe eines kompetitiven ELISA bestimmen. Entwerfen Sie einen solchen Test und stellen Sie das Prinzip durch Verwendung geeigneter Symbole dar.

7 Durchführung molekularbiologischer Arbeiten

Die Molekularbiologie beschäftigt sich mit dem Aufbau und der Funktion von Nucleinsäuren und dem Zusammenspiel von Nucleinsäuren und Proteinen und stellt damit ein Bindeglied zwischen den Disziplinen **Genetik** und **Biochemie** dar.

Während die klassische Genetik oder Vererbungslehre die Weitergabe von Merkmalen von einer Generation an die nächste untersucht, erforscht die Molekulargenetik die Struktur der Gene, ihre Regulation und die genetisch gesteuerte Biosynthese der Proteine.

Mit molekularbiologischen Methoden lässt sich das gesamte Erbgut von Lebewesen, ihr **Genom**, entschlüsseln. Dadurch kann man Verwandtschaften nachweisen, wie z. B. im Vaterschaftstest und Erbkrankheiten erforschen. Es ist aber auch möglich, durch gentechnische Methoden fremde Gene in das Erbgut einzuschleusen, sodass beispielsweise Bakterien ein menschliches Hormon wie das Insulin produzieren.

Da die Erbsubstanz zunächst aus den Zellkernen tierischer Zellen isoliert wurde, nannte man sie Nucleinsäure (lat. *nucleus*, Kern). Träger der Gene oder Erbanlagen ist die Desoxyribonucleinsäure, kurz **DNA** (engl. **d**esoxyribo**n**ucleic **a**cid).

7.1 Aufbau der Nucleinsäuren

Um zu verstehen, wie ein Molekül Informationen speichern kann, muss man sich seinen molekularen Aufbau verdeutlichen.

7.1.1 Bausteine der DNA

Bei der chemischen Totalhydrolyse von DNA findet man folgende Komponenten:

- Phosphorsäure, den Zucker Desoxyribose (eine Pentose) und 4 verschiedene heterocyclische Basen.

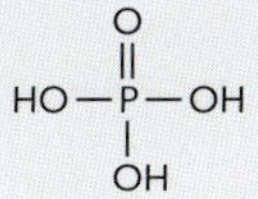

Phosphorsäure

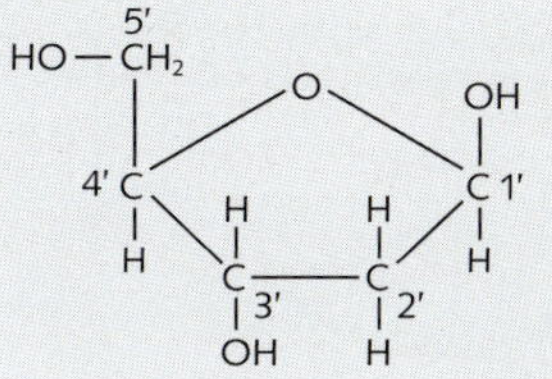

2-Desoxy-D-Ribose

– 2 Basen leiten sich vom Pyrimidin ab:

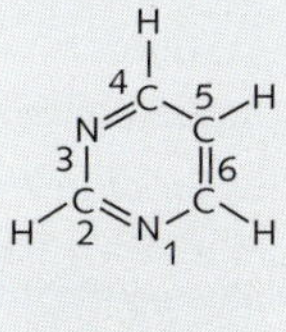

Pyrimidin

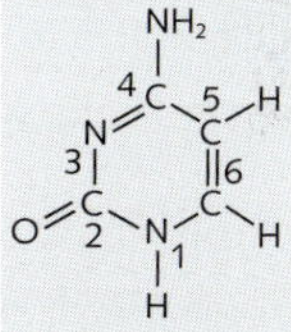

Cytosin

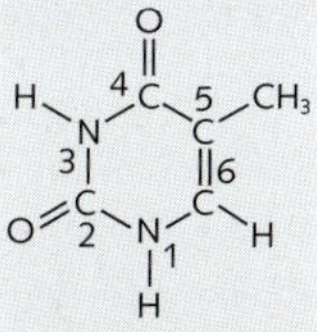

Thymin

– 2 Basen leiten sich vom Purin ab:

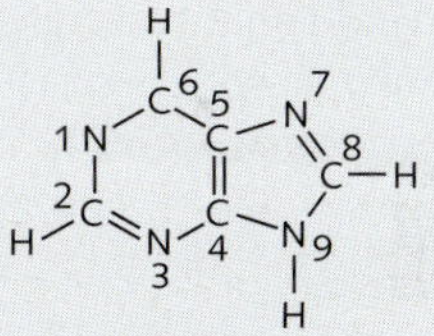

Purin

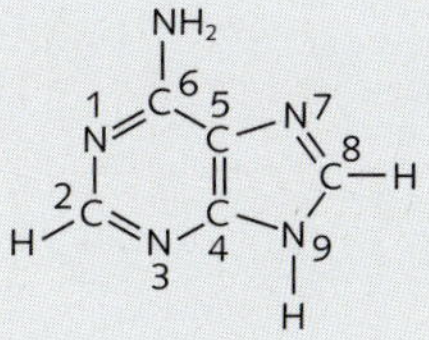

Adenin

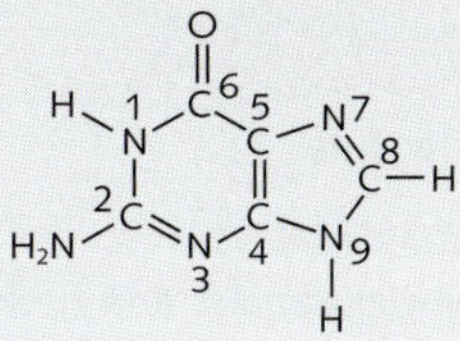

Guanin

Die Komponenten Phosphorsäure, Desoxyribose und eine der Basen liegen stets im Verhältnis der Stoffmengen 1 : 1 : 1 vor.

7.1.1.1 Nucleoside

Die Einheit aus einem Zuckermolekül und einer Base wird als Nucleosid bezeichnet. Dabei ist das C-Atom 1' der Pentose unter Wasserabspaltung mit dem N-Atom 1 der Pyrimidinbasen bzw. dem N-Atom 9 der Purinbasen verbunden. Zur Unterscheidung werden die Ringatome der Basen mit den Zahlen 1–9 gekennzeichnet, die C-Atome der Pentose mit den Zahlen 1'–5'.

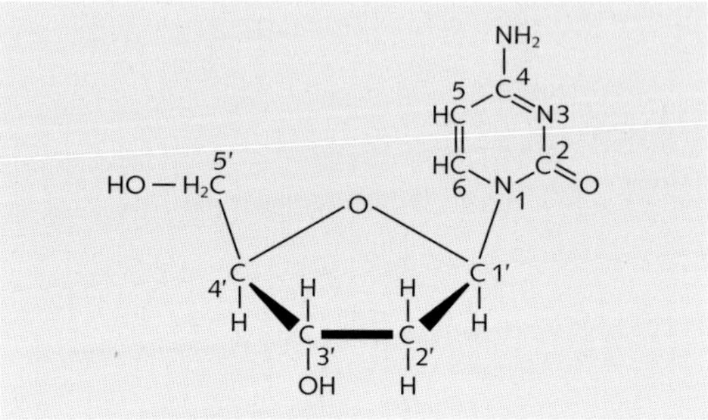

7.1.1.2 Nucleotide

Durch Veresterung der Hydroxylgruppe am C-Atom 5' der Pentose mit Phosphorsäure entsteht ein Nucleosid-Monophosphat oder Nucleotid. Ist beispielsweise die Base Cytosin mit Desoxyribose und Phosphorsäure verbunden, so erhält man Desoxycytidinmonophosphat, kurz dCMP.

Die entsprechenden Nucleotide der anderen Basen heißen Desoxy-Guanosinmonophosphat (dGMP), Desoxy-Adenosinmonophosphat (dAMP) und Desoxy-Thymidinmonophosphat (dTMP).

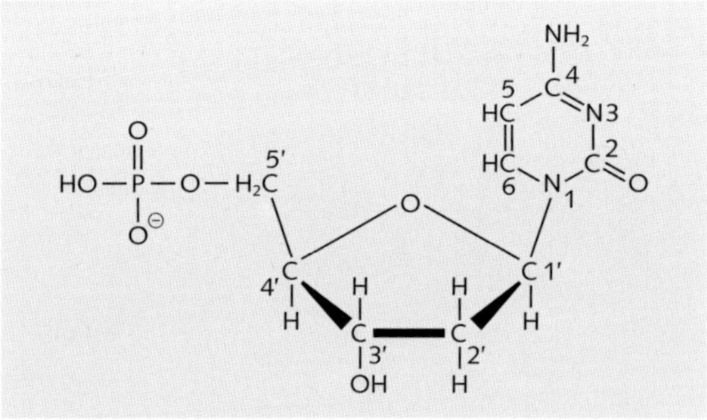

7.1.1.3 Polynucleotide

Das Nucleotid ist der Grundbaustein der Nucleinsäure. Ein einzelner Nucleinsäurestrang besteht also aus einer regelmäßigen Kette von Phosphorsäure- und Pentoseeinheiten, die über Phosphodiesterbrücken miteinander verknüpft sind. Dieser Polynucleotidstrang weist zwei verschiedene Enden auf: das 5'-Ende trägt einen Phosphatrest am C-Atom 5' einer Pentose, das 3'-Ende eine Hydroxylgruppe am C-Atom 3' einer anderen. Die an die unzähligen Pentosen gebundenen Basen erscheinen in einer für jedes DNA-Molekül charakteristischen Reihenfolge, die man als ihre **Sequenz** bezeichnet. Da diese Basenfolge dem Makromolekül seine entscheidenden biologischen Eigenschaften verleiht, ist es üblich, statt des vollständigen Stranges nur die Sequenz der Basen unter Verwendung der Buchstabensymbole aufzuschreiben.

Beispiel: 5' A T G G C T A T A A A C G G C 3'

7.1.1.4 Aufbau der RNA

Neben der DNA existiert in allen Zellen noch eine weitere Nucleinsäure, die Ribonucleinsäure RNA, die sich von der DNA in einigen Merkmalen unterscheidet.

Der Zucker Desoxyribose ist durch den Zucker Ribose ersetzt, die Base Thymin durch die Base Uracil.

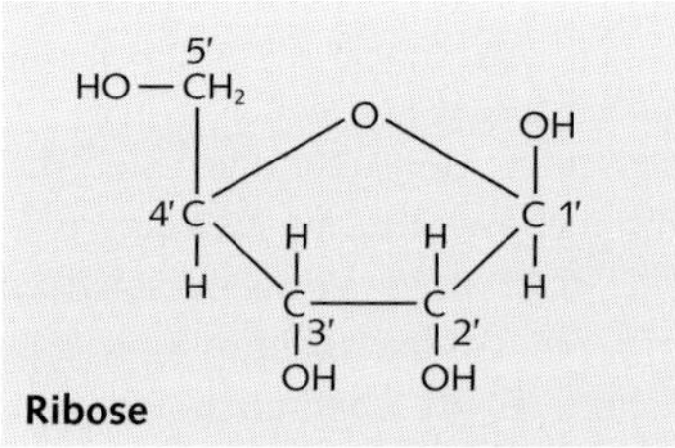

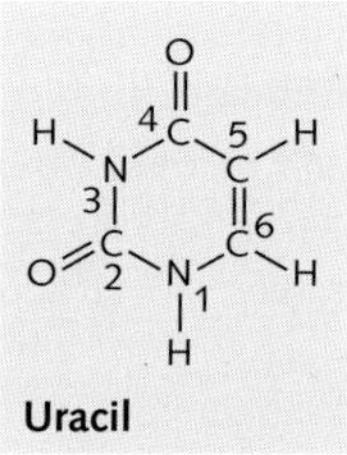

Die RNA spielt eine maßgebliche Rolle bei der Weiterleitung der Erbinformation innerhalb der Zelle. Bei einigen Viren kommt sie als einzige Nucleinsäure vor und trägt damit deren gesamte Erbanlagen.

7.1.2 Räumliche Struktur der DNA

Im Gegensatz zur RNA liegen die Polynucleotidketten der DNA normalerweise als Doppelstrang (ds-DNA) vor. Dabei lagern sich die beiden Einzelstränge (ss-DNA, engl. *single strand*) gegenläufig so aneinander, dass sich zwischen den organischen Basen Wasserstoffbrücken ausbilden können. Die räumliche Struktur ermöglicht zwischen Adenin und Thymin zwei Wasserstoffbrücken, zwischen Guanin und Cytosin dagegen drei, sodass nur diese Paarungen in Frage kommen. Man bezeichnet sie als **komplementäre**, d. h. sich ergänzende Basenpaare.

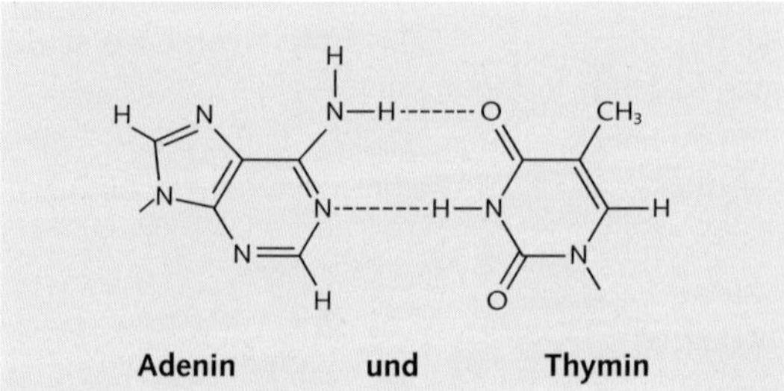

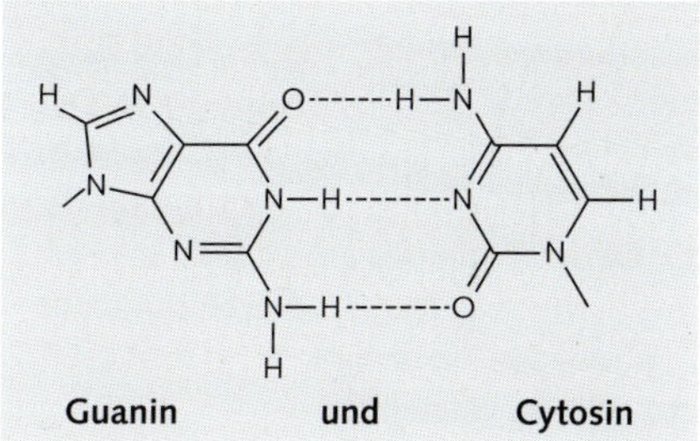

Auf diese Weise entsteht ein einer Strickleiter ähnliches Makromolekül, in dem die Desoxyribose-Phosphorsäureketten die Holme bilden und die komplementären Basenpaare die Sprossen. Diese Strickleiter ist schraubig zu einer **Doppelhelix** gewunden.

7.1.3 Molekülgröße

Das Bakterienchromosom von *E. coli* hat eine Länge von fast 1,6 mm und eine Molekülmasse von etwa $3 \cdot 10^9$ Da, entsprechend einer Molmasse von ca. $3 \cdot 10^9\ g \cdot mol^{-1}$. Viel aussagekräftiger als diese Zahlen ist für die Genetik aber die Angabe der Anzahl der Nucleotide bzw. der Basen. Deshalb misst man die Länge von Polynucleotidsträngen üblicherweise in Basenpaaren (bp) bzw. Kilobasenpaaren (kbp). Demnach besteht das Bakterienchromosom von *E. coli* aus $4{,}7 \cdot 10^6$ bp.

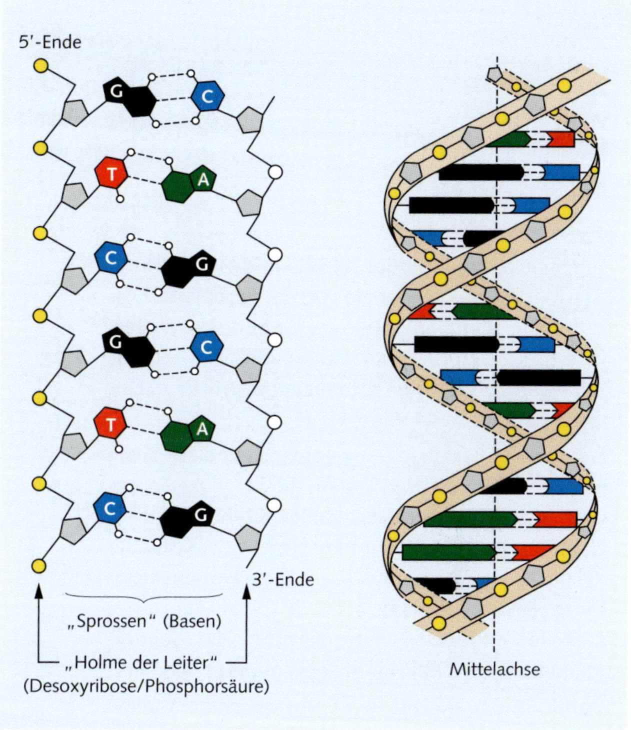

Abb. 7.1 Modell der DNA

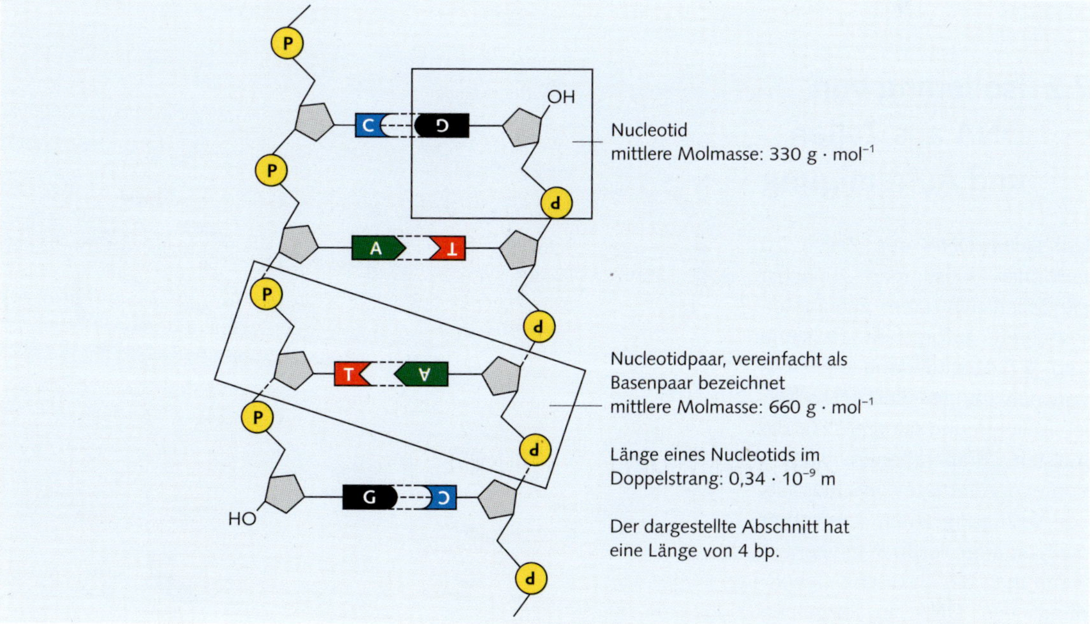

Abb. 7.2 Nucleotide und Nucleotidpaare als Maßeinheiten der DNA

Biologischer Exkurs 1

Wie kann ein Molekül Informationen speichern?

Um diese Frage zu klären, ist ein kleiner Ausflug in die Genetik notwendig.

Schon Gregor Mendel (1822–1884) erkannte, dass bestimmte Merkmale wie die Farbe von Erbsensamen von Generation zu Generation weitervererbt werden und führte diese Tatsache auf das Vorliegen bestimmter Erbanlagen zurück, die er Gene nannte.

Erst spätere Forschungen zeigten, dass diese Gene auf den Chromosomen liegen, die bei jeder Zellteilung an die Tochterzellen weitergegeben werden. Hauptbestandteil der Chromosomen eukaryotischer Zellen ist – wie oben erwähnt – Desoxyribonucleinsäure. DNA bildet aber auch die Erbsubstanz von Bakterien und vielen Viren: Sie trägt alle Erbinformationen eines Lebewesens oder Virus in sich.

Damit im Organismus ein Farbstoff wie die gelbe oder grüne Samenfarbe entstehen kann, ist eine Reihe von einzelnen Reaktionen nötig. Jeder dieser Reaktionsschritte wird durch ein Enzym katalysiert. Fehlt das Enzym, so kann die entsprechende Reaktion nicht ablaufen und das Merkmal kommt nicht zur Ausprägung. Die Information zum Aufbau der Enzyme liegt in der DNA gespeichert. Die ursprüngliche Hypothese lautete: ein Gen, d.h. ein Abschnitt der DNA, codiert die Information für ein Enzym. Neuere molekularbiologische Forschungen machten zwar eine Überarbeitung der Hypothese notwendig, doch hilft sie, das Wesen der Erbinformation zu verstehen.

Enzyme sind Proteine, d.h. Makromoleküle aus in bestimmter Reihenfolge miteinander verknüpften Aminosäuren (▶ vgl. Kapitel 4 und 5). Auch die DNA ist ein Makromolekül: an einem Strang aus Zucker und Phosphorsäure hängen 4 organische Basen in bestimmter Reihenfolge. Jetzt wird die Verschlüsselung der genetischen Information klar: Die Reihenfolge der Basen der DNA bestimmt die Reihenfolge der Aminosäuren im Protein.

Zur Codierung eines Proteins aus etwa 350 Aminosäuren ist ein DNA-Strang mit 1000 Nucleotiden notwendig, d.h. 1 kbp ds DNA.

Die menschliche DNA aller Chromosomen des einfachen (haploiden) Chromosomensatzes zusammen umfasst $3 \cdot 10^6$ kbp. Das Bakterienchromosom von *E. coli* beträgt mit einer Länge von $4{,}7 \cdot 10^3$ kbp nur etwa ein Tausendstel des menschlichen Genoms. Plasmide enthalten in der Regel nur einige hundert kbp.

7.2 Isolierung von DNA aus Zellen und Aufreinigung

Um reine DNA aus Zellen zu gewinnen muss man zunächst die Zellen mit einem geeigneten Verfahren aufbrechen (▶ siehe Kap. 1.5.1) und dann die DNA von den übrigen Zellbestandteilen isolieren und reinigen. Für die meisten Präparationen stehen dafür vorgefertigte Aufschlusskits zur Verfügung. Man kann aber die Vorgänge leichter verstehen, wenn man die klassische Gewinnung der DNA in einzelnen Schritten betrachtet.

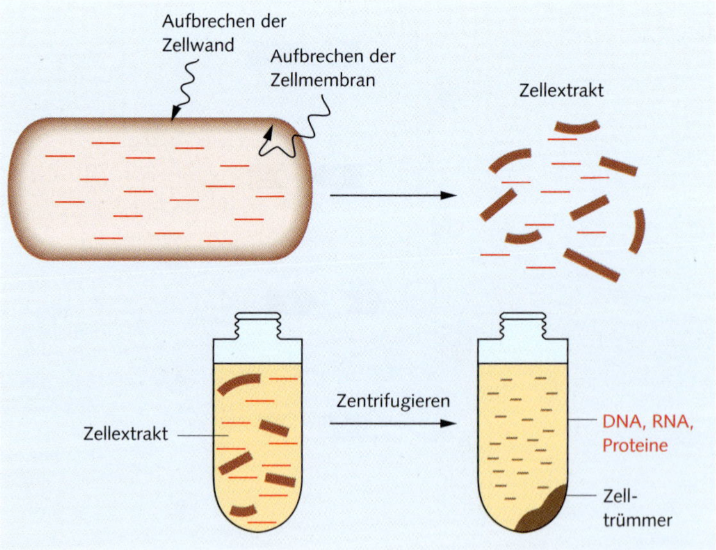

Abb. 7.3 Lyse der Zellen und Abtrennen der Zelltrümmer

7.2.1 Gewinnung von DNA durch klassische Extraktion

Zur Isolierung der gesamten DNA aus Bakterien bricht man die Zellumhüllung meistens mit chemischen Methoden auf. Das Enzym Lysozym baut Murein ab, sodass die Zellwand zerstört wird. Der Komplexbildner EDTA bindet die für die gesamte Zellumhüllung wichtigen Magnesiumionen und das Detergens SDS löst die Lipide der Zellmembran und denaturiert ihre Proteine.

Nach der Lyse der Zellen trennt man die Zelltrümmer, z. B. nicht abgebaute Zellwandbruchstücke, durch Zentrifugieren ab. Übrig bleibt ein Extrakt, der außer DNA noch RNA und Proteine enthält.

Zur Entfernung von Proteinen versetzt man den Zellextrakt mit einem Gemisch aus Phenol und Chloroform. Die beiden organischen Stoffe denaturieren die Proteine, sodass sie sich zusammenballen, während die DNA in der wässrigen Phase verbleibt. Größere Proteinmengen lassen sich auch mit einem Enzym wie z. B. Proteinase K zu kleineren Bruchstücken abbauen, die sich mit Phenol leichter entfernen lassen.

Zur Entfernung von RNA setzt man ebenfalls Enzyme ein, nämlich Ribonucleasen, die spezifisch nur diese Nucleinsäure abbauen, während die DNA verschont bleibt.

Da die Konzentration der so erhaltenen Lösung häufig zu gering ist, muss man die DNA anreichern. Dabei nutzt man die Tatsache, dass sie in Alkoholen schlecht löslich ist und fällt sie mit Ethanol oder Isopropanol unter Zusatz von Natrium- oder Kaliumsalzen aus. Arbeiten mit eisgekühlten Lösungen erhöht die Ausbeute an DNA.

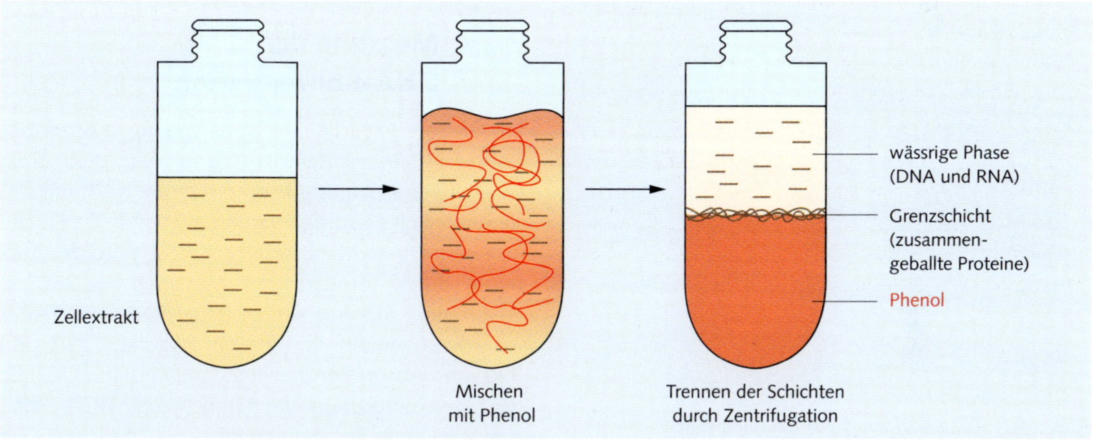

Abb. 7.4 Entfernung von Proteinen aus dem Zellextrakt

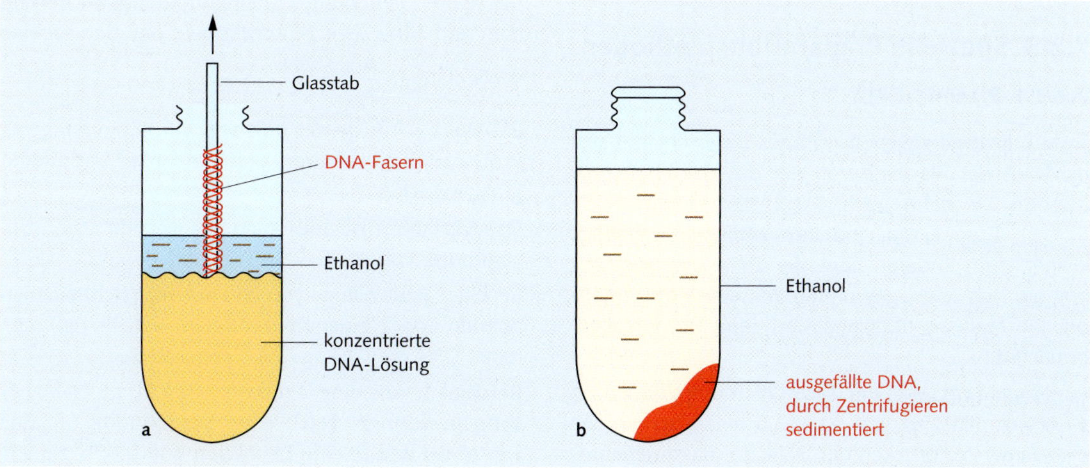

Abb. 7.5 Ausfällen der DNA und Gewinnung aus der Lösung

7.2.2 Gewinnung von DNA mit einem Präparationskit

In vorgefertigten Präparationskits wird DNA aus der Zellsuspension unter Verwendung spezieller Puffer selektiv an Kieselgel in Minisäulen adsorbiert. Proteine und RNA binden nicht und können herausgewaschen werden. Die DNA wird anschließend mit Pufferlösungen eluiert.

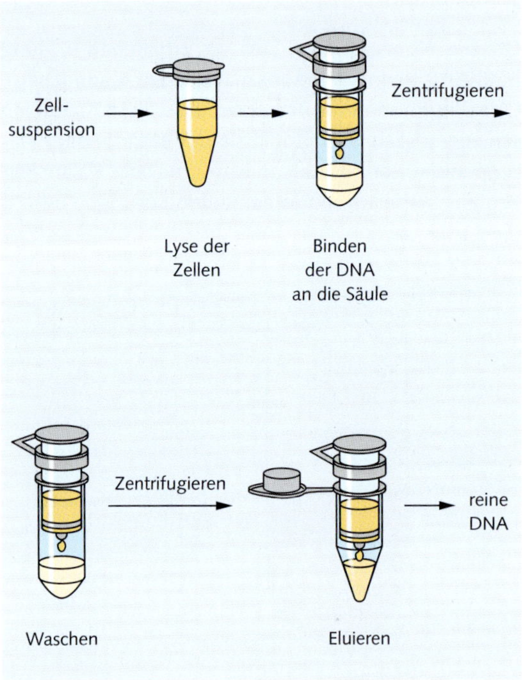

Abb. 7.6 Präparation von DNA mit Minisäulen

7.2.3 Spezielle Präparationsmethoden

7.2.3.1 Plasmid-DNA

Trotz prinzipiell gleichen Aufbaus unterscheidet sich die DNA der Plasmide von der des Bakterienchromosoms (▶ siehe auch 1.2.2, S. 11 und 7.5.2, S. 116). Zum einen sind ihre Moleküle erheblich kleiner, zum anderen liegt der DNA-Doppelstrang eng um sich selbst gewunden vor, eine Konformation, die man als überspiralisiert (engl. supercoiled) bezeichnet.

Fügt man dem Lysat der Zellen Natriumhydroxid bis zu einem pH-Wert von 12–12,5 hinzu, so werden die Wasserstoffbrücken der DNA des Bakterienchromosoms aufgebrochen, während die der Plasmide erhalten bleiben. Beim anschließenden Ansäuern lagern sich die Einzelstränge zu einem unlöslichen Knäuel zusammen, das abzentrifugiert werden kann. Die intakte Plasmid-DNA bleibt dagegen in der Lösung und kann aus dieser durch weitere Operationen (siehe oben) isoliert werden.

7.2.3.2 Pflanzen-DNA

Nach einem schonenden mechanischen Aufschluss enthält der Zellextrakt noch große Mengen von Kohlenhydraten (Cellulose) aus der Zellwand. Zur Auftrennung nutzt man wichtige Eigenschaften des kationischen Detergenzes CTAB (**C**etyl**t**rimethyl**a**mmonium**b**romid): es denaturiert Proteine und bildet mit Kohlenhydraten und DNA Komplexe, deren Löslichkeit von der Salzkonzentration abhängt. Nach Abtrennung der unlöslichen Begleitstoffe lässt sich die DNA durch CTAB ausfällen.

7.2.4 Messung der DNA-Konzentration

Für weitere Experimente ist es wichtig, Konzentration und Reinheit der DNA zu kennen, denn trotz sorgfältiger Reinigung kann die Probe noch mit anderen Zellinhaltsstoffen verunreinigt sein. Da Nucleinsäuren UV-Licht absorbieren, lässt sich die Ausbeute durch fotometrische Messung bei 260 nm bestimmen. Störend wirken dabei RNA und Proteine, die ebenfalls im Bereich zwischen 220 und 320 nm Absorptionsmaxima aufweisen. Deshalb wird zur Überprüfung der Reinheit einer DNA-Probe das Verhältnis der Extinktionen zwischen 260 und 280 nm ermittelt.

Bei reiner DNA ohne Proteinkontamination beträgt das Verhältnis der Absorptionen bei den beiden Wellenlängen $\frac{A_{260}}{A_{280}} = \frac{1,8}{1}$.

Ein Wert < 1,8 deutet auf eine Verunreinigung mit Proteinen hin, ein Wert > 1,8 auf eine Verunreinigung mit RNA.

Das Verfahren ist aber auch zur Konzentrationsbestimmung von reiner RNA geeignet.

Bei einer Wellenlänge von 260 nm entspricht eine Extinktion von 1 einer Konzentration von 50 µg · mL^{-1} reiner DNA bzw 40 µg · mL^{-1} reiner RNA.

Beispiel 1: Aus einer Probe wurden 20 µL DNA-Lösung gewonnen. Nach einer Verdünnung um den Faktor 50 wurde eine Extinktion von 0,655 gemessen.

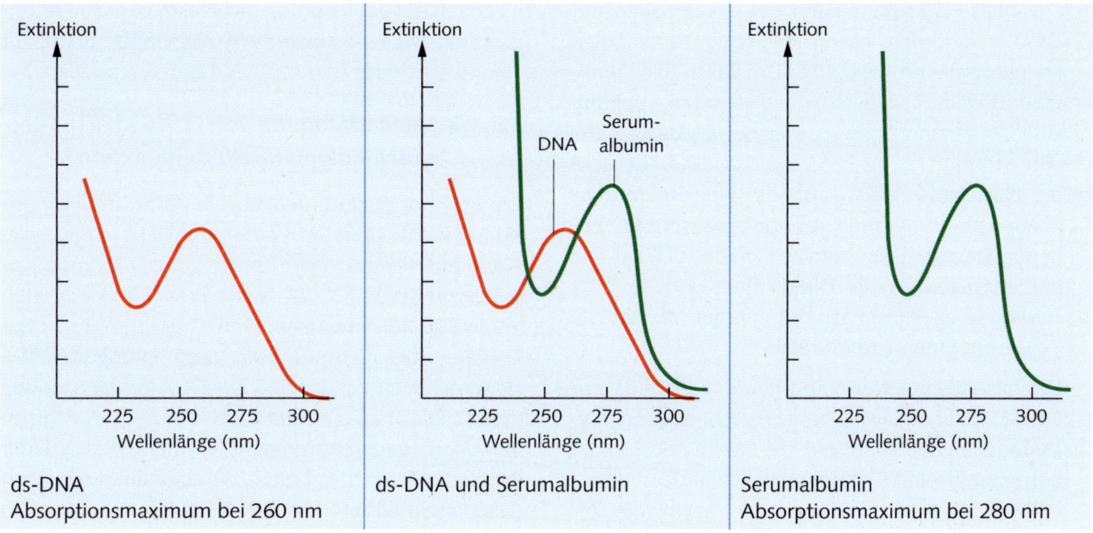

Abb. 7.7 Absorptionsspektren von doppelsträngiger DNA und Serumalbumin

$A = 1{,}0 \mathrel{\hat{=}} 50\ \mu g \cdot mL^{-1}$ DNA

$A = 0{,}655 \mathrel{\hat{=}} 32{,}75\ \mu g \cdot mL^{-1}$

$DNA = 0{,}03275\ \mu g \cdot mL^{-1}$ DNA

20 µL der verdünnten Probe enthalten 0,655 µg DNA. Die Gesamtmasse an DNA in der Probe beträgt 32,75 µg.

Beispiel 2: Zwei aus biologischem Material gewonnene DNA-Proben wurden fotometrisch auf ihre Reinheit untersucht. Folgende Extinktionen wurden gemessen:

Probe 1: $A_{260} = 0{,}670 \qquad A_{280} = 0{,}405$

$$\frac{0{,}670}{0{,}405} = 1{,}654 < 1{,}8$$

Die Probe ist mit Protein verunreinigt.

Probe 2: $A_{260} = 0{,}595 \qquad A_{280} = 0{,}310$

$$\frac{0{,}595}{0{,}310} = 1{,}919 > 1{,}8$$

Die Probe ist mit RNA verunreinigt.

7.3 Untersuchung der DNA

7.3.1 Vervielfältigung

Zu den Routinemethoden in molekularbiologischen Labors gehört die **Polymerasekettenreaktion**, abgekürzt **PCR** (engl. *polymerase chain reaction*). Sie ist die geniale Abwandlung eines natürlichen Vorganges, der in allen Organismen bei Wachstum und Vermehrung abläuft.

Würde nämlich der Bestand an DNA-Molekülen bei jeder Zellteilung auf die Tochterzellen verteilt, so wäre der Vorrat rasch aufgebraucht (▶ siehe auch Kap. 8.1.2, S. 122). Deswegen wird die DNA vor jeder Zellteilung identisch verdoppelt. Man spricht von **identischer Replikation**. Dabei spielen zwei Tatsachen eine Rolle, die beim Aufbau der DNA beschrieben wurden:

- Das Rückgrat der DNA-Stränge wird durch Ausbildung von Phosphodiesterbindungen zwischen der 3'-OH-Gruppe eines Nucleotids und der 5'-Phosphatgruppe eines anderen aufgebaut.
- Die Basen der Nucleotide lagern sich an die jeweils komplementären Basen an:
  Adenin an Thymin und Guanin an Cytosin.

7.3.1.1 Identische Replikation der DNA in der Zelle

Damit die Basen frei liegen, entwindet und öffnet das Enzym Helicase den DNA-Doppelstrang, sodass zwei komplementäre Einzelstränge entstehen, die jeweils als Matrize für die Synthese eines neuen Stranges fungieren. An diese lagern sich die komplementären Nucleotide an und werden durch das Enzym DNA-Polymerase zum neuen Polynucleotidstrang verknüpft.

Dieses wichtige Enzym ist aber nur dann in der Lage, seine Aufgabe zu leisten, wenn zwei Bedingungen erfüllt sind:

1. Die DNA-Polymerase kann neue Nucleotide nur dann verknüpfen, wenn die dazu notwendige Energie geliefert wird. Wie in vielen biochemischen Reaktionen geschieht dies durch Spaltung einer so genannten energiereichen Bindung. Deswegen fungieren als Bausteine für die DNA nicht die Nucleotide selbst, also die Nucleosid**mono**phosphate, sondern Nucleosid**tri**phosphate, genauer: **Desoxy**nucleosidtriphosphate (dNTPs). Bei der Abspaltung von Diphosphat und späterer Hydrolyse zu Phosphat wird Energie frei, die die Polykondensation vorantreibt.
2. Die DNA-Polymerase kann neue Nucleotide nur an das 3'-Ende eines bereits vorhandenen Nucleotidstranges anheften, der außerdem schon korrekt mit seinem Matrizenstrang gepaart sein muss. Darum baut ein weiteres Enzym, die Primase, ein kurzes Oligonucleotid, den Primer, als Startermolekül für die Kettenverlängerung auf.
Die Polymerase wandert den Matrizenstrang entlang und knüpft ein passendes Nucleotid nach dem anderen an die freie Hydroxylgruppe des C-Atoms 3' der Desoxyribose, sodass der neue DNA-Strang vom 5'-Ende zum 3'-Ende wächst. Um die Synthese des gegenläufigen Stranges entgegen der Laufrichtung der Polymerase zu ermöglichen, werden kurze DNA-Abschnitte aufgebaut und durch das Enzym DNA-Ligase verbunden.

7.3.1.2 Vervielfältigung von DNA-Abschnitten durch Polymerasekettenreaktion

Die Polymerasekettenreaktion beruht auf dem Prinzip der identischen Replikation der DNA in der Zelle. Allerdings werden dabei nicht ganze Genome kopiert, sondern nur DNA-Abschnitte mit einer Länge bis zu 3000 Basenpaaren. Dafür beschränkt sich der Vorgang aber nicht auf eine Verdopplung, sondern stellt Millionen von Kopien des DNA-Fragments her. Indem jeder neu gebildete DNA-Strang als Matrize für einen weiteren fungiert, werden wie in einer Kettenreaktion fortgesetzt die gewünschten Produkte synthetisiert, bis die Reaktion abgebrochen wird. Man bezeichnet diese Vervielfachung von DNA-Abschnitten auch als **Amplifikation** (lat. Erweiterung). Im Gegensatz zum natürlichen Prozess wird für die PCR aber nur ein einziges Enzym, nämlich die DNA-Polymerase, eingesetzt. Alle weiteren Reaktionen lassen sich durch Temperaturwechsel bewerkstelligen.

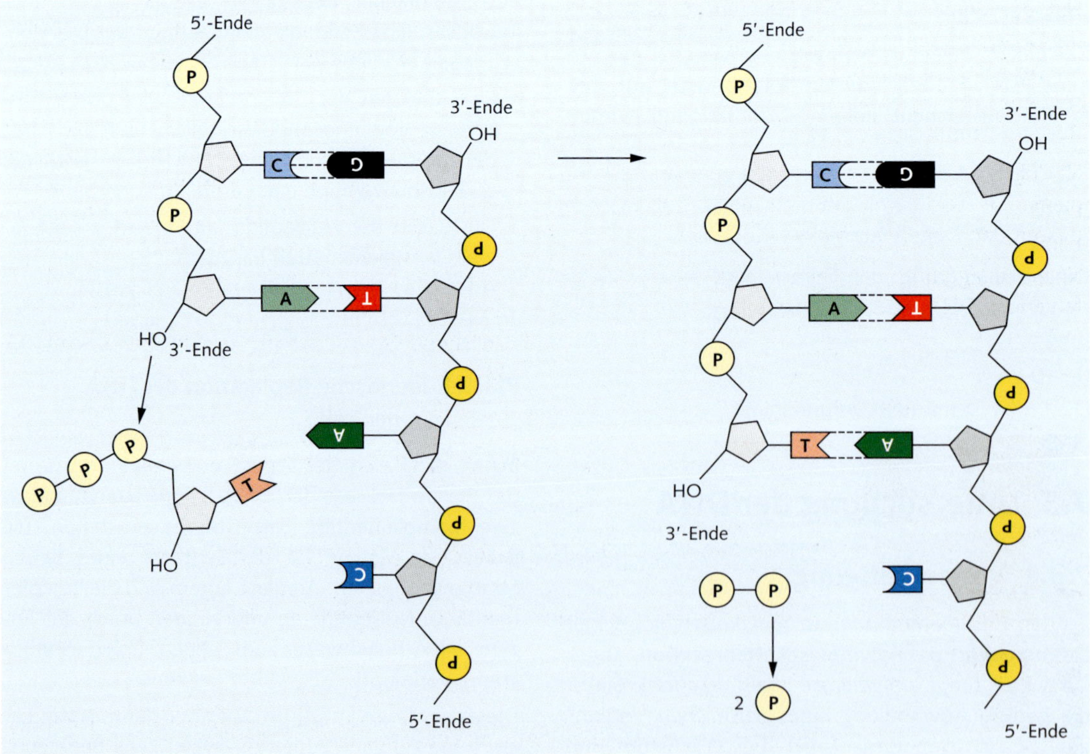

Abb. 7.8 Aufbau eines komplementären DNA-Stranges mit Hilfe der Nucleosidtriphosphate

Dies gelingt mit Hilfe eines ausgeklügelten Temperaturprogramms in einem programmierbaren Heizblock, der deswegen **Thermocycler** genannt wird.

Man macht sich dabei die Tatsache zu Nutze, dass die Wasserstoffbrückenbindungen zwischen den komplementären Basen bei hoher Temperatur aufgebrochen und beim Absenken der Temperatur neu geknüpft werden. Nun reagieren aber gerade Enzyme als Proteine auf hohe Temperaturen in der Regel äußerst empfindlich, es sei denn, sie stammen aus einem Organismus, der ein Wachstumsoptimum von nahezu 100 °C aufweist. Das Bakterium *Thermus aquaticums* lebt in heißen Quellen und kann deshalb seine mit DNA mit der nach ihm bezeichneten Taq-Polymerase bei 72 °C replizieren. Als Primer werden kurze DNA-Stränge einer Länge von 15–35 Nucleotiden eingesetzt. Da die DNA-Polymerase einen neuen DNA-Strang nur in 5'-3'-Richtung synthetisieren kann, braucht man für jeden der beiden Matrizenstränge einer eigenen Primer.

Hat der Primer 1 die Basensequenz 5'-GACCA-3' des oberen Stranges, so kann er sich an den unteren Strang anlagern und die Synthese in Richtung Zielsequenz von links nach rechts initiieren. Er wird als **Forward-Primer** bezeichnet.

Hat der Primer 2 die Basensequenz 5'-CTCGA-3' des unteren Stranges, so kann er sich an den oberen Strang anlagern und die Synthese in Richtung Zielsequenz von rechts nach links initiieren. Er wird als **Reverse-Primer** bezeichnet.

Natürlich dürfen die Primer nicht zueinander komplementär sein, weil sie sich sonst unerwünscht paaren und Dimere ausbilden würden.

Nach Anlagerung der Primer werden die jeweils fehlenden DNA-Abschnitte ergänzt.

Komponenten für einen PCR-Ansatz. Ein PCR-Ansatz muss folgende Komponenten enthalten:

- Zu vervielfältigende DNA-Probe, eng. template,
- 4 verschiedene freie **D**esoxy-**N**ucleosid-**T**ri-**P**hosphate (dATP, dTTP, dGTP, dCTP),
- 2 verschiedene Primer (Forward-Primer und Reverse-Primer),
- Taq-Polymerase,
- $MgCl_2$ oder $MgSO_4$ (Magnesiumquelle als Co-Faktor für die Taq-Polymerase),
- Reaktionspufferlösung.

Phasen der PCR: Die PCR besteht aus Zyklen sich wiederholender Schritte.

1. Denaturierung = Schmelzen. Die DNA wird auf 94 °C erhitzt. Bei dieser Temperatur brechen die Wasserstoffbrücken zwischen den Basen auf, so dass sich die Stränge vollständig voneinander trennen. Dazu sind anfangs etwa 5 min nötig, in den weiteren Zyklen dagegen nur noch etwa 30 s.
2. Annealing = Hybridisierung. Beim anschließenden Abkühlen auf 50–60 °C (engl. *anneal*, kühlen, temperieren) lagern sich die beiden Primer unter Ausbildung neuer Wasserstoffbrücken an die entsprechenden Einzelstränge komplementär an. Da dabei „gemischte" Doppelstrangabschnitte entstehen, bezeichnet man diesen Vorgang auch als Hybridisierung. Die genaue Temperatur hängt von der Länge und Zusammensetzung der Primer ab; die Dauer beträgt etwa 30 s.
3. Elongation = Polymerisation = DNA-Synthese. Danach erhöht man die Temperatur auf 72 °C, der optimalen Arbeitstemperatur der Taq-Polymerase. Das Enzym wandert den Matrizenstrang entlang und knüpft die passenden Nucleotide an das jeweilige 3'-Ende an. Dafür gibt man ihr meistens 2–5 min Zeit.

Üblicherweise wiederholt man diese Zyklen 25–30-mal.

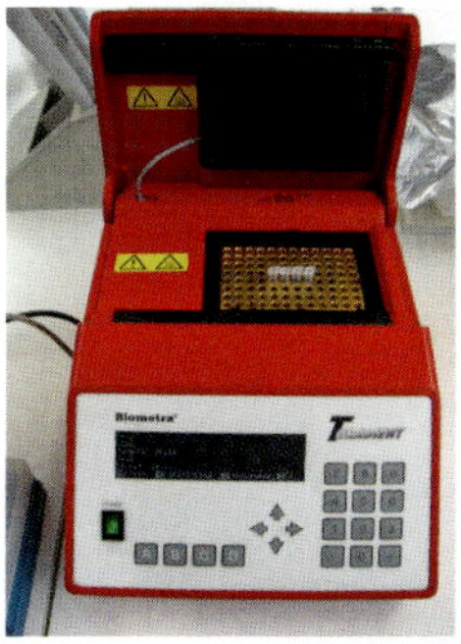
Abb. 7.9 Thermocycler

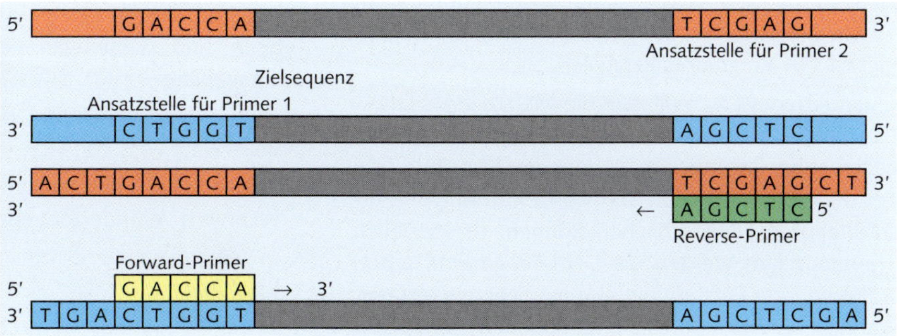

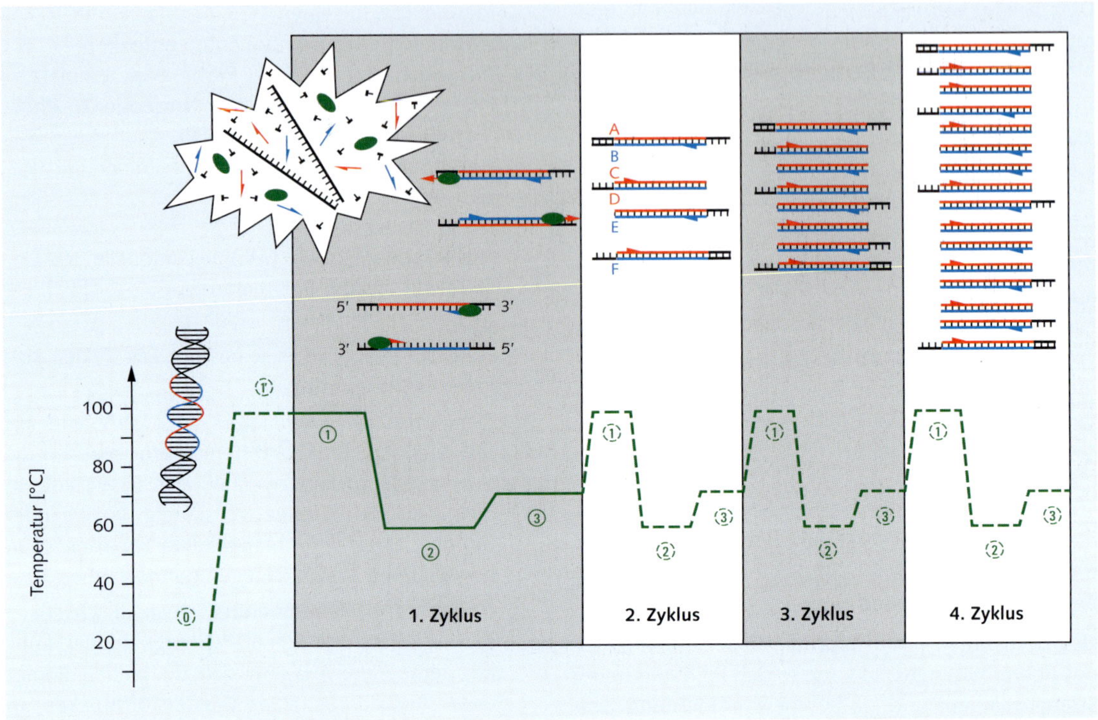

Abb. 7.10 Temperaturprofil einer PCR

Produkte der PCR. Durch die Auswahl geeigneter Primer wird die Zielsequenz bei jedem Zyklus vervielfältigt. Allerdings entstehen dabei auch längere Produkte, die in geringerem Maße ebenfalls repliziert werden. Während in den ersten Zyklen der Unterschied zwischen der Anzahl der längeren und kürzeren Produkte noch gering ist, werden in den weiteren Zyklen die kurzen endgültigen Produkte, die die Zielsequenz enthalten, in viel höherem Maße vervielfältigt als die langen, sodass deren Anzahl am Ende nahezu vernachlässigt werden kann.

Nach dem 3. Zyklus erfolgt die Vervielfältigung der Zielsequenz exponentiell. Daher lassen sich mehr als 10 Millionen Kopien des gewünschten doppelsträngigen DNA-Fragments herstellen.

Quantitative PCR. Will man die Menge eines DNA-Abschnitts, etwa eines Virus in einer Blutprobe, nachweisen, so muss man von der Konzentration des PCR-Produktes auf die Konzentration der ursprünglichen DNA schließen können. In speziellen Thermocyclern werden die DNA-Fragmente schon während ihrer Entstehung, also in „Echtzeit" erfasst, wenn sie ein messbares Signal abgeben. Daher bezeichnet man diese Methode als **Real-Time-PCR**.

Das Signal wird durch einen an die DNA gebundenen Fluoreszenzfarbstoff erzeugt. Während des Annealings binden an bestimmte Sequenzen der einzelsträngigen DNA nämlich nicht nur die beiden Primer, sondern zusätzlich kurze DNA-Abschnitte, so genannte Sonden, die mit Fluoreszenzfarbstoffen gekoppelt sind.

Anwendungen. Die Polymerase-Kettenreaktion wird nicht nur zur reinen Vervielfältigung von DNA-Abschnitten verwendet, sondern vor allem als diagnostische Methode genutzt. Durch gezielte Primerwahl lassen sich nämlich genau die DNA-Sequenzen synthetisieren, die für einen Organismus oder ein Virus typisch sind. Deswegen liegen wichtige Anwendungsgebiete

- in der medizinischen Diagnostik, beispielsweise beim Nachweis von HIV,
- in der Lebensmittelanalytik beim Nachweis gentechnisch veränderter Lebensmittel,
- in der Gerichtsmedizin zur Identifikation von Straftätern,
- in der Aufklärung verwandtschaftlicher Beziehungen, beispielsweise beim Vaterschaftstest.

7.3.2 Sequenzierung

Das Prinzip der identischen Replikation wird auch genutzt, um die genaue Nucleotidabfolge eines DNA-Abschnitts, seine **Sequenz**, zu ermitteln.

Bei der klassischen **Kettenabbruchmethode** nach Sanger geht man dabei vor wie bei einer PCR: Denaturierung, Primer-Anlagerung und Synthese werden zyklisch wiederholt. Allerdings setzt man nur *einen* Primer ein, sodass nur zu *einem* Matrizenstrang der komplementäre Strang aufgebaut werden kann. Außerdem enthält der Ansatz nicht nur normale Desoxy-Nucleosid-Triphospate (dNTPs), sondern zusätzlich in kleinen Mengen so genannte Abbruchnucleotide. In diesen ist die normale Desoxyribose durch ein Zuckermolekül ersetzt, das am dritten C-Atom keine OH-Gruppe trägt: die Didesoxyribose.

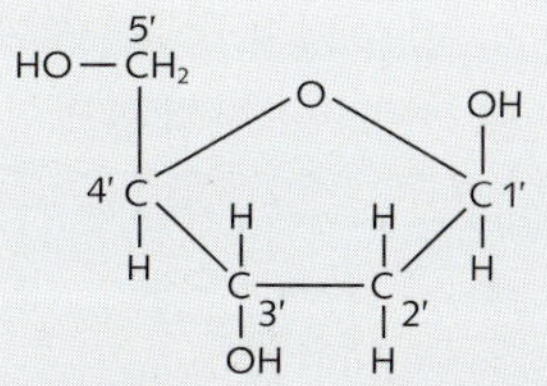

2-Desoxy-D-Ribose

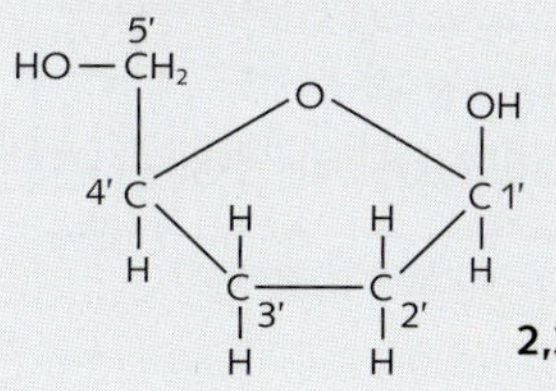

2,3-Didesoxy-D-Ribose

Wird zufällig ein Didesoxy-Nucleosid-Triphosphat (ddNTP) angelagert, so kommt die DNA-Synthese zum Erliegen, weil das C-Atom 3' nicht mit der Phosphatgruppe eines weiteren Nucleotids verknüpft werden kann. Auf diese Weise entsteht ein Gemisch von Einzelsträngen unterschiedlicher Länge, die an ihrem Ende jeweils ein Abbruchnucleotid tragen.

Um diese DNA-Fragmente zu identifizieren wurde jedes Abbruchnucleotid zuvor mit einem anderen Fluoreszenzfarbstoff markiert.

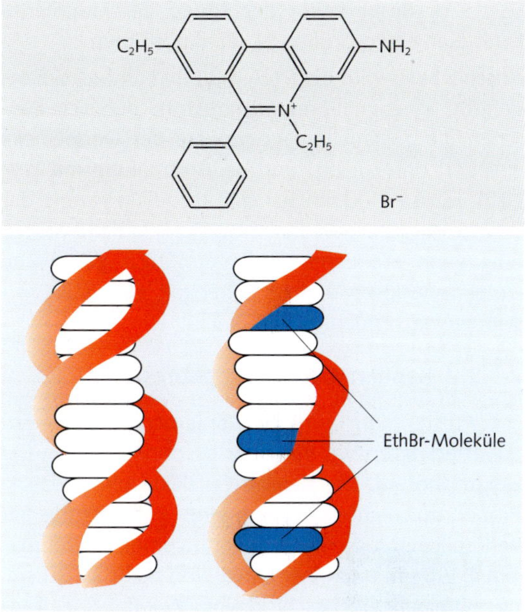

Abb. 7.11 Ethidiumbromid, oben: Strukturformel, unten: DNA-Modell ohne und mit EthBr

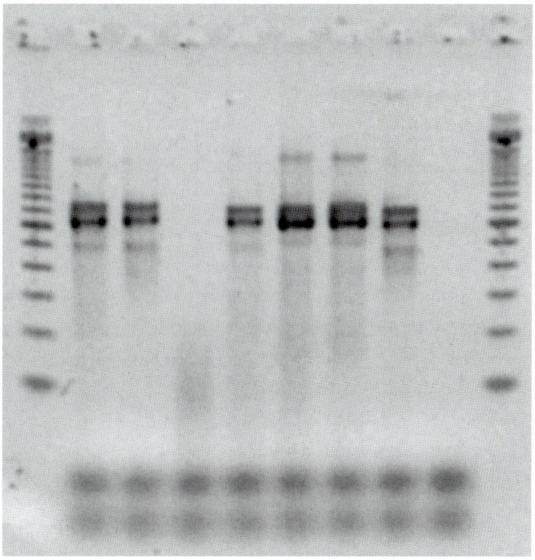

Abb. 7.12 Foto eines Gels von PCR-Produkten

7.3.3 Analyse der Produkte durch Elektrophorese

7.3.3.1 Gel-Elektrophorese

Die bei einer PCR entstandenen DNA-Fragmente lassen sich nach ihrer Größe auftrennen. Dazu verwendet man wie bei den Proteinen die Methode der Gel-Elektrophorese (▶ siehe auch 4.1.2, S. 64 und 4.4.2, S. 73). In einer Pufferlösung mit dem pH-Wert von etwa 8 liegen alle Phosphatgruppen deprotoniert vor, sodass die DNA-Moleküle entsprechend ihrer stets negativen Ladung im elektrischen Feld zur Anode wandern. Als Gelmaterial dient dabei Agarose, ein Polysaccharid aus Meeresalgen, das sich mit unterschiedlichen Porengrößen herstellen lässt. Zur Bestimmung der Länge der Fragmente kann man einen Größenstandard mitführen.

Anschließend wird die DNA mit Ethidiumbromid angefärbt, einem Fluoreszenzfarbstoff, der sich zwischen die gestapelten Basenpaare der Doppelhelix einlagert (interkaliert) und bei Bestrahlung mit UV-Licht von ca. 300 nm für eine rote Fluoreszenz der Banden sorgt. Durch die Einlagerung in die Erbsubstanz kann Ethidiumbromid vermutlich genetische Defekte auslösen und ist daher mit äußerster Vorsicht zu verwenden.

7.3.3.2 Kapillar-Gel-Elektrophorese

Die Auftrennung von DNA-Fragmenten einer Sequenzierung erfolgt mit einer besonderen Form der Elektrophorese, der Kapillar-Gelelektrophorese. Die Proben durchlaufen dabei in einer Pufferlösung feine Kapillaren mit einem Innendurchmesser von maximal 100 µm und einer Länge von mehr als 30 cm, die mit einem Gel beschickt sind. Wie bei einer konventionellen Gelelektrophorese durchwandern kurze DNA-Stränge die Trennstrecke schneller als lange.

Zur **Detektion** werden die Fluoreszenzfarbstoffe der Abbruchnucleotide durch Laserstrahlung angeregt. Der kürzeste Strang gibt das erste Signal in seiner charakteristischen Farbe. Darauf folgen die DNA-Fragmente entsprechend ihrer Kettenlänge und Farbe des Abbruchnucleotids, sodass am Ende ein mehrfarbiges Bild der Peaks entsteht. Ihre Reihenfolge entspricht der Sequenz des zum ursprünglichen DNA-Strang komplementären Produktes.

Durch Kapillarelektrophorese lassen sich die Probevolumina auf etwa 10^{-3} µL verringern und die Analysenzeiten auf 2–10 Minuten verkürzen.

Vergleicht man das erhaltene Elektropherogramm mit Datenbanken, so lassen sich bestimmte DNA-Sequenzen genau zuordnen. Auf diese Weise ist es beispielsweise möglich, genau zu bestimmen, welcher Fisch im Filet steckt oder von welchem Baum eine Holzprobe stammt.

Bei vielen Organismen – auch beim Menschen – wurde bereits das gesamte Genom sequenziert.

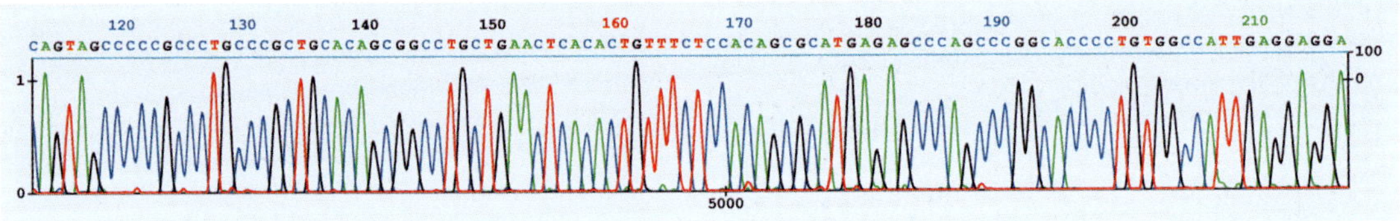

Abb. 7.13 Ausschnitt aus dem Elektropherogramm eine DNA-Sequenzierung

Biologischer Exkurs 2

Wie wird die genetische Information in Produkte umgesetzt?

Nicht alle Gene eines Organismus sind ständig aktiv. Nur wenn eine Zelle beispielsweise ein Enzym benötigt, wird die entsprechende Bauanweisung abgelesen und weitergegeben. Man spricht von **Genexpression**, weil die Information in Gestalt eines Produkts zum Ausdruck kommt (lat. *expressus*, ausgedrückt, *exprimere*, ausdrücken).

Soll in einer Zelle ein Protein hergestellt werden, so müssen nicht nur die einzelnen Aminosäuren zu den Ribosomen, den Orten der Proteinsynthese, transportiert, sondern auch die Informationen über die richtige Reihenfolge ihrer Verknüpfung übertragen werden. Deshalb wird zunächst der DNA-Doppelstrang geöffnet und an Hand der Basenfolge des betreffenden Gens ein Molekül Ribonucleinsäure aufgebaut, ein Vorgang, den man als **Transkription** bezeichnet (lat. *trans*, über; lat scribere, schreiben). Weil dieses RNA-Molekül die Erbinformation in sich trägt und damit zum Ribosom wandert, wird es **messenger-RNA**, kurz: **mRNA** genannt (engl. *messenger*, Bote).

Für den Transport der Aminosäuren ist eine andere Art von Ribonucleinsäure-Molekülen zuständig, die wegen ihrer Aufgabe **Transfer-RNA**, kurz: **tRNA**, genannt wird.

Nun steht einer Anzahl von 20 in den Proteinen vorkommenden Aminosäuren aber nur eine Zahl von vier Basen in der DNA bzw. RNA gegenüber. Um bei der Informationsübertragung jede Aminosäure durch eine Basenfolge zu verschlüsseln, ist eine Kombination von drei Basen, ein so genanntes **Basentriplett** notwendig. Der **genetische Code** (frz. *code*, Schlüssel) umfasst alle Basentripletts mit den dazugehörigen Bedeutungen.

Jedes tRNA-Molekül weist eine aus drei Basen bestehende Erkennungsstelle, das **Anticodon**, für die von ihm gebundene Aminosäure auf. Treffen nun am Ribosom die tRNA-Moleküle auf die passenden Erkennungsstellen der mRNA, die **Codons**, so werden die entsprechenden Aminosäuren zum Polypeptid verknüpft. Dieser Vorgang wird als **Translation** bezeichnet, weil dabei eine Übersetzung der Erbinformation der Nucleinsäuren in die Reihenfolge der Aminosäuren stattfindet. Der Informationsfluss erfolgt also von der DNA über die RNA zum Protein.

Bestimmte Viren aber, die als einzige Nucleinsäure RNA enthalten, können von einem Wirtsorganismus nur dann weiter vermehrt werden, wenn es ihnen gelingt, ihre Erbinformation derjenigen der Wirtszelle anzupassen. Dazu verfügen sie über ein spezielles Enzym, die **Reverse Transkriptase**, das nach der Reihenfolge der Basen der RNA ein entsprechenden komplementäres DNA-Molekül aufbaut, die **cDNA**.

7.4 Nucleinsäuren in der Diagnostik

Durch die genauere Untersuchung einzelner Nucleinsäureabschnitte kann man verwandtschaftliche Beziehungen aufklären oder Anlagen für Krankheiten herausfinden und sogar die Aktivität von Genen nachweisen. Dabei werden die gesuchten Nucleinsäure-Abschnitte durch bekannte andere identifiziert.

Grundlage all dieser diagnostischen Methoden bildet die Fähigkeit von Nucleinsäuren zur komplementären Basenpaarung. Im Prinzip geht man folgendermaßen vor:

- Denaturierung der nachzuweisenden DNA, damit sie einzelsträngig als ss-DNA vorliegt,
- Hybridisierung mit einer Sonde, d.h. mit einem zur gesuchten Sequenz komplementären, bekannten Nucleinsäuremolekül zum gemischten Doppelstrang,
- Detektion des Produktes durch vorherige Markierung mit einem radioaktiven Isotop oder einem Fluoreszenzfarbstoff.

7.4.1 Blotting-Verfahren

Die Auftrennung von Nucleinsäure-Fragmenten durch Gelelektrophorese (▶ siehe auch 7.3.3, S. 111) ergibt ein typisches Bandenmuster unzähliger Nucleinsäure-Abschnitte. Um in diesem Gemisch einzelne Sequenzen sicher zu identifizieren, muss man sie mit einer Gensonde zur Reaktion bringen. Diese Umsetzung gelingt aber nicht auf dem Gel selbst, sondern erst nach Übertragung auf eine Membran aus Nylon oder Nitrocellulose. Dieser Vorgang, bei dem ein Abdruck des Nucleinsäuremusters auf der Membran entsteht, bezeichnet man als **Blotting** (engl. *blot*, klecksen). Beim Kapillar-Blotting wird eine Nylonmembran auf das Gel gelegt. Eine Lage von Papier, die mit einem Gewicht beschwert ist, saugt eine Pufferlösung durch Gel und Membran, sodass das Nucleinsäuremuster durch Kapillarkräfte auf die Membran übertragen wird.

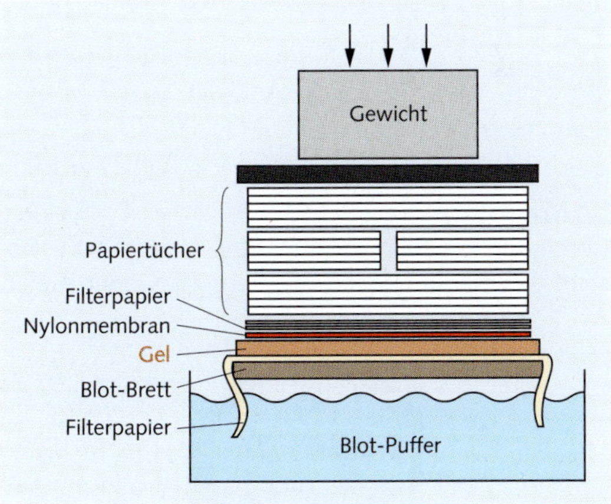

Abb. 7.14 Kapillar-Blotting

Southern Blotting. Da diese DNA-Übertragung von einem Gel auf eine Membran von E. Southern entwickelt wurde, bezeichnet man das Verfahren als Southern-Blotting. Zur weiteren Untersuchung muss die DNA zunächst noch auf dem Gel denaturiert, also in ihre Einzelstränge aufgespalten werden. Dazu legt man das Gel in eine alkalische Pufferlösung.

Northern-Blotting. Ähnliche Übertragungen von elektrophoretisch aufgetrennten Biomolekülen auf Membranen wurden analog dazu nach anderen Himmelsrichtungen benannt. So bezeichnet man den Transfer aufgetrennter RNA als Northern-Blotting. Da die RNA bereits einzelsträngig vorliegt, braucht sie nicht denaturiert zu werden. Das **Western-Blotting** oder **Immunoblotting** für Proteine wurde bereits in ▶ siehe 6.2.4, S. 99, beschrieben.

7.4.2 Hybridisierung mit Gensonden

Bei einer **Gensonde** handelt es sich um ein einzelsträngiges kürzeres Nucleinsäuremolekül, das zur Markierung mit radioaktiven Isotopen (^{32}P, ^{35}S) oder Fluoreszenzfarbstoffen umgesetzt wurde. Eine solche Sonde spürt in einem Gemisch einzelsträngiger Nucleinsäuren die komplementäre Sequenz auf und lagert sich an. Dabei bilden sich zwischen den Basen der Probe und denen der komplementären Sonde Wasserstoffbrücken aus, so dass ein gemischter Doppelstrang aus den beiden Einzelsträngen unterschiedlicher Herkunft entsteht. Dieser Vorgang wird als **Hybridisierung** bezeichnet. Man lässt die Lösung mit der Sonde auf die Probe einwirken und wäscht überschüssiges Sondenmaterial anschließend ab. Zur **Detektion** weist man dann die Radioaktivität oder Fluoreszenz des markierten Produktes nach.

7.4.3 Mikroarrays

Mit Hilfe eines **Mikroarrays** (engl. *array*, Anordnung) lassen sich Tausende von Nucleinsäureproben gleichzeitig untersuchen.

Ein Mikroarray – wegen seiner Ähnlichkeit mit einem Computerchip auch als **Gen-Chip** bezeichnet – besteht aus einem fester Träger aus Glas oder Kunststoff. Auf einem Quadrat mit einer Größe von etwa 2 cm² finden bis zu 500 000 Testfelder oder Spots (engl. Punkt) Platz, die mit einsträngigen Nucleinsäuren bestückt sind. Dabei kann es sich um synthetische Oligonucleotide oder natürliche DNA-Fragmente handeln. Sämtliche Gene einer Hefezelle lassen sich auf einem einzigen Chip unterbringen. Die auf dem Chip fixierten DNA-Fragmente dienen als Sonden für die Nucleinsäureabschnitte der Probe.

Das zu untersuchende Nucleinsäuregemisch wird mit einem Fluoreszenzfarbstoff markiert. Findet nun eine Sonde in dem Gemisch ihren komplementären Abschnitt, so kommt es zu einer Hybridisierung.

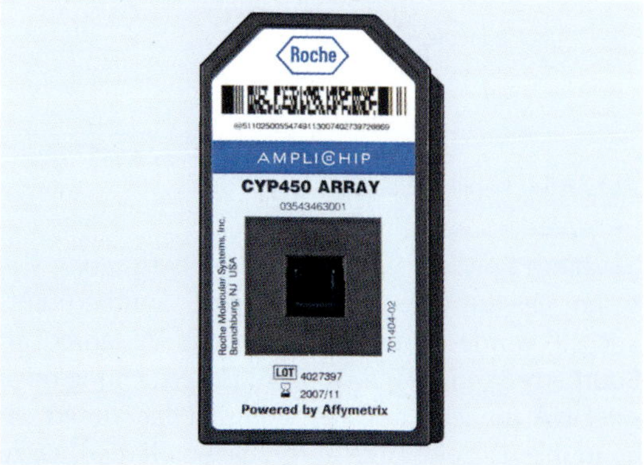

Abb. 7.15 Gen-Chip

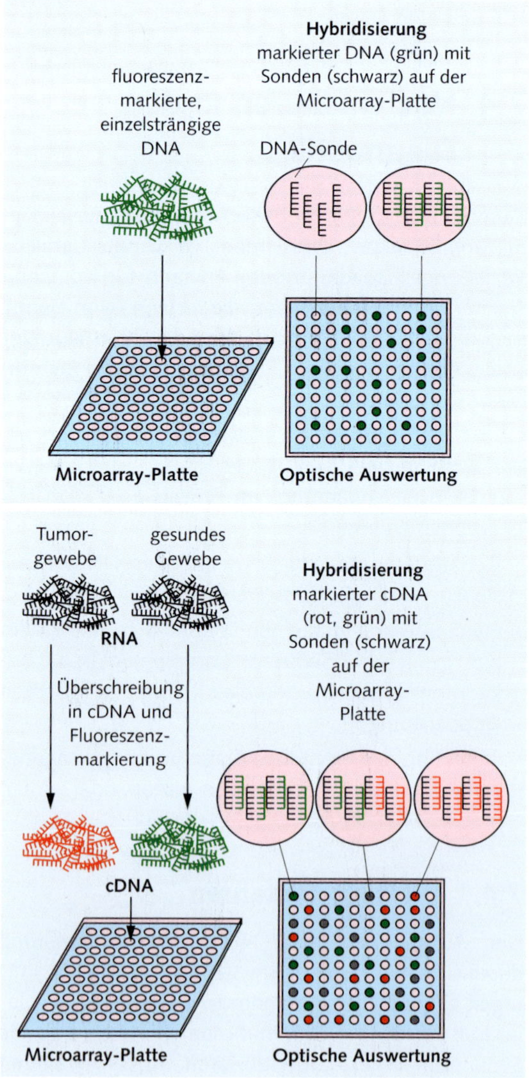

Abb. 7.16 Einsatz von Mikroarrays. Oben: Gendiagnostik, unten Genexpressionsanalyse

Anschließend wird der nicht angelagerte Rest der Probe durch Waschen entfernt und der Gen-Chip zur Detektion mit Laserlicht bestrahlt. Farbig fluoreszierende Spots verraten die gemischten Doppelstränge und lassen damit Rückschlüsse auf die in der Probe vorhandenen Nucleinsäuren zu.

Will man feststellen, ob ein bestimmtes Gen, beispielsweise für eine Erbkrankheit, in einer Zelle vorhanden ist, so wird die DNA aus diesem Gewebe isoliert. Zur Untersuchung denaturiert und markiert man sie und bringt sie auf den Gen-Chip. Hybridisiert die DNA der Probe mit der entsprechenden Sonde, so verrät die Fluoreszenz bestimmter Spots die Anwesenheit des betreffenden Gens.

Will man dagegen herausfinden, ob in einem Gewebe eine Genexpression stattfindet, ein Gen also gerade aktiv ist, so muss man die entsprechende mRNA aus dem Gewebe untersuchen. Dazu wird die kurzlebige mRNA isoliert und mit Hilfe des Enzyms Reverse Transkriptase in cDNA umgeschrieben. Auf diese Weise lässt sich die Expression eines bestimmten Gens in gesundem Gewebe und Tumorgewebe vergleichen. Markiert man die cDNA des normalen Gens beispielsweise mit einem grünen Fluoreszenzfarbstoff und die des krankhaft veränderten mit einem roten, so lässt die Farbe des Signals – rot, gelb oder grün – Rückschlüsse auf die Menge und damit auf die Aktivität des Tumorgens zu, weil die roten und die grünen Moleküle um die gleichen Bindungsplätze konkurrieren.

7.5 Gentechnische Operationen

Unter Gentechnik versteht man die in-vitro-Verknüpfung von Nucleinsäure-Molekülen zu neuen, vermehrbaren Molekülen, die Einführung solcher Moleküle in einen Empfänger-Organismus und die Vermehrung der neu kombinierten Moleküle in diesem Organismus. Streng genommen handelt es sich aber nur dann um gentechnische Arbeiten, wenn dabei **gentechnisch veränderte Organismen (GVO)** hergestellt und vermehrt werden. Tragen diese GVOs Gene anderer Arten, so werden sie als **transgene** Organismen bezeichnet. Transgene Labormäuse dienen als Versuchstiere in der medizinischen Grundlagenforschung, transgene Nutzpflanzen wie Mais oder Soja sind häufig gegen Insektenfraß oder Viruserkrankungen resistent. Die meisten gentechnischen Veränderungen werden jedoch an Mikroorganismen vorgenommen, vorzugsweise an Bakterien.

7.5.1 Schneiden und Verbinden von DNA-Molekülen

7.5.1.1 Schneiden mit Restriktionsenzymen

DNA-Moleküle können mit Hilfe von Enzymen wieder in kleinere Abschnitte zerlegt werden. Bakterien machen auf diese Weise fremde DNA, etwa von eingedrungenen Viren, unschädlich. Da die Virenvermehrung dadurch eingeschränkt wird, bezeichnet man die entsprechenden Enzyme als **Restriktionsenzyme** (lat. *restrictus*, eingeschränkt), genauer: **Restriktionsendonucleasen**. Diese hydrolysieren die Esterbindungen zwischen Phosphorsäure und Desoxyribose (▶ vgl. Abb. 7.2, S. 103) und zerschneiden damit den gesamten Doppelstrang. Dabei entstehen aber keine einzelnen Nucleotide, sondern Fragmente unterschiedlicher Länge, weil die Enzyme die DNA nur innerhalb bestimmter Basensequenzen trennen können. Diese Erkennungssequenzen bestehen aus vier bis acht Basen in einer speziellen symmetrischen Anordnung: sie lauten vorwärts und rückwärts gelesen gleich, wie auch manche Wörter unserer Sprache, beispielsweise STETS oder REGALLAGER. Solche Zeichenfolgen werden als **Palindrome** (gr. das Zurücklaufende) bezeichnet.

Erfolgt ein gerader Schnitt durch den gesamten Doppelstrang, so entstehen Fragmente mit glatten Enden (engl. blunt ends). Werden oberer und unterer Strang dagegen versetzt durchtrennt, so entstehen Bruchstücke mit überstehenden einzelsträngigen Teilen, so genannten klebrigen Enden (engl. sticky ends). Die Bezeichnung deutet darauf hin, dass diese DNA-Abschnitte leicht mit entsprechenden komplementären Enden verbunden werden können.

Die Benennung der Restriktionsenzyme richtet sich nach den Bakterien, aus denen sie isoliert wurden:

- Der erste (große) Buchstabe gibt die Gattung des Bakteriums an, z. B. *Escherichia*,

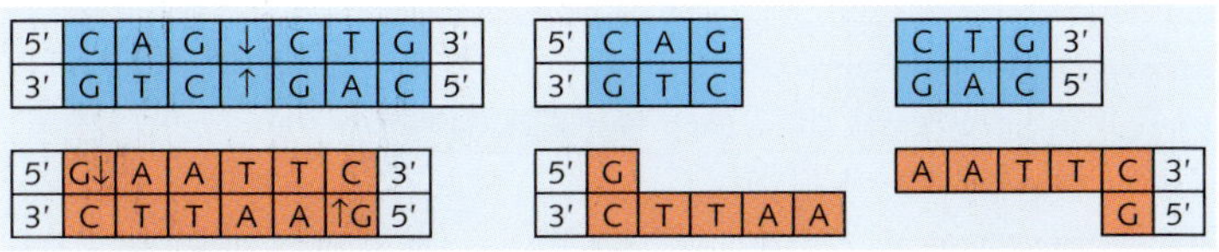

Abb. 7.17 Wirkungsweise von Restriktionsenzymen. Oben: Erzeugung glatter Enden durch *Pvu*II, unten Erzeugung klebriger Enden durch *Eco*RI.

- die beiden folgenden (kleinen) Buchstaben weisen auf seine Art hin, z. B. *coli*,
- ein weiterer großer Buchstabe kann den Stamm bezeichnen, z. B. R,
- eine römische Ziffer gibt die Reihenfolge der Entdeckung an.

Entsprechend stammt *Pvu*II aus *Proteus vulgaris*, *Hind*III aus *Haemophilus influenzae*.

7.5.1.2 Verbinden mit Ligase

Bei der DNA-Ligase (lat. *ligare*, verbinden) handelt es sich um ein Reparaturenzym, das in allen Zellen vorkommt. Entsteht nämlich in einem Einzelstrang der DNA ein Bruch oder werden defekte Nucleotide herausgeschnitten und durch neue ersetzt, so verbindet die DNA-Ligase diese zum intakten Zucker-Phosphat-Rückgrat. Dieselbe Funktion erfüllt das Enzym auch bei der Verknüpfung der klebrigen Enden verschiedener Restriktionsfragmente.

7.5.1.3 Rekombinante DNA

Schneidet man die DNA verschiedener Organismen mit demselben Restriktionsenzym, so erhält man Fragmente mit gleichen klebrigen Enden. Diese lassen sich mit DNA-Ligase zu einem künstlichen DNA-Molekül verbinden. Ein solches rekombinantes DNA-Molekül kann beispielsweise aus einem Plasmid eines Bakteriums und einem ausgewählten Gen einer eukaryotischen Zelle hergestellt werden.

7.5.2 Einführen von DNA in Bakterienzellen

7.5.2.1 Molekulare Klonierung

Zur weiteren Verwendung bringt man die rekombinante DNA in Bakterienzellen ein und lässt sie dort in möglichst reiner Form vermehren. Dabei macht man sich die kurze Generationszeit von Bakterien zunutze, denn innerhalb weniger Stunden entstehen aus einer einzigen Zelle durch fortgesetzte Teilung Millionen von identischen Nachkommen, ein **Klon** (gr. *klon*, Schössling). Da sich bei diesem Prozess das eingeschleuste DNA-Molekül ebenfalls identisch vervielfacht, spricht man von **molekularer Klonierung**.

7.5.2.2 Vektoren

In den seltensten Fällen lässt sich die DNA direkt in eine Zelle einbringen. Im Allgemeinen benötigt man dazu einen **Vektor**, also einen Träger, der den fremden Nucleinsäure-Abschnitt in eine neue Zelle einführt. Zur Übertragung von DNA auf Bakterienzellen verwendet man meistens genetische Elemente, die ohnehin in vielen Bakterienzellen vorkommen, die **Plasmide** (▶ siehe auch 1.2.2, S. 11). Dabei handelt es sich um kleine, meistens ringförmige doppelsträngige DNA-Moleküle. Plasmide können in einer großen Anzahl von Kopien in Bakterienzellen vorkommen und unabhängig von Bakterienchromosom repliziert werden. Sie tragen Gene für Merkmale, die für ein Bakterium zwar nicht lebensnotwendig, aber vorteilhaft sind, beispielsweise Resistenz gegen Antibiotika oder die Fähigkeit, ungewöhnliche Chemikalien abzubauen.

Solche Plasmide lassen sich mit besonderen Methoden aus Zellen isolieren (▶ siehe 7.2.3.1, S. 106) und mit einem Restriktionsenzym aufschneiden. In den nun geöffneten Ring kann man ein fremdes DNA-Fragment, das mit demselben Restriktionsenzym geschnitten wurde, mit DNA-Ligase einkleben: Der Vektor steht als „Genfähre" für die Übertragung dieses rekombinanten DNA-Moleküls bereit.

7.5.2.3 Transformation

Unter Transformation (lat. *transformatio*, Veränderung) versteht man die genetische Veränderung einer Zelle durch Aufnahme oder Einschleusen von DNA.

7.5.2.4 Kompetente Zellen

Da eine Bakterienzelle selten freiwillig ein fremdes Plasmid aufnimmt, muss man sie durch geeignete Maßnahmen dazu zwingen. Dies gelingt entweder mit eiskalter $CaCl_2$-Lösung und anschließendem Hitzeschock bei 42 °C oder durch Elektroporation, wobei durch kurze Stromstöße winzige Löcher in Zellwand und Zellmembran gerissen werden. Eine auf diese Weise behandelte Zelle ist **kompetent** (lat. fähig), also in der Lage, das rekombinante Plasmid aufzunehmen.

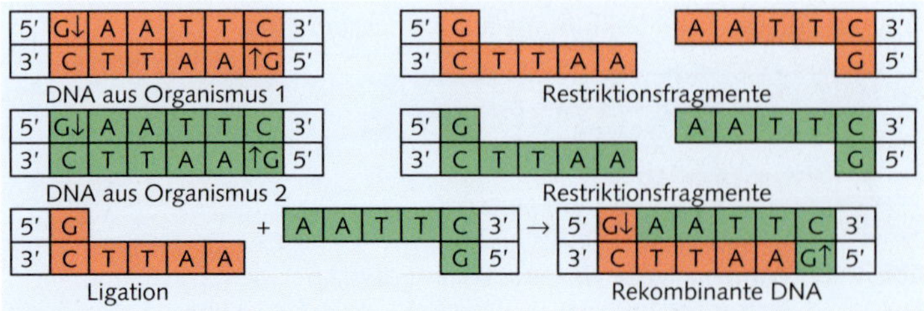

Abb. 7.18 Herstellung rekombinanter DNA.

7.5.3 Nachweis einer erfolgreichen Klonierung

Nicht jede der eingesetzten Zellen nimmt tatsächlich das rekombinante Plasmid und damit die fremde DNA auf. Plattiert man nun die entsprechend behandelte Bakteriensuspension auf einem festen Nährboden aus und inkubiert sie unter geeigneten Bedingungen (▶ siehe 2.5.1, S. 39), so wachsen aus den vermehrungsfähigen Zellen Kolonien heran, die im Prinzip alle gleich aussehen. Deswegen wird ein als Vektor verwendetes Plasmid so verändert, dass es geeignete Erkennungsgene enthält.

7.5.3.1 pUC-Plasmide

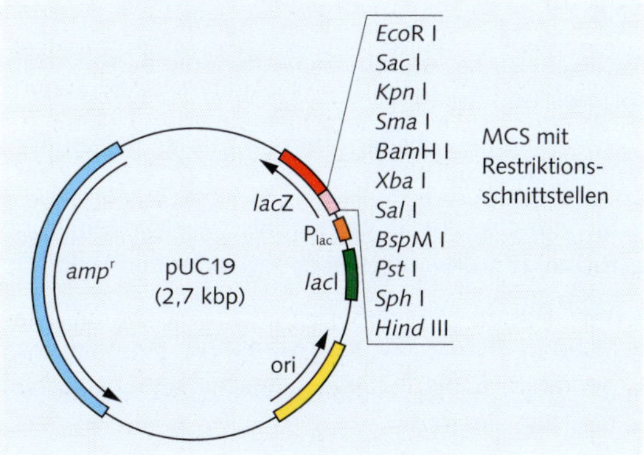

Abb. 7.19 pUC19, ein Klonierungsvector

Der Name der Plasmide leitet sich von der University of California (UC) ab, an der diese Plasmide (p) zuerst konstruiert wurden.

Das 2,7 kbp große Plasmid trägt folgende Gene:

- ori: zu seiner selbstständigen Vermehrung,
- amp^r: für seine Resistenz gegenüber dem Antibiotikum Ampicillin,
- lacI, P_{lac} und lacZ: für seine Fähigkeit, das Enzym β-Galactosidase aufzubauen.

Im vorderen Teil des lacZ-Gens liegen die Schnittstellen für viele Restriktionsenzyme. Dieser Abschnitt wird deshalb als multiple Klonierungsstelle (engl. **m**ultiple **c**loning **s**ite) MCS bezeichnet. Wird nun das Plasmid an einer dieser Stellen geöffnet und ein fremdes DNA-Fragment eingefügt, so wird das lacZ-Gen verändert. Eine Bakterienzelle, die dieses veränderte Plasmid enthält, kann keine β-Galactosidase synthetisieren und damit den Zucker Lactose nicht abbauen.

7.5.3.2 Blau-Weiß-Selektion = blue-white-screening

Da sich gefärbte und ungefärbte Kolonien gut auf einem Nährboden unterscheiden lassen, nutzt man eine Farbreaktion zur Identifizierung der Rekombinanten. Man verwendet dazu einen Universalnährboden mit einem von der Lactose abgeleiteten Kohlenhydrat X-Gal (5-Brom-4-chlor-3-indolyl-β-D-galactopyranosid), das ebenfalls von β-Galactosidase abgebaut wird, wenn ein anderer Stoff, nämlich IPTG (Isopropylthiogalactosid) anwesend ist. Bei dieser Reaktion entsteht ein dunkelblauer Farbstoff. Außerdem wird dem Nährboden das Antibiotikum Ampicillin zugesetzt. Die zur Klonierung eingesetzte Bakteriensuspension enthält drei Sorten von Bakterien:

- Bakterien, die nicht resistent gegen dieses Antibiotikum sind, denen also ein Plasmid mit dem Gen amp^r fehlt, können auf diesem Nährboden nicht wachsen.
- Bakterien, die das unveränderte Plasmid mit dem vollständigen lacZ-Gen enthalten, können β-Galactosidase synthetisieren und folglich X-Gal abbauen und bilden dadurch blau gefärbte Kolonien.
- Bakterien aber, die das rekombinante Plasmid mit dem zerstörten lacZ-Gen aufgenommen haben, sind nicht in der Lage, β-Galactosidase zu synthetisieren und X-Gal abzubauen. Folglich bilden sie auf dem Nährboden ungefärbte Kolonien.

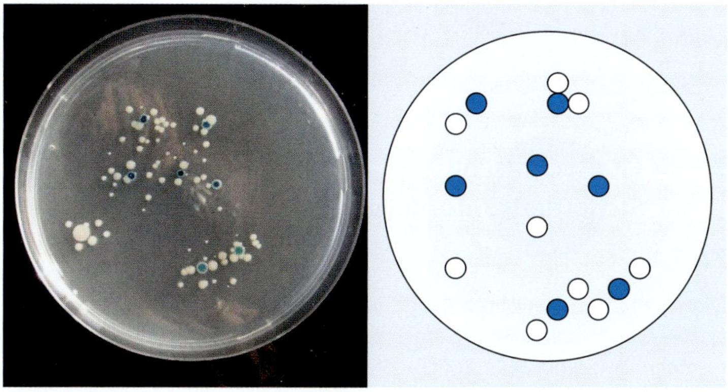

Abb. 7.20 Blau-Weiß-Selektion. Links Agarplatte mit Kolonien, rechts Zeichnung

7.5.4 Anwendungen

Die Möglichkeiten der Gentechnik haben das Spektrum biotechnologischer Verfahren (▶ siehe Kap. 3, S. 49) um viele Bereiche erweitert.

7.5.4.1 Produkte gentechnisch veränderter Bakterien

Gentechnisch veränderte Bakterien können im Prinzip alle Proteine synthetisieren, deren Gene sie tragen. Kennt man die Reihenfolge der Aminosäuren in einem Protein, so kann man über den genetischen Code auf die Reihenfolge der Basen des betreffenden Nucleinsäureabschnitts schließen und das entsprechende DNA-Fragment in eine Bakterienzelle übertragen. Handelt es sich dabei um ein eukaryotisches Gen, so muss man es mit einem prokaryotischen Regulierungssystem koppeln, damit es überhaupt zur Genexpression kommt. Erst unter einem bakterieneigenen Befehl nämlich wird das Gen aktiv und startet die Proteinsynthese. Gentechnisch veränderte Bakterien werden bereits zur Produktion von vielen Enzymen, Humaninsulin, Wachstumshormonen und manchen Impfstoffen eingesetzt (▶ siehe auch Kapitel 3, S. 49).

7.5.4.2 Gentechnisch veränderte Nutzpflanzen

Ziele der gentechnischen Veränderung von Nutzpflanzungen sind Ertragssteigerung und Resistenz gegenüber Schädlingen. So enthält gentechnisch veränderter Mais ein Bakteriengen, mit dessen Hilfe es ein Gift gegen seinen wichtigsten Fraßfeind, die Raupen eines Schmetterlings aufbaut. Sojapflanzen wurden durch ein Bakteriengen verändert, das sie widerstandsfähig gegen ein bestimmtes Unkrautvernichtungsmittel macht. Da diese gentechnischen Manipulationen den Pflanzen nicht anzusehen ist, lassen sie sich nur mit Hilfe molekularbiologischer Methoden (▶ siehe 7.3.1, S. 107) nachweisen.

7.5.5 Gentechnische Sicherheitsanforderungen

7.5.5.1 Gentechnikgesetz

Die wichtigsten Vorschriften sind im Gentechnikgesetz – GenTG, genauer: Gesetz zur Regelung der Gentechnik (Stand: 9.12.2010) geregelt.

Das Gentechnik-Gesetz wurde 1990 erlassen, um einerseits

- Leben und Gesundheit von Menschen sowie Umwelt, Tiere und Pflanzen vor nachteiligen Auswirkungen der Gentechnik zu schützen, andererseits aber
- die Erzeugung und das „In-Verkehr-Bringen" gentechnisch veränderter Produkte unter kontrollierten Bedingungen zu ermöglichen.

Gentechnisch veränderte Organismen im Sinne dieses Gesetzes sind Zellen oder Viren, deren genetisches Material so verändert wurde, wie es unter natürlichen Bedingungen nicht möglich ist.

Bei der Durchführung gentechnischer Arbeiten muss das Risiko richtig eingeschätzt und nach dem aktuellen Stand von Wissenschaft und Technik minimiert werden. Deshalb muss nicht nur ein verantwortlicher Projektleiter bestellt werden, sondern auch Beauftragte für Biologische Sicherheit, die diesen kontrollieren und beraten.

Gentechnische Arbeiten werden in vier Sicherheitsstufen eingeteilt:

- Sicherheitsstufe 1: gentechnische Arbeiten ohne Risiko für die menschliche Gesundheit und die Umwelt
- Sicherheitsstufe 2: gentechnische Arbeiten mit geringem Risiko für die menschliche Gesundheit oder die Umwelt
- Sicherheitsstufe 3: gentechnische Arbeiten mit einem mäßigen Risiko für die menschliche Gesundheit oder die Umwelt
- Sicherheitsstufe 4: gentechnische Arbeiten mit einem hohen Risiko oder dem begründeten Verdacht eines solchen Risikos für die menschliche Gesundheit oder die Umwelt.

Die Zuordnung erfolgt anhand des Risikopotenzials der gentechnischen Arbeit, das wiederum durch die Eigenschaften der Empfänger- und Spenderorganismen, der Vektoren sowie des gentechnisch veränderten Organismus bestimmt wird.

Spender- und Empfängerorganismen werden dabei nach denselben Kriterien beurteilt, wie sie zur Einschätzung des Risikos in mikrobiologischen Laboratorien vorgenommen werden (▶ siehe 2.6, S. 46). Deswegen wird für gentechnische Operationen gern das Bakterium *E.coli* K12 der Klasse L1 eingesetzt. Dieser Laborstamm trägt keine pathogenen Merkmale und kann außerhalb des Labors nicht überleben.

Vektoren müssen wie das Plasmid pUC 19 in ihrer Nucleinsäuresequenz bekannt und so beschaffen sein, dass sie nicht selbstständig von Zelle zu Zelle übertragen werden können.

Der gentechnisch veränderte Organismus darf für Mensch und Umwelt nicht schädlich sein und muss sich nachweisen lassen.

7.5.5.2 Weitere Vorschriften

- Biostoffverordnung – BioStoffV, genauer: Verordnung über Sicherheit und Gesundheitsschutz bei Tätigkeiten mit biologischen Arbeitsstoffen vom 27.01.1999, Stand: 18.12.2008
- GenTSV – Gentechnik-Sicherheitsverordnung, genauer: Verordnung über die Sicherheitsstufen und Sicherheitsmaßnahmen bei gentechnischen Arbeiten in gentechnischen Anlagen vom 14.3.1995, Stand: 18.12.2008

Die Berufsgenossenschaft der chemischen Industrie gibt eigene **Unfallverhütungsvorschriften** heraus, u. a. eine Reihe von Merkblättern zur sicheren Biotechnologie (z. B. B 002 Laboratorien), die die Arbeit in biologischen Laboratorien auf Grund der oben angegebenen und weiteren rechtlichen Vorschriften regeln.

7.6 Aufgaben

1. Konstruieren Sie die Strukturformel eines Nucleosidtriphosphats aus Adenin, Ribose und Phosphorsäure.

2. Zur Präparation und Aufreinigung von DNA aus Bakterienzellen sind diverse Schritte nötig.

Geben Sie an, wozu die folgenden Stoffe dabei dienen:

a) Detergens, z. B. SDS,

b) Phenol/Chloroform,

c) Ribonuclease,

d) eiskaltes Ethanol/NaCl.

3. Aus einer Kultur wurde die DNA eines Plasmids isoliert und in einem Volumen von 50 µL resuspendiert. 20 µL der gereinigten DNA wurden zu 1000 µL dest. Wasser verdünnt. Danach wurde die Extinktion der verdünnten Probe bei 260 und 280 nm gemessen.

Folgende Werte wurden erhalten:

$A_{260} = 0{,}550$ $A_{280} = 0{,}305$

a) Berechnen Sie die DNA-Konzentration in 50 µL-Plasmidpräparation.

b) Berechnen Sie die insgesamt isolierte DNA-Menge.

c) Berechnen Sie das Verhältnis der Extinktionen und machen Sie eine begründete Aussage über die Reinheit der DNA.

4. Zur identischen Vervielfältigung wird ein DNA-Abschnitt einer PCR unterworfen.

a) Erklären Sie, warum zum Schmelzen eines DNA-Fragments mit einem hohen Gehalt an Guanin und Cytosin eine höhere Temperatur erforderlich ist als für ein Fragment mit viel Adenin und Thymin.

b) Geben sie mit Begründung an, welcher der beiden Stränge eines DNA-Fragments vervielfältigt wird, wenn nur der Reverse-Primer zur Verfügung steht.

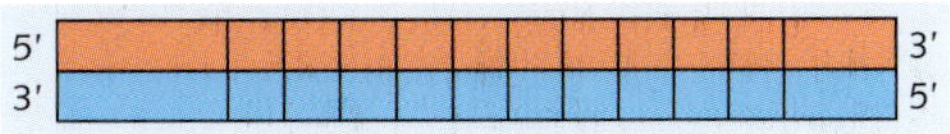

5. Bei der Sequenzierung einer DNA-Probe wurde der folgende Ausschnitt eines Kapillarelektropherogramms erhalten. Geben Sie die Basenfolge des ursprünglichen DNA-Stranges an. (Bedeutung der Farben: rot: Thymin, blau: Cytosin, schwarz: Guanin, grün: Adenin).

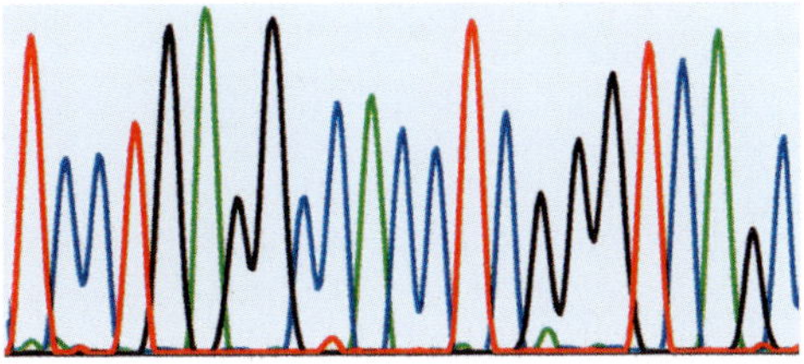

6. Geben Sie die Funktion der folgenden in der Molekularbiologie verwendeten Enzyme an:

a) DNA-Polymerase,

b) Restriktionsenzyme,

c) DNA-Ligase,

d) Reverse Transkriptase.

7. Ein 240 bp langer DNA-Abschnitt wird mit zwei verschiedenen Restriktionsenzymen verdaut.

Die beiden Restriktionsenzyme weisen folgende Erkennungssequenzen auf:
*Pvu*II: 5'CAG↓CTG3'   *Sma*I: 5'CCC↓GGG3'

a) Kennzeichnen Sie in dem abgebildeten Doppelstrang alle Erkennungssequenzen.

b) Geben Sie die Anzahl und die Länge der Fragmente an, die bei Spaltung mit *Pvu*II bzw. *Sma*I entstehen.

c) Zeichnen sie das Bandenmuster einer Gel-Elektrophorese aller Fragmente.

TTCCGAATTG ATGCCCGGGT AAACTACTAT
GTGTTGTGCA CTAATGTTTC AGCTGAAACC
TGGCCATAGG CTACTATTAG
AAGGCTTAAC TACGGGCCCA TTTGATGATA
CACAACACGT GATTACAAAG TCGACTTTGG
ACCGGTATCC GATGATAATC

TATTATCTCT GGGAAACGAG CTCTCGGCCC
GGGGATTAAT GTCAAAGTCT GAAATTCCCA
ATCATCATCC TGGGAGGGTG
ATAATAGAGA CCCTTTGCTC GAGAGCCGGG
CCCCTAATTA CAGTTTCAGA CTTTAAGGGT
TAGTAGTAGG ACCCTCCCAC

CAGCTGAGAG AAGGCCATGA CCACACTCTA
TGTGAAAAGT GAGCAGCACC CGGGTCTTTC
ATATGGGCC AGAGCCCTTTA
GTCGACTCTC TTCCGGTACT GGTGTGAGAT
ACACTTTTCA CTCGTCGTGG GCCCAGAAAG
TATACCCGG TCTCGGGAAAT

8) Erläutern Sie das Prinzip der Übertragung eines Stücks DNA eines Spenderorganismus in eine Bakterienzelle in mehreren Schritten.

8 Durchführung zellkulturtechnischer Arbeiten

Unter **Zellkulturen** versteht man die Haltung von menschlichen, tierischen und pflanzlichen Zellen unter sterilen Bedingungen in einem künstlich geschaffenen Milieu außerhalb des Organismus (**in vitro**). **Zell- und Gewebekulturen** werden in der Grundlagenforschung eingesetzt, finden aber auch bei der Lösung medizinischer und technischer Probleme breite Anwendung.

Menschliche bzw. tierische Zell- und Gewebekulturen werden in der medizinischen und biologischen Forschung, z. B. in pharmakologischen und toxikologischen Prüfverfahren verwendet. Sie dienen auch zur Gewinnung von Haut und Knorpel für Transplantationen oder werden zur Produktion von Proteinen eingesetzt.

Pflanzliche Zell- und Gewebekulturen haben als Möglichkeiten der vegetativen Massenvermehrung von ganzen Pflanzen aus einzelnen Zellen in der Produktion von Topfpflanzen und Schnittblumen eine große wirtschaftliche Bedeutung.

8.1 Besonderheiten eukaryotischer Zellen

Im Gegensatz zu Bakterienzellen lassen sich Zellen von Pflanzen und Tieren deutlich schwerer im Labor kultivieren. Das liegt nicht nur daran, dass Wachstum und Vermehrung durch den komplizierteren Aufbau eukaryotischer Zellen (▶ siehe auch 1.2.1, S. 10) deutlich länger dauern als bei prokaryotischen Zellen, sondern auch am komplexen Zusammenspiel der Zellen von Eukaryoten. Eine einzelne Zelle ist zwar die kleinste Organisationseinheit eines Tieres oder einer Pflanze und trägt damit alle Kennzeichen des Lebens, aber die Zellen eines Organismus haben sich so weit spezialisiert, dass sie aufeinander angewiesen sind, um überleben zu können. Bis auf wenige Ausnahmen sind sie miteinander zu einem festen Gewebe verbunden, aus dem sie sich normalerweise nicht lösen lassen.

8.1.1 Zellkern und Chromosomen

8.1.1.1 Chromosomensatz

Während bei den Bakterien die DNA frei im Cytoplasma liegt, ist bei eukaryotischen Zellen fast die gesamte DNA im abgeschlossenen Zellkern lokalisiert. Dort verteilt sich die Erbsubstanz auf eine bestimmte Anzahl von Chromosomen, die für jeden Organismus charakteristisch ist. Dass die Chromosomenzahl weder mit der Entwicklungsstufe eines Organismus noch mit seiner Einordnung als Pflanze, Tier oder Mikroorganismus zusammenhängt, zeigt die folgende Tabelle.

Organismus	Chromosomenzahl	Organismus	Chromosomenzahl
Drosophila	8	Erbse	14
Maus	40	Weizen	42
Huhn	78	Farnarten	630
Mensch	46	Bäckerhefe	32

Tab. 8.1 Chromosomenzahl (diploider Satz) ausgewählter Organismen

Organismen mit sexueller Fortpflanzung bilden Geschlechtszellen, die in ihrem einfachen oder **haploiden** Chromosomensatz n sämtliche Erbinformationen enthalten. Kommt es zur Befruchtung und damit zur Verschmelzung einer weiblichen und einer männlichen Keimzelle, so entsteht ein neuer Organismus mit einem doppelten oder **diploiden** Chromosomensatz 2 n. Jeweils ein Chromosomenpaar enthält die Erbanlagen für dasselbe Merkmal, da sie ursprünglich aus dem mütterlichen oder väterlichen Organismus stammen. Eine Ausnahme bilden die Geschlechtschromosomen, da der weibliche Organismus zwei X-Chromosomen aufweist, der männliche dagegen ein X- und ein Y-Chromosom.

8.1.1.2 Feinbau der Chromosomen

Durch Anfärben kann man Chromosomen (gr. *chroma* Farbe) sichtbar machen und mit dem Lichtmikroskop betrachten. In der Metaphase der Mitose (▶ siehe S. 122) sind sie etwa 10 µm lang und haben eine X-förmige Gestalt. Die beiden Spalthälften, auch **Chromatiden** genannt, werden an einer Stelle, dem **Centromer**, zusammengehalten. Man spricht in diesem Fall von Zwei-Chromatid-Chromosomen.

Um ein DNA-Molekül von einigen cm Länge auf 10 µm zu verkürzen, ist es perlschnurartig auf Proteinkugeln, den **Histonen**, aufgewickelt, wie man mit Hilfe des Elektronenmikroskops darstellen kann.

8.1.2 Wachstum und Zellteilung

Ein vielzelliger Organismus wächst heran, indem sich seine Zellen teilen. Um dabei eine gleiche Ausstattung der beiden Tochterzellen mit allen Zellbestandteilen zu gewährleisten, muss vor der eigentlichen Teilung die DNA identisch verdoppelt werden.

Bevor sich eine Körperzelle teilen kann, muss sie genügend Material aufbauen und zu einer ausreichenden Größe heranwachsen. Im Zellzyklus wechseln daher regelmäßig Phasen von Teilung und Wachstum einander ab.

Während man die Stadien der **Mitose** (gr. *mitos* Faden), in der die Chromosomen verteilt werden, mit dem Lichtmikroskop sichtbar machen kann, entziehen sich die Vorgänge auf molekularer Ebene dem Auge des Betrachters.

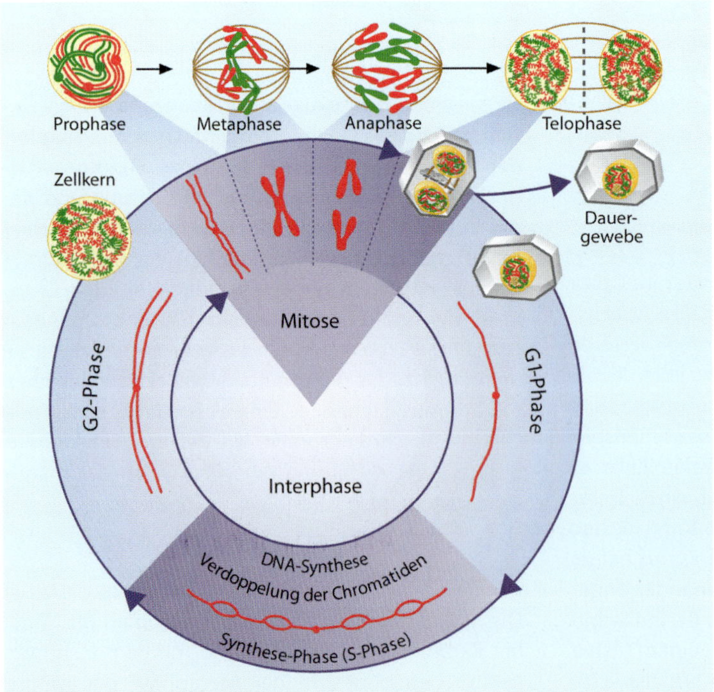

Abb. 8.1 Phasen des Zellzyklus

Aber gerade in dieser Phase, der **Interphase**, geschieht die Synthese des wichtigen Erbmaterials:

- In der G_1-Phase (engl. *gap* Lücke) erfolgt der Aufbau von Organellen und Cytoplasma.
- In der S-Phase wird die DNA identisch verdoppelt (▶ siehe Kap. 7.3.1.1, S. 107).
- In der G_2-Phase bereitet sich die Zelle auf ihre Teilung vor.

An den Phasenübergängen finden zelleigene Qualitätsprüfungen statt. So darf eine Zelle erst dann in die Synthesephase eintreten, wenn sie eine ausreichende Größe erreicht hat. Diesen ersten Kontrollpunkt bezeichnet man als Restriktionspunkt. Ob die DNA-Verdopplung erfolgreich verlaufen ist, wird an einem zweiten Kontrollpunkt überprüft. Die dritte Kontrolle findet am Ende der G_2-Phase statt. Auf diese Weise wird gewährleistet, dass sich nur intakte Zellen vermehren. Schadhafte Zellen werden durch ein „Selbstmordprogramm" (Apoptose, ▶ siehe S. 123) zerstört.

Für die eigentliche Teilung werden die Chromosomen in ihre Transportform gebracht, d. h. sie verkürzen und verdicken sich. Blockiert man den Ablauf der Teilung durch ein Zellteilungsgift, so kann man mit einem Lichtmikroskop verschiedene Stadien der Chromosomenanordnung erkennen:

- Prophase: Die Chromosomen werden als Fäden sichtbar, und die Kernhülle löst sich auf.
- Metaphase: Durch die Zelle spannen sich von Pol zu Pol Proteinfasern, deren Gesamtheit man als Spindelapparat bezeichnet. Die Zwei-Chromatid-Chromosomen ordnen sich in der Zellmitte, der so genannten Äquatorialebene, an.
- Anaphase: Die Chromosomen werden in ihre beiden Chromatiden geteilt und diese von den Spindelfasern jeweils zu den entgegengesetzten Zellpolen gezogen.
- Telophase: Die jetzt als Ein-Chromatid-Chromosomen bezeichneten Chromatiden haben sich an den Zellpolen gesammelt. Um jeden der so entstandenen Tochterkerne bildet sich eine neue Kernhülle aus.

Später werden neue Zellmembranen aufgebaut. Von der Gesamtdauer eines Zellzyklus von knapp einem Tag nimmt die Interphase 90 % in Anspruch, die Mitose dagegen nur 10 %.

Zellen des Dauergewebes verlassen nach der Mitose den Zellzyklus und verrichten ihre Aufgaben noch eine Weile ohne weitere Teilungen. Dieser Zustand wird als G_0-Phase bezeichnet.

Erst nach einer Zeit von 20–24 Stunden sind aus einer eukaryotischen Zelle zwei neue entstanden, die in den Geweben und Organen des betreffenden Organismus verbleiben. In diesem Zeitraum haben Bakterien schon mehrere Billionen von Nachkommen erzeugt.

8.1.3 Alter und Tod von Zellen

Mit zunehmender Lebenszeit eines Organismus durchlaufen seine Zellen Alterungsprozesse, bevor sie schließlich absterben. Man spricht in diesem Falle von zellulärer **Seneszenz**. Während die sich ständig erneuernden Zellen der Schleimhaut des Dünndarms jung absterben, stellen die Knochenzellen gewissermaßen die Senioren unter den menschlichen Zellen dar. Wie oft sich eine Zelle teilen kann, hängt weitgehend von ihrer genetischen Ausstattung ab.

Der Organismus verfügt über ein genetisches Programm, um sich nicht mehr benötigter oder schadhafter Zellen zu entledigen. Beispielsweise können sich Finger und Zehen in der menschlichen Embryonalentwicklung nur dann ausbilden, wenn die Zellen der Schwimmhäute in der „Amphibienphase" abgebaut werden. Wird an einem der Kontrollpunkte des Zellzyklus ein Defekt an der DNA festgestellt, so läuft ebenfalls das genetische „Selbstmordprogramm" ab. Dieser programmierte Zelltod wird als **Apoptose** bezeichnet (gr. *apoptos* unsichtbar). Zellen werden auch dann zur Apoptose veranlasst, wenn sie den Kontakt zu den Nachbarzellen eines Gewebes verlieren, wenn ihnen wichtige Wachstumsfaktoren fehlen oder zellschädigende Stoffe von außen zugeführt werden.

Verlieren Zellen ihre Fähigkeit zur Apoptose, so können sie sich unkontrolliert und ungebremst teilen und auf diese Weise zu bösartigen Tumoren heranwachsen: es entsteht Krebs.

Eine andere Art des Zelltodes findet statt, wenn Zellen in einem Gewebe durch äußere Einflüsse verletzt werden, etwa durch einen Schnitt, UV-Strahlen oder bestimmte Chemikalien. In diesem Fall spricht man von einer **Nekrose** (gr. *nekros* tot).

Einige wichtige Unterschiede zwischen Apoptose und Nekrose sind in der ▶ Tabelle 8.3 zusammengestellt.

8.2 Differenzierung von Zellen und Typen von Geweben

Direkt aus einer Teilung hervorgegangene Zellen haben noch die Möglichkeit, nahezu jede Funktion im vielzelligen Organismus wahrzunehmen. Im All-

Gewebe bzw. Organ	durchschnittliche Lebensdauer	Gewebe bzw. Organ	durchschnittliche Lebensdauer
Dünndarm (Epithel)	1–2 Tage	Hautepidermis	19 Tage
Erythrozyten	120 Tage	Leber (Drüsenepithel)	222 Tage
Lymphocyten	5 Tage bis Jahre	Knochenzellen	25–30 Jahre
Nervenzellen	keine Erneuerung	Eizellen	keine Erneuerung

Tab. 8.2 Lebensdauer einiger menschlicher Zellen im Organismus

Merkmal	Apoptose	Nekrose
Steuerung	genetische Kontrolle	keine genetische Kontrolle
Entzündungsreaktion	keine Entzündung	Entzündung
Zellgröße	Zellschrumpfung	Zellaufquellung
Membranschädigung	keine Schädigung	Schädigung
DNA-Fragmente	definierte Länge	zufällige Länge
Vernichtung der Zellen	interzelluläres Material wird in Vesikel verpackt und von Fresszellen verdaut	Zellinhalt tritt aus, Fresszellen vernichten die Zellreste

Tab. 8.3 Unterschiede zwischen Apoptose und Nekrose

gemeinen sind ihre späteren Aufgaben jedoch bereits vorausbestimmt. Gemäß ihrer festgelegten Entwicklungsrichtung oder **Determination** bauen beispielsweise junge Pflanzenzellen, die in Laubblättern Fotosynthese betreiben, vermehrt Chloroplasten auf. Junge tierische Muskelzellen wachsen zu einer lang gestreckten Form heran und bilden besonders viele Mitochondrien für die Zellatmung. Diese funktionsspezifische Auseinanderentwicklung und Spezialisierung von Zellen bezeichnet man als **Differenzierung**. Differenzierte Zellen haben ihre Teilungsfähigkeit in vielen Fällen weitgehend verloren. Schließen sich viele solcher ausdifferenzierten Zellen zusammen, um im Organismus gemeinsam eine Aufgabe zu erfüllen, so spricht man von einem **Dauergewebe**. Teilungsfähige Zellen findet man dagegen in einem **Bildungsgewebe**.

Unter einem **Gewebe** versteht man einen Verband von Zellen gleicher oder ähnlicher Gestalt und Funktion.

8.2.1 Gewebe tierischer Organismen

Im Allgemeinen unterscheidet man bei tierischen Geweben vier große Gruppen:

- Epithelgewebe: Das ein- oder mehrschichtige Gewebe überzieht die gesamte Körperoberfläche und kleidet alle inneren Hohlräume aus.
- Binde- und Stützgewebe: Knochen, Knorpel und Sehnen, aber auch Fettgewebe und selbst Blut als „flüssiges Gewebe“ bilden die Untergruppen dieses vielgestaltigen Gewebetyps, der neben Zellen auch Proteinfasern enthalten kann.
- Muskelgewebe: Seine langen faserförmigen Zellen können sich zur Wahrnehmung ihrer Funktion zusammenziehen oder entspannen.
- Nervengewebe: Zur Reizaufnahme und Signalübertragung bilden sich lang ausgestreckte Zellfortsätze an den hochspezialisierten Zellen dieses Gewebes.

Die Zellen tierischer Gewebe sind über eine Art Kittsubtanz, die **extrazelluläre Matrix**, miteinander verbunden. Diese besteht

- aus einer Grundsubstanz mit Hyaluronsäure und Proteoglykanen und
- aus Faserproteinen wie Kollagen und Elastin, Fibronectin und Laminin.

Hyaluronsäure ist ein modifiziertes Polysaccharid mit vielen Carboxylgruppen, Proteoglykane sind abgewandelte Proteine mit zahlreichen positiven und negativen Ladungen. Dadurch können die beiden Stoffe in hohem Maße Wasser binden. Das Protein Kollagen bildet Faserbündel aus, die dem Gewebe Festigkeit verleihen, Elastin dagegen bildet eher Netze mit hoher Dehnbarkeit. Die beiden Proteine Fibronectin und Laminin bewirken die Anheftung der extrazellulären Matrix an die Zelloberfläche.

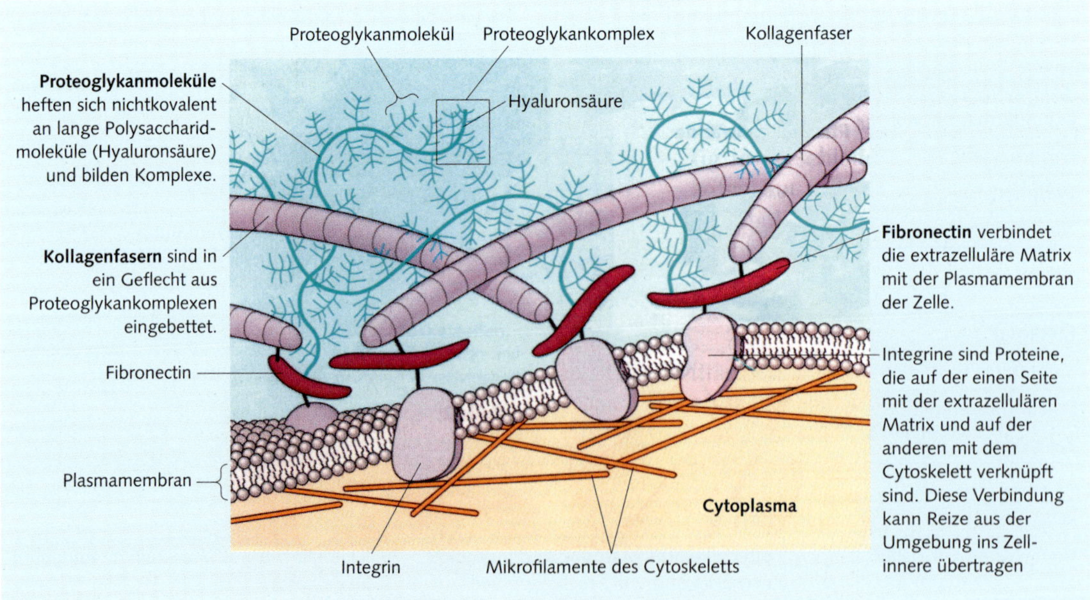

Abb. 8.2 Extrazelluläre Matrix einer tierischen Zelle

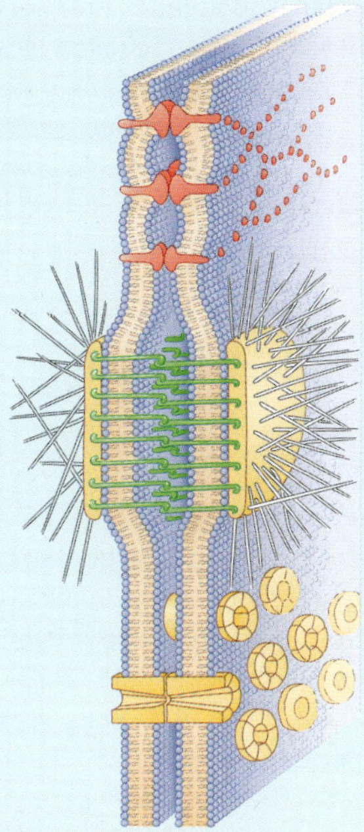

Abb. 8.3 Zellverbindungen

Untereinander sind tierische Zellen durch drei Verbindungstypen verknüpft, die gleichzeitig in unterschiedlichem Maß zum Stoffaustausch beitragen.

Die meisten ausdifferenzierten tierischen Zellen haben ihre Teilungsfähigkeit verloren. Allerdings weisen viele Gewebe einige Zellen auf, die zum Ersatz ausgedienter Zellen neue Zellen desselben Gewebes (Gewebeerneuerung) hervorbringen können. Man bezeichnet sie als adulte Stammzellen. Im Gegensatz dazu können embryonale Stammzellen, d. h. Zellen aus den frühesten Entwicklungsstadien eines Organismus ein vollständiges neues Lebewesen hervorbringen und gelten daher als **totipotent** (lat. *totus* alles, *potens* fähig).

8.2.2 Gewebe pflanzlicher Organismen

Beschränkt man sich auf die Blütenpflanzen, so lassen sich die pflanzlichen Gewebe drei großen Gruppen zuordnen: Abschlussgeweben, Leitgeweben und Grundgeweben.

- Abschlussgewebe: Das Deckgewebe besteht aus einer einzigen Zellschicht und überzieht damit Wurzel, Sprossachse und Blätter einer jungen Pflanze. Der oberirdische Teil wird als Epidermis bezeichnet.

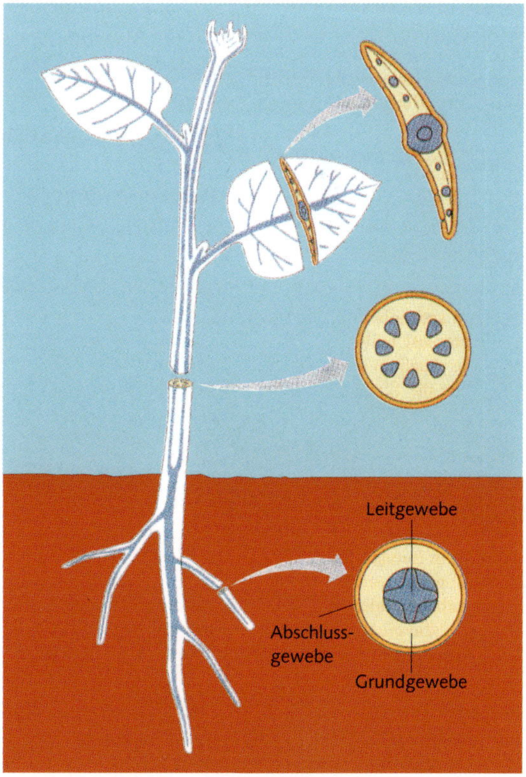

Abb. 8.4 Schema einer Blütenpflanze mit ihren drei Gewebesystemen. Abschlussgewebe orange, Leitgewebe blau, Grundgewebe gelb

- Leitgewebe: Eine Vielzahl unterschiedlicher Zellen arbeitet zusammen, um Sprossachse und Blätter mit Wasser und Mineralstoffen aus dem Boden zu versorgen und der Wurzel die in den oberirdischen Pflanzenteilen synthetisierten Nährstoffe zuzuführen.
- Grundgewebe: In den Zellen des Grundgewebes läuft praktisch der gesamte Stoffwechsel ab. Man unterscheidet dabei dünnwandige flexible Teile von solchen, die auf Grund dickerer Zellwände überwiegend Stützfunktion ausüben.

In jedem Gewebe liegen die einzelnen Zellen mehr oder weniger dicht aneinander und sind durch Zellwände voneinander abgegrenzt. Auf die Zellmembran aus Proteinen und Lipiden lagert eine Zelle nach innen mehrere Schichten zunehmenden Cellulosegehaltes und Vernetzungsgrades auf. Die einzelnen Zellen werden durch eine Schicht aus Pektin, die Mittellamelle, miteinander verbunden.

Um durch diese Schichten hindurch trotzdem einen Stoffaustausch zu ermöglichen, weisen die Zellwände zahlreiche Aussparungen, die Tüpfel, auf. Durch diese ziehen sich dünne Plasmafäden, die **Plasmodesmen**, durch die Teile des ER, Wasser und gelöste Moleküle von Zelle zu Zelle gelangen können.

Ausdifferenzierte Zellen mit starren Zellwänden haben ihre Teilungsfähigkeit verloren. Da aber eine Pflanze während ihres gesamten Lebens wächst, findet sich in den Wachstumsregionen, vor allem an den Spitzen von Spross und Wurzeln, embryonales Gewebe, das **Meristem**. Meristematische Zellen sind nicht spezialisiert und daher in der Lage, eine vollständige neue Pflanze hervorzubringen. Man bezeichnet sie auch als **totipotent**.

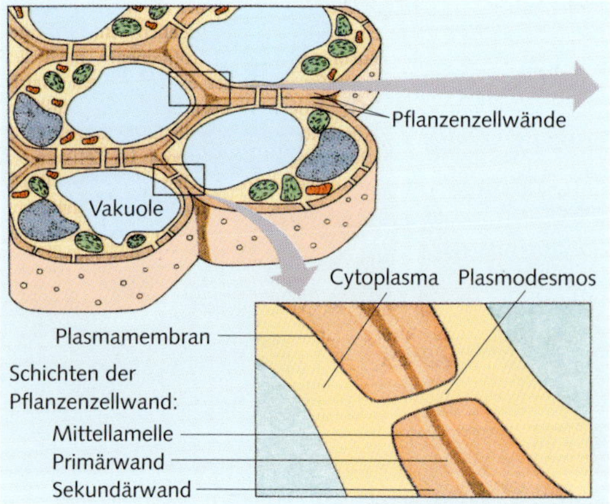

Abb. 8.5 Schichten der pflanzlichen Zellwand mit Plasmodesmen

Wird eine Pflanze verletzt, etwa durch Anschneiden eines Zweiges, so bildet sich an der Schnittstelle eine Masse noch undifferenzierter, teilungsfähiger Zellen, der **Kallus**. Bringt man solche Kalluszellen in ein geeignetes Nährmedium, so kann daraus eine vollständige neue Pflanze entstehen (▶ siehe 8.5 pflanzliche Zellkulturen, S. 137).

8.3 Haltung tierischer Zellen im Labor

Die im Labor kultivierten Zellen weisen oft nur noch eine geringe Ähnlichkeit zu dem Gewebe auf, aus dem sie stammen. Während in einem Gewebe meistens mehrere Zellarten zu einem funktionsfähigen Ganzen zusammentreten, arbeitet die Zellkulturtechnik mit reinen Zellen einer Art. Beispielsweise enthält die Leber außer den eigentlichen Hepatocyten noch Bindegewebszellen, Kupffer-Zellen und andere Bestandteile. Eine reine Hepatocytenkultur weist nur Zellen dieser Art auf.

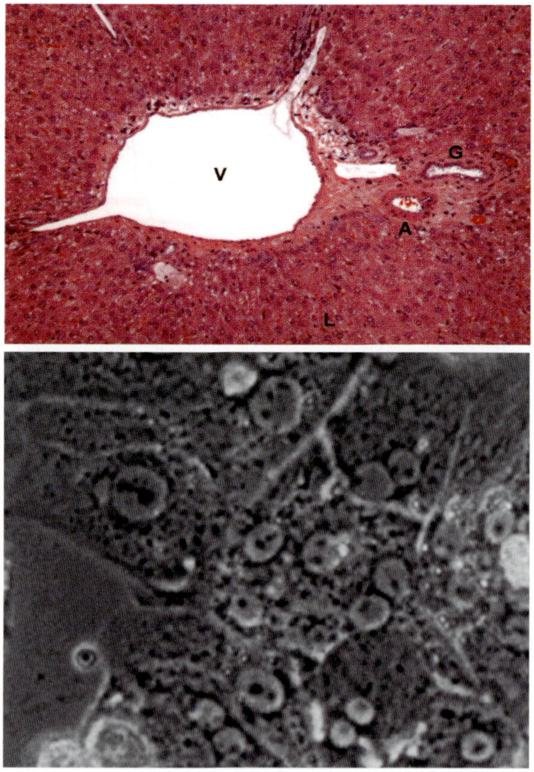

Abb. 8.6 Leberzellen. Oben: Rattenleber (L Leberzellen/Hepatocyten, V Vene, A Arterie, G Gallengang), Unten: Hepatocytenkultur, 34 Stunden nach Aussaat der Zellen

8.3.1 Gewinnung von Zellen

Ursprünglich stammten alle im Labor kultivierten Zellen aus Geweben und Organen von Organismen. Heute werden vorwiegend Zelllinien verwendet, d. h. Kulturen aus Zellen, die in der Regel so verändert wurden, dass sie kontinuierlich wachsen können.

8.3.1.1 Primärkulturen

Bei einer Primärkultur handelt es sich um eine Kultur aus Zellen, Geweben oder Organen, die direkt einem Organismus entnommen wurden. Obwohl ihre Lebensdauer im Labor begrenzt ist, sind sie beispielsweise für bestimmte toxikologische Untersuchungen besser geeignet als Zelllinien.

Zur Gewinnung von Primärkulturen muss das entsprechende Gewebe so aufbereitet werden, dass die gewünschten Zellen einer Kultivierung zugänglich gemacht werden. Zellen, die in einer Körperflüssigkeit wie Blut oder Fruchtwasser frei beweglich sind, lassen sich bereits durch Zentrifugieren gewinnen, während Zellen aus einem festen Gewebeverband wie Haut oder Muskel erst vereinzelt werden müssen.

8.3.1.2 Zelllinien

Eine Zelllinie besteht aus den zahlreichen „Nachkommen" einer Primärkultur. Die meisten in der Zellkulturtechnik verwendeten Zelllinien gelten als unsterblich, weil ständig neue Zellen gebildet werden. Diese Fähigkeit zur unbegrenzten Vermehrung durch Teilung findet man einerseits bei Krebszellen, andererseits bei Zellen, die künstlich verändert, d. h. transformiert, wurden.

Die wohl bekannteste Zelllinie entstammt dem Gebärmutterhalskrebs einer Amerikanerin namens Henrietta Lax und wird als HeLa-Kultur seit 1952 in der Zellkulturtechnik eingesetzt. Bei –70 °C eingefroren sind solche Zellen lange verfügbar. Gebräuchliche Zelllinien sind beispielsweise Hep-G-2-Zellen (menschliche Hepatocyten), V79-Zellen (Lungentumor des Chinesischen Hamsters), und Yac-1-Zellen (Lymphom-Tumorzellen).

Heute steht ein umfangreiches Angebot von Zelllinien bei Zellkulturbanken zum Verkauf bereit, beispielsweise ATTC (American Type Culture Collection), ECACC (European Collection of Cell Cultures) und DSMZ (Deutsche Sammlung von Mikroorganismen und Zellkulturen GmbH).

8.3.2 Kultivierung

8.3.2.1 Wachstum und Proliferation

Tierische Zellen sind im lebendigen Organismus – *in vivo* – Bestandteile von Geweben und Organen, oft hochgradig spezialisiert wie beispielsweise die Muskelzellen des Herzens. Erst ihr Zusammenspiel ermöglicht alle Lebensvorgänge des komplizierten Gesamtsystems.

Will man eukaryotische Zellen unter Laborbedingungen – *in vitro* – am Leben erhalten, so muss man ihnen ähnliche Lebensbedingungen bieten wie sie im lebendigen Organismus herrschen. Die meisten tierischen Zellen wachsen am besten bei einer Temperatur von 37 °C und einem pH-Wert von 7,0–7,2.

Der Ausdruck **in vitro** bedeutet ursprünglich „im Reagenzglas", wird aber heute auch für die Kultivie-

Herkunft	Zellen	Gewinnung	prinzipielles Vorgehen
Blut	Lymphocyten	Dichtegradienten-zentrifugation	1. Heparin zusetzen, um eine Gerinnung zu verhindern, 2. mit Zentrifugationslösung versetzen und zentrifugieren, 3. Zellen aus der entsprechenden Phase entnehmen
Haut	Epithelzellen	Biopsie mechanisch	1. Gewebe mit einem Skalpell grob zerkleinern, 2. in eine Petrischale mit Nährmedium übertragen und bebrüten, 3. wenn sich um dieses Explantat ein Hof aus neuen Zellen gebildet hat, weiter kultivieren.
Leber	Hepatocyten	Perfusion enzymatisch Abtrennung unerwünschter Begleitzellen	1. Perfusion (= Durchströmung) der Leber nacheinander mit 2 Lösungen, die die extrazelluläre Matrix abbauen, 2. Zerschneiden des Organs, filtrieren und zentrifugieren, 3. Entnahme der Hepatocyten aus dem Pellet.

Tab. 8.4 Methoden zur Gewinnung von Primärkulturen

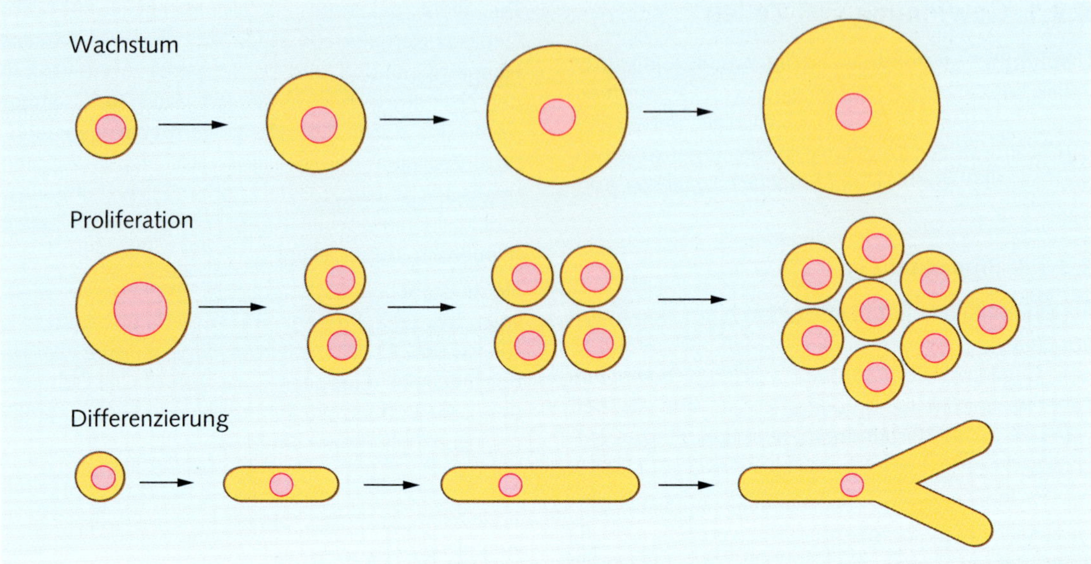

Abb. 8.7 Wachstum, Proliferation und Differenzierung von Zellen

rung in bzw. auf Kunststoff verwendet. In Flaschen oder Schalen in einem geeigneten Nährmedium sollen wesentliche Lebensvorgänge wie Wachstum, Proliferation, d.h. Vermehrung durch Zellteilung, und Differenzierung möglich sein.

Die typische Wachstumskurve der Zellproliferation zeigt bei eukaryotischen Zellen in Kultur denselben Verlauf wie bei prokaryotischen (▶ siehe 2.2.4, S. 30).

Neben den in mikrobiologischen Labors üblichen Petrischalen und Kulturröhrchen werden für Zellkulturen flache Gefäße aus Kunststoff, meistens Polystyrol, verwendet, die es in verschiedenen Größen gibt. Spezielle Beschichtungen erleichtern die Anheftung für Zellen. Für die Massenzucht von Zellen benötigt man größere Gefäße mit besonderen Ausstattungen (▶ siehe 8.4.1, S. 133).

8.3.2.2 Nährmedien

Die natürlichen Lebensbedingungen von Zellen außerhalb ihres Gewebes und Organs nachzubilden ist nicht so einfach, weil sie vom Kontakt zum Gesamtorganismus abgeschnitten sind. So werden sie nicht durch das Blut mit Nährstoffen versorgt und von Stoffwechselendprodukten befreit, sind vom Immunsystem abgeschnitten und verfügen über keinerlei Möglichkeiten zur Regulation ihrer Temperatur. Während man letztere mit Hilfe eines Brutschrankes leicht einstellen kann, gestaltet sich die Versorgung mit Nährstoffen schon schwieriger.

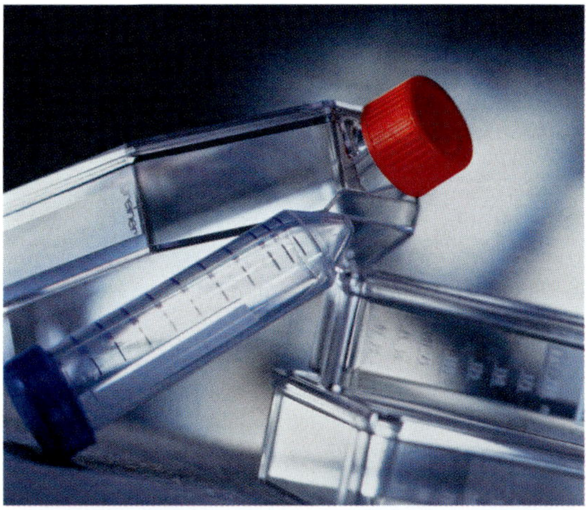

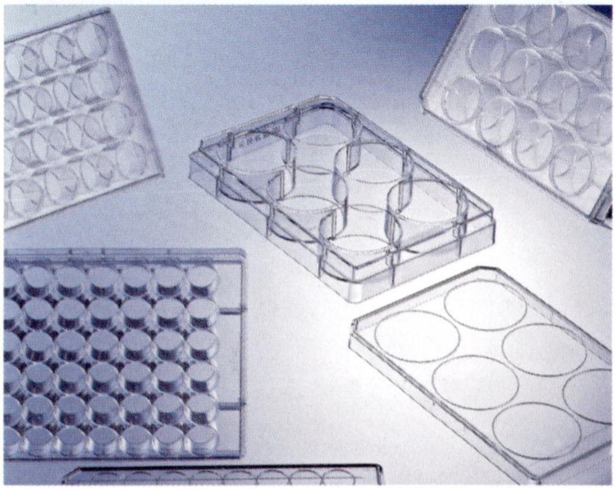

Abb. 8.8 Typische Zellkulturgefäße. Oben Zellkulturflaschen, unten Multiwellplatten

Seit Beginn der Zellkulturtechnik wurden Zellen in verschiedensten komplexen Medien gezüchtet, deren Zusammensetzung auf Erfahrungen beruhte und nicht eindeutig chemisch definiert war.

Heute verwendet man in der Regel chemisch definierte Medien, die je nach den Bedürfnissen der Zellen mit Zusätzen versehen werden.

Im Gegensatz zu den Nährmedien für Mikroorganismen (▶ siehe auch 2.2.3, S. 28), benötigen Zellkulturen noch eine Reihe von Stoffen, die die Zellen mit all dem versorgen, was ihnen normalerweise im intakten Organismus zur Verfügung steht.

- *Seren:* Seren liefern neben Aminosäuren und Salzen vor allem Hormone, Bindungsproteine und so genannte Anheftungsfaktoren. Meistens wird **fetales Kälberserum** (FKS) aus dem Blut von Rinderfeten verwendet, also drei bis sieben Monate alten ungeborenen Kälbern. Das Serum wird keimarm gewonnen und sollte möglichst auf natürlichem Wege gerinnen, damit wichtige Wachstumsfaktoren erhalten bleiben. Danach wird es zur Gewinnung des Serums zentrifugiert und sterilfiltriert. Inaktivierung durch Hitze (30 min auf 56 °C) beseitigt störende Einflüsse verschiedenster Art. Einerseits werden Mycoplasmen (▶ siehe 8.3.4, S. 132) und einige Viren inaktiviert, andererseits aber auch Enzyme, Wachstumsfaktoren und Vitamine geschädigt.
  Seren werden bei –20 °C aufbewahrt. Bei dieser Temperatur sind sie ohne Qualitätsverlust etwa ein Jahr, manche bis zu drei Jahren haltbar.
  Bei Zugabe entsprechender Wachstumsfaktoren, Hormone und Proteine können Zellen auch in serumfreien Medien kultiviert werden.
- *Antibiotika:* Um Zellkulturen vor dem Befall durch Bakterien zu schützen, werden den Medien häufig Antibiotika zugesetzt, beispielsweise Penicillin und Streptomycin.
- *Glutamin:* Obwohl Glutamin keine essenzielle Aminosäure darstellt, muss sie den Zellen in höher konzentrierter Form angeboten werden, weil sie nicht nur zum Aufbau der Proteine, sondern auch als Kohlenstoff- und Energiequelle genutzt wird.

8.3.2.3 Arten von Zellkulturen

Die Lebensweise von Zellen in ihrem natürlichen Milieu bestimmt maßgeblich die Art ihrer Kultivierung im Labor. Zellen, die als Einzelzellen in Körperflüssigkeiten frei beweglich sind, wie beispielsweise Blutzellen, lassen sich als Suspension in einem flüssigen Nährmedium kultivieren. Man spricht daher von **Suspensionskulturen**. Im Prinzip lassen sich derartige Zellen in jeder Flasche anzüchten.

Schwieriger gestaltet sich die Kultivierung von Zellen, deren natürlicher Lebensraum ein Gewebe eng miteinander verbundener Zellen ist, wie beispielsweise ein Muskel. Sie benötigen eine feste Unterlage, an die sie sich anheften können, und werden daher als **adhärente Kulturen** bezeichnet (lat. fachsprachl. *adhärent* anhängend, angewachsen). Durch fortgesetzte Zellteilungen entsteht eine einlagige Schicht von neuen Zellen, eine **Monolayer-Kultur**.

Substanzgruppe	Stoffe	Funktion
Anorganische Salze	Ca^{2+}-Ionen	Aufrechterhaltung des osmotischen Drucks, Anheftung adhärenter Zellen und Zell-Zell-Kontakte
	Na^{+}-, K^{+}- und Cl^{-}-Ionen	Aufrechterhaltung des osmotischen Drucks, Regelung des Membranpotenzials
	SO_4^{2-}-, PO_4^{3-}- und HCO_3^{-}-Ionen	Aufrechterhaltung des osmotischen Drucks, Biosynthese von Makromolekülen
Aminosäuren	Mischung essentieller, proteinogener L-Aminosäuren	Aufbau von Proteinen
Kohlenhydrate	Glucose oder Mischungen verschiedener Monosaccharide	Energielieferanten
Vitamine	Mischungen verschiedener Vitamine	Coenzyme, Zellstoffwechsel
Puffersubstanzen	$NaHCO_3/CO_2$-Begasung HEPES = 4-(2-Hydroxyethyl)-1-Piperazinethansulfonsäure	Stabilisierung des pH-Wertes auch bei Anhäufung saurer Stoffwechselprodukte
Indikatoren	Phenolrot	pH-Wert-Kontrolle

Tab. 8.5 Wichtige Inhaltsstoffe von Nährmedien

Die Zellen heften sich an die Oberfläche von Kulturgefäßen einerseits mit Hilfe von Stoffen aus dem Nährmedium, andererseits durch Produktion eigener Substanzen an. Dabei liefert das Medium vor allem Ca^{2+}- und Mg^{2+}-Ionen und aus dem Serumzusatz Proteine wie beispielsweise Fibronectin, die als Anheftungsfaktoren fungieren. Die Zelle selbst gibt nach außen Glykosaminoglykane, vor allem Hyaluronsäure, die Faserproteine Kollagen und Elastin sowie die Glykoproteine Fibronectin und Laminin ab.

Wird eine Suspension frischer Einzelzellen in ihrem Nährmedium in eine Kulturflasche gegeben, so laufen folgende Prozesse ab:

- Proteine aus dem Medium heften sich an die Oberfläche der Kulturflasche.
- Ca^{2+}- und Mg^{2+}-Ionen aus dem Medium stehen für Wechselwirkungen zur Verfügung.
- Die unter physiologischen Bedingungen negativ geladenen Zellen treten über Ca^{2+}- und Mg^{2+}-Ionen mit der Proteinschicht in Kontakt.
- Anschließend geben die Zellen Fibronectin bzw. Laminin ab, die als „Klebstoff" ihre Fixierung bewirken.
- Der letzte Schritt der Anheftung geschieht durch die zelleigene Hyaluronsäure und andere Proteoglykane. Dann erfolgt auch die Zellspreitung, d. h. der Zellkörper verflacht sich und breitet sich auf der Oberfläche aus.
- Nach der Adhäsion beginnen die einzelnen Zellen mit ihrer Proliferation, bis sich ihre Tochterzellen berühren.
- Unter Mitwirkung von Ca^{2+}- und Mg^{2+}-Ionen verbinden sie sich über Zellkontakte (▶ siehe 8.2.1, S. 125) zu einer einlagigen Schicht auf der Oberfläche der Kulturflasche.
- Nun verhindern die Nachbarzellen weitere Zellteilungsvorgänge, so dass eine Kontaktinhibition vorliegt.
- Die Oberfläche der Kulturschale ist ganz von einem geschlossenen Zellrasen bedeckt. Dieser Zustand wird als **Konfluenz** bezeichnet (lat. *confluens* zusammenfließend). An diesem Punkt stellen normale Zellen aus Nährstoffknappheit, Mangel von Wachstumsfaktoren sowie fehlender Anheftungsmöglichkeit ihre Teilung ein, während sich Krebszellen unbegrenzt weiter vermehren.

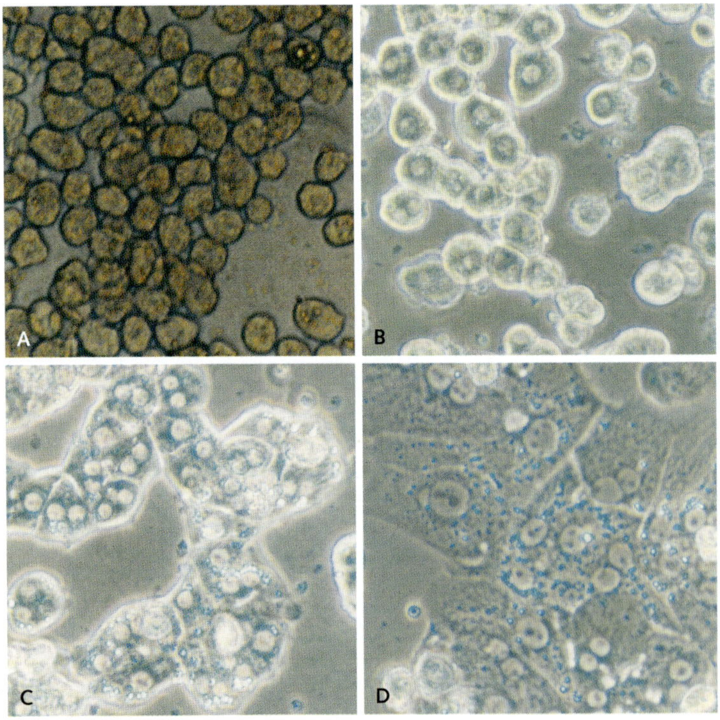

Abb. 8.9 Stadien der Anheftung von Hepatocyten, 40-fache Vergrößerung, B-D Phasenkontrast A: wenige Minuten nach der Aussaat, B: nach 6 h, C: nach 24 h, D: nach 72 h

8.3.3 Routinemethoden im Zellkulturlabor

Der Umgang mit Zellkulturen erfordert strengstes Einhalten von Hygienevorschriften sowie keimarmes Arbeiten, sodass alle für das mikrobiologische Labor geltenden Sterilisations- und Desinfektionsverfahren, wie sie in ▶ Kapitel 2.3, S. 31 beschrieben sind, auch für das Zellkulturlabor gelten.

Wichtige Geräte und Untersuchungsmethoden wurden bereits in Kapitel 1 erläutert:

Mikroskop ▶ siehe 1.4.1, Lichtmikroskop, auch Phasenkontrastverfahren (S. 17)

Zentrifuge ▶ siehe 1.5.2 Zentrifuge (S. 22)

8.3.3.1 Wechsel des Mediums und Subkultivierung

In Kultur wachsende Zellen verbrauchen wesentliche Bestandteile des Nährmediums und scheiden ihre Stoffwechselprodukte in die Lösung ab. Der Umschlag des Indikators Phenolrot von rot auf gelb zeigt unter anderem den Abbau von Glucose zu Milchsäure an und weist darauf hin, dass frische Nährstoffe gebraucht werden. Je nach Wachstumsgeschwindigkeit der Zellen muss etwa alle zwei bis vier Tage ein Teil des Mediums abgesaugt und durch frisches ergänzt werden. Ist die Zelldichte in der Kulturflasche zu hoch, so müssen die Zellen unter Verdünnung vom alten Kulturgefäß in ein neues überführt werden. Diesen Prozess bezeichnet man als **Subkultivierung** oder **Passage**.

Während es bei Suspensionskulturen ausreicht, die gewünschte Menge an Zellen in ihrer Lösung mit einer sterilen Pipette zu entnehmen und in eine neue Flasche mit frischem Medium zu übertragen, gestaltet sich die Passage einer Monolayerkultur aufwändiger. Da die Zellen im Stadium der Konfluenz eine dichte einlagige Schicht auf dem Boden der Kulturflasche gebildet haben, muss man sie zunächst ablösen, dann vereinzeln und in Suspension bringen. Das gebräuchlichste Verfahren ist das Behandeln mit Trypsin und EDTA. Das proteolytisch wirkende Enzym Trypsin hydrolysiert die Proteine der extrazellulären Matrix, während EDTA die für die Zellverbindungen notwendigen Ca^{2+}- und Mg^{2+}-Ionen komplex bindet. Dadurch lösen sich die Zellen aus ihrem Verband und schwimmen einzeln in der Lösung. Weil Trypsin bei längerer Einwirkungszeit auch die Proteine der Zellen abbaut, wird der Prozess durch Zugabe frischen Mediums mit einem höheren Zusatz von Serum gestoppt.

8.3.3.2 Zellzählung

Wenn nach der Passage eine bestimmte Anzahl von Zellen in eine neue Kulturflasche eingesät werden soll, muss zunächst die Zellzahl pro Milliliter der Suspension ermittelt werden. Die Zellzählung wird mit Hilfe einer Zählkammer durchgeführt, wie sie auch in der Mikrobiologie verwendet wird. Die in der Zellkultur übliche **Neubauer-Zählkammer**, auch Hämocytometer genannt, unterscheidet sich allerdings von der in ▶ Kapitel 2.5.4, S. 42 beschriebenen Thoma-Zählkammer durch die Anordnung ihrer Großquadrate und ihr Volumen: 9 große Quadrate mit einer Fläche von je 1 mm^2 und einer Kammertiefe von 0,1 mm ergeben ein Kammervolumen von 0,1 µL für jedes Großquadrat. In der Regel zählt man die Zellen in 4 Großquadraten in der äußeren Ecken aus.

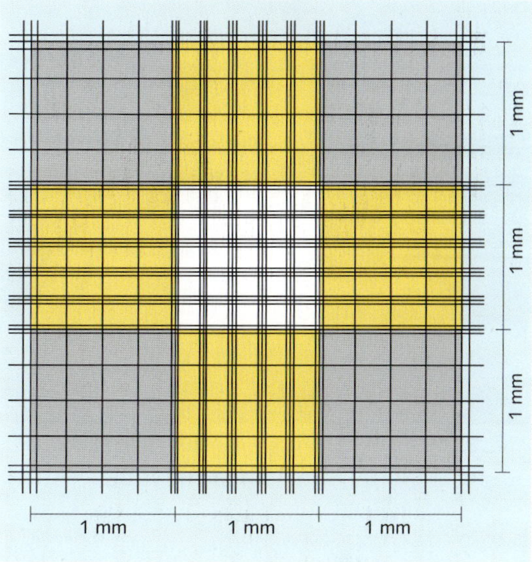

Abb. 8.10 Gitternetz einer Neubauer-Zählkammer

Um lebende von toten Zellen zu unterscheiden behandelt man sie mit bestimmten Farbstoffen wie **Trypanblau**. Dieser Farbstoff kann bei lebenden Zellen nicht in das Zellinnere gelangen; tote Zellen nehmen ihn jedoch auf und werden dadurch blau gefärbt.

Der Prozentsatz an lebenden Zellen wird nach folgender Formel errechnet:

$$\textbf{\% lebende Zellen} = \frac{\textbf{ungefärbte Zellen} \cdot \textbf{100 \%}}{\textbf{gefärbte + ungefärbte Zellen}}$$

8.3.3.3 Langzeitlagerung und Kryokonservierung

Bei sehr tiefen Temperaturen lassen sich Zellen unter Erhalt der Lebensfähigkeit nahezu unbegrenzte Zeit aufbewahren. Man macht sich dabei die Tatsache zunutze, dass bei Temperaturen unter –130 °C fast keine biochemischen Reaktionen mehr ablaufen und bei weiterem Abkühlen der Stoffwechsel vollständig zum Erliegen kommt, die Zellen also in eine Art Kältestarre übergehen.

Unter Kryokonservierung (gr. *kryos* Kälte) versteht man das Einfrieren und Lagern von Zellen unter –130 °C unter Verwendung von Gefrierschutzsubstanzen.

Abb. 8.11 Einfrieren von Zellen in flüssigem Stickstoff

Derartig tiefe Temperaturen lassen sich mit flüssigem Stickstoff erreichen, der bei –196 °C vom gasförmigen in den flüssigen Aggregatzustand übergeht.

Wird eine Zellsuspension unter 0 °C abgekühlt, so gefriert das Wasser zu Eis. Da sich die Eiskristalle zunächst außerhalb der Zellen bilden, steigt die Konzentration der gelösten Stoffe im Nährmedium stark an, während sie in der Zelle zunächst unverändert bleibt. Um diesem Konzentrationsgefälle entgegenzuwirken, gibt es im Prinzip zwei Möglichkeiten:

- Es können sich Eiskristalle auch im Innern der Zelle bilden, die zu einer Erhöhung der Konzentration der gelösten Stoffe führen.
- Es kann Wasser durch die semipermeable Membran aus der Zelle ins Nährmedium strömen und diese zum Schrumpfen bringen. Biologisch wird dieser Wasserverlust als Dehydrierung bezeichnet, obwohl – chemisch betrachtet – eine Dehydratisierung vorliegt.

Welcher der beiden Prozesse überwiegt, hängt von der Geschwindigkeit ab, mit der die Zellsuspension heruntergekühlt wird. Langsames Abkühlen, also eine niedrige Kühlrate, führt zur Bildung von Eiskristallen in der Zelle, schnelles Abkühlen, also eine hohe Kühlrate dagegen zur Zellschrumpfung. Da beide Vorgänge die Zellen schädigen, wird mit durch Erfahrung optimierten Kühlraten gearbeitet, beispielsweise 1 °C/min.

Trotzdem ist die Zellschädigung durch das Einfrieren so groß, dass die Zellen den Prozess nicht überleben, wenn man ihnen nicht **Gefrierschutzmittel**, auch **Kryoprotektiva** genannt, zusetzt. Dabei handelt es sich meistens um Stoffe, die auf Grund ihrer geringen Molmasse durch die semipermeable Membran in die Zelle eindringen können. Dort verhindern sie die Bildung von Eiskristallen und das Ausströmen von Wasser. Die gebräuchlichsten Gefrierschutzmittel sind Glycerin (Propan-1,2,3-triol) und Dimethylsulfoxid (DMSO).

8.3.4 Kontamination

Genau wie vollständige tierische und pflanzliche Organismen von Mikroorganismen und Viren befallen werden können, sind auch Zellkulturen dieser Gefahr ausgesetzt. Diese als Kontamination bezeichnete Verunreinigung mit Keimen lässt sich nicht immer vermeiden, obwohl den meisten Medien bereits Antibiotika zugesetzt werden.

Während sich eine Kontamination von Zellkulturen durch **Schimmelpilze** häufig schon mit bloßem Auge an den sich wie Wattefusseln ausbreitenden Pilzfäden erkennen lässt, gestaltet sich der Nachweis von **Bakterien** erheblich schwieriger. Trübungen im Medium oder ein Farbumschlag des Indikators nach Gelb verraten ihre Anwesenheit.

Mycoplasmen Unter den Bakterien stellen Mycoplasmen die größte Gefahr für Zellkulturen dar. Dabei handelt es sich um die kleinsten sich selbst vermehrenden Prokaryoten. Folgende Eigenschaften begünstigen ihr Eindringen in Zellkulturen:

- Sie weisen einen Durchmesser von nur 0,2–0,3 µm auf und können dadurch die üblichen Sterilfilter passieren.
- Sie sind nicht von einer starren Zellwand umgeben und können dadurch ihre Zellform verändern.
- Sie leben in eukaryotischen Zellen und werden dadurch von den Experimentatoren selbst übertragen.

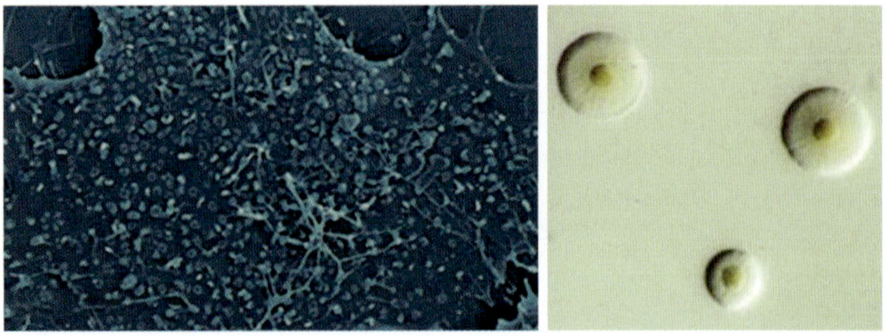

Abb. 8.12 Mycoplasmen. Links mit Mycoplasmen infizierte HeLa-Zellen (rasterelektronenmikroskopische Aufnahme 3000 ×), rechts „spiegeleiförmige“ Kolonien von Mycoplasmen auf Agar

Ein Befall mit Mycoplasmen lässt sich mit verschiedenen Testverfahren feststellen:

- Die DNA wird mit dem Fluoreszenzfarbstoff **DAPI** (4,6-**Dia**midino-2-**p**henyl**i**ndol-di-hydrochlorid) angefärbt und das Ergebnis mit einem Fluoreszenzmikroskop betrachtet.
- Bestimmte Abschnitte der DNA werden mit Hilfe der **PCR** (▶ siehe Kapitel 7.3.2.1, S. 108) vervielfältigt und durch eine anschließende Elektrophorese identifiziert.
- Mycoplasmen wirken als Antigene und lassen sich daher immunologisch mit Hilfe eines **ELISA** (▶ siehe 6.2.3, S. 96) nachweisen.

8.4 Besondere Verfahren

8.4.1 Produktion größerer Zellmengen

Zur Erzeugung von Biomasse oder der Produktion von Zellinhaltsstoffen, beispielsweise von Proteinen, benötigt man größere Zellmengen. Für die Maßstabsvergrößerung gelten ähnliche Bedingungen, wie sie in Kapitel 3, S. 49 beschrieben sind. Allerdings müssen die empfindlichen eukaryotischen Zellen viel schonender behandelt werden als Mikroorganismen. Zudem benötigen adhärent wachsende Zellen auch in einer Massenkultur eine Unterlage, an die sie sich anheften können. Zu diesem Zweck setzt man **Rollerflaschen** ein. Dabei handelt es sich um zylindrische Flaschen, die mit wenig Nährmedi-

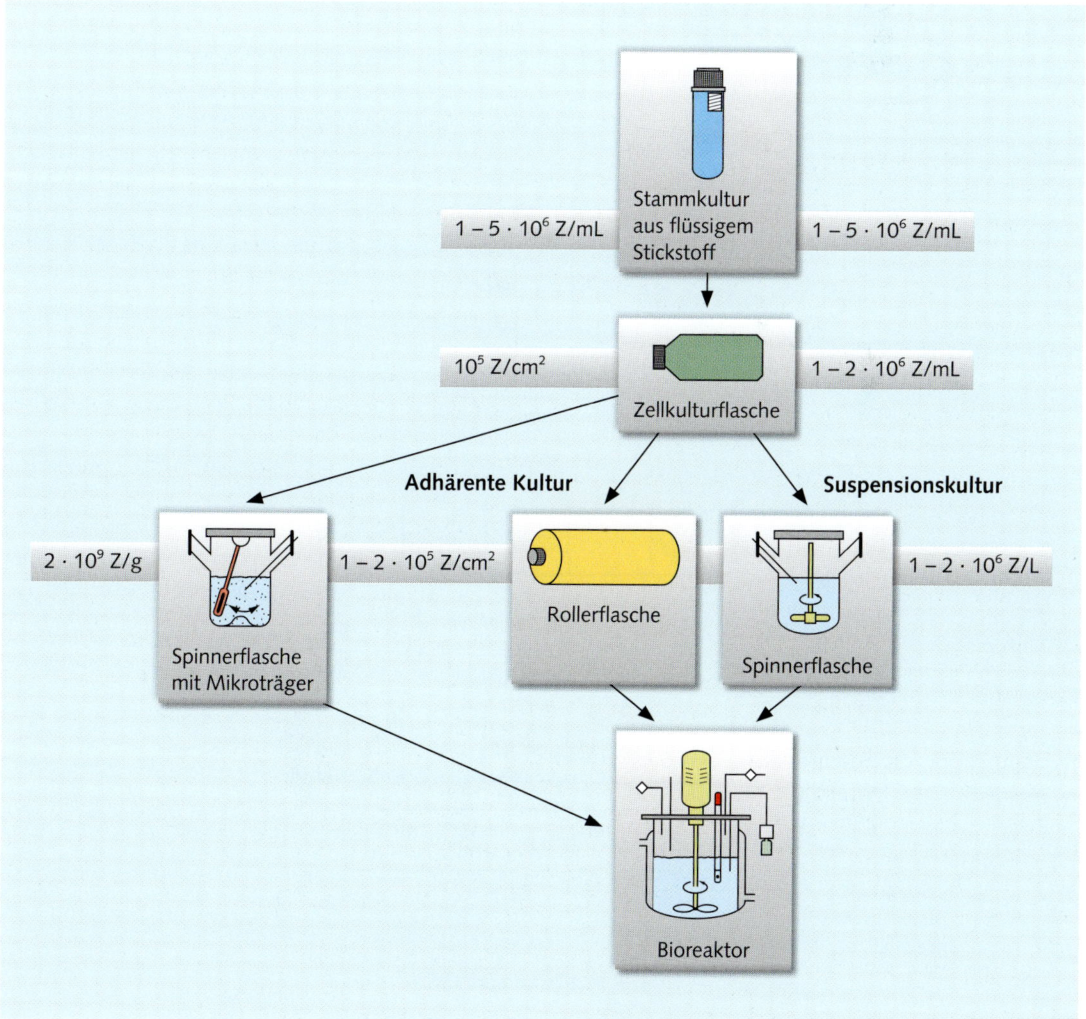

Abb. 8.13 Maßstabsvergrößerung zur Massenproduktion von Zellkulturen

um beschickt und liegend um ihre Längsachse gedreht werden. Die Zellen heften sich an die innere Oberfläche an und werden bei jeder Umdrehung mit Medium überspült.

Suspensionskulturen werden in **Spinnerflaschen** vermehrt (engl. *spin* sich um die eigene Achse drehen, herumwirbeln). Das sind Flaschen mit einem Magnetrührer im Inneren, der die Suspension durchmischt, und zwei seitlichen Ansätzen, durch die die Zellsuspension abgesaugt werden kann. Solche Flaschen können auch für adhärente Zellen verwendet werden, wenn man der Kultur **Microcarrier** zufügt. Diese kleinen Kunststoffkügelchen bieten den Zellen eine große Oberfläche zum Anheften und können wie Suspensionskulturen gerührt werden.

8.4.2 Kultur von Hybridomazellen

Zur Herstellung monoklonaler Antikörper (▶ siehe auch Kapitel 6.1.1.2, S. 93) benötigt man B-Lymphocyten eines **Klons**, also der Nachkommenschaft einer einzigen Zelle. Derartige Zellen sind jedoch in Kultur nicht unbegrenzt vermehrungsfähig. Über eine unbegrenzte Teilungsfähigkeit verfügen nur Krebszel-

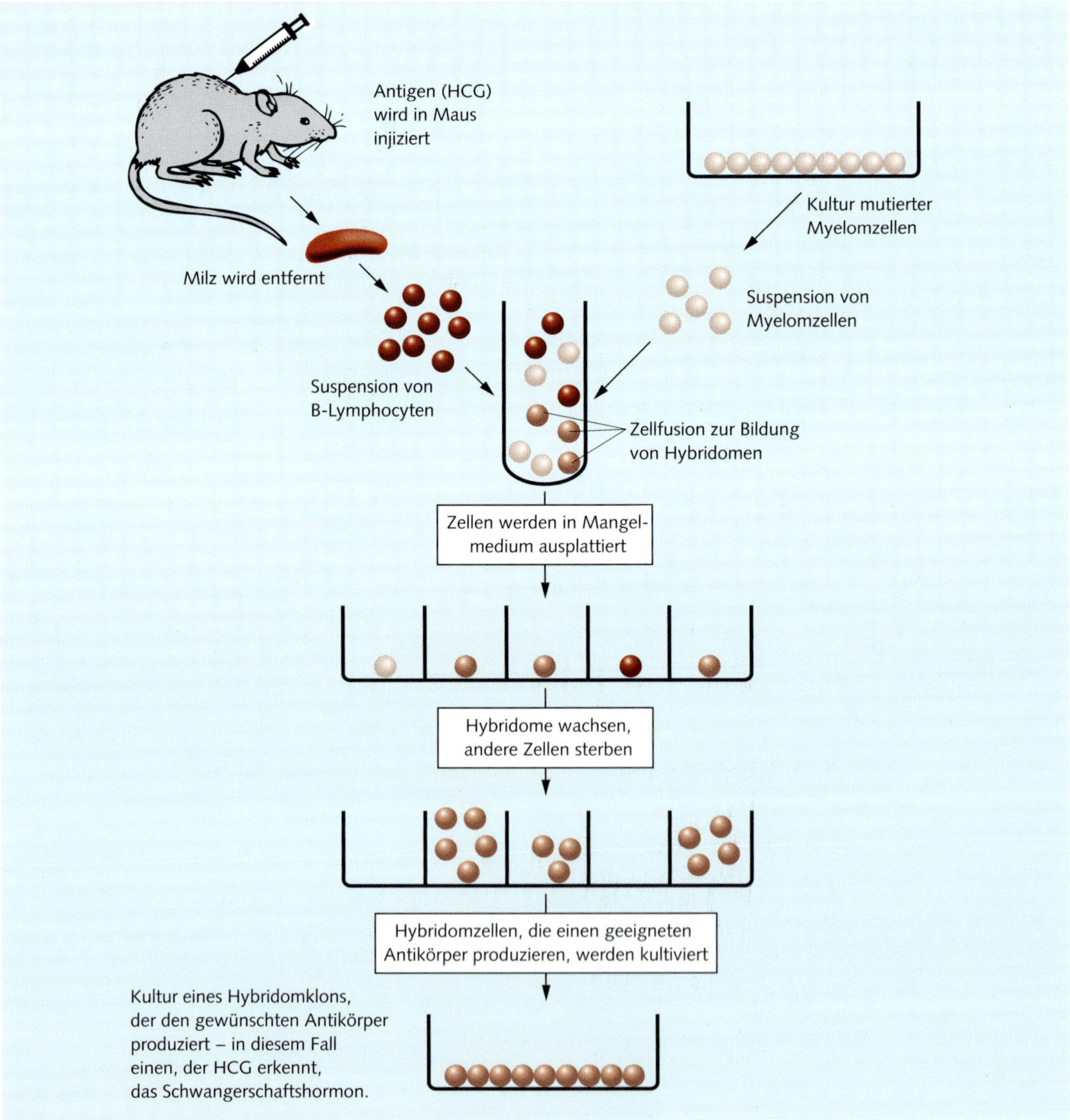

Abb. 8.14 Herstellung von Hybridomzellen zur Gewinnung monoklonaler Antikörper

len, die aber ihrerseits keine Antikörper produzieren. Um die gewünschten Eigenschaften beider Zellarten zu kombinieren, bringt man sie zur **Fusion**, also zur Verschmelzung. Die dabei entstehenden Zellen werden als **Hybridom-** oder **Hybridomazellen** bezeichnet.

Im Einzelnen geht man dabei so vor, wie es in der ▶ Abbildung 8.14 dargestellt ist:

Einer Maus wird das Antigen – das Schwangerschaftshormon HCG – injiziert und das Tier damit zur Produktion von Antikörpern angeregt. Um die Antikörper produzierenden Zellen, nämlich die B-Lymphocyten, zu erhalten, entnimmt man die Milz. Man erhält eine Suspension von Zellen, die unterschiedliche Antikörper produzieren, von denen einige auch gegen HCG gerichtet sind.

Auf der anderen Seite setzt man Myelomzellen ein. Dabei handelt es sich um identische Zellen aus einem Knochenmarkstumor. Die verwendete Zelllinie wurde so verändert, dass ihr ein bestimmtes Enzym fehlt, sodass sie bestimmte Nährstoffe nicht nutzen kann.

Beide Zellarten bringt man nun in Polyethylenglykol zur Fusion. In dem entstehenden Zellgemisch werden die fusionierten Zellen, die die gewünschten Antikörper produzieren, auf Grund ihrer speziellen Eigenschaften weiter vermehrt: Man kultiviert sie in einem Mangelmedium, in dem nicht fusionierte Myelomzellen wegen des fehlenden Enzyms nicht überleben können. Nicht fusionierte Milzzellen der Maus verfügen zwar über das Enzym, sind aber in vitro nicht kultivierbar.

Alle Antikörper produzierenden Hybridomazellen werden immunologisch getestet und letztlich nur diejenigen weiter vermehrt, die die monoklonalen Antikörper gegen das ursprüngliche Antigen produzieren.

8.4.3 Toxikologische Testverfahren

Zellkulturen haben große Bedeutung in der Prüfung auf Toxizität von Chemikalien und Arzneimitteln erlangt, weil sie dazu beitragen, die Anzahl der Tierversuche zu reduzieren. Man geht davon aus, dass Substanzen, die ein Lebewesen schädigen, also in vivo toxisch wirken, schon einzelne Zellen schädigen, also in vitro toxisch sind. Für ein Testverfahren ist es wichtig, dass ein messbarer Zusammenhang zwischen der Konzentration der zu prüfenden Substanz, ihrer Einwirkungszeit und der zellschädigenden Wirkung besteht.

Stoffe können die Zellen nachteilig beeinflussen, indem sie beispielsweise die Durchlässigkeit der Zellmembran verändern, Zellorganellen schädigen oder zur Freisetzung bestimmter Enzyme führen. Wird bei adhärent wachsenden Zellen ihr Anheftungsvermögen gestört, so lässt sich diese Veränderung direkt unter dem Mikroskop beobachten. In vielen Fällen

Abb. 8.15 Einfluss einer toxischen Substanz auf eine adhärente Zellkultur in Abhängigkeit von ihrer Einwirkungsdauer. Obere Reihe: ohne zytotoxische Substanz, untere Reihe: mit zytotoxischer Substanz

dienen Farbreaktionen zum Nachweis der Zellschäden, die häufig fotometrisch gemessen werden. Im Allgemeinen verwendet man für solche Zytotoxizitätstests Mikrotiterplatten mit einer unterschiedlichen Anzahl von Wells.

8.4.3.1 Ablösungsassay

Nur intakte adhärent wachsende Zellen können sich nach dem Einsäen an eine Oberfläche anheften und dort ausbreiten. Tote Zellen dagegen heben sich von ihrer Unterlage ab und sind abgerundet. Durch mikroskopische Kontrolle lässt sich daher das Ausmaß der Zellschäden feststellen.

Das ▶ Bild 8.15, S. 135 zeigt die fortschreitende Schädigung von Zellen durch eine pharmazeutische Prüfsubstanz. Während die frisch eingesäten gesunden Zellen in der oberen Reihe nach 24 Stunden zu einem fast geschlossenen Zellrasen zusammengewachsen sind, konnten die durch eine toxische Substanz geschädigten Zellen in der unteren Reihe nur wenige Zellverbindungen ausbilden. Mit fortschreitender Einwirkungsdauer haben sich immer mehr Zellen abgekugelt und von ihrer Unterlage abgelöst.

8.4.3.2 Neutralrot-Test

Hautreizende Stoffe wurden früher am Auge eines lebenden Kaninchens getestet. Die zellschädigende Wirkung lässt sich jedoch auch an einer Zellkultur aus speziellen Fibroblasten feststellen. Der Test beruht darauf, dass nur lebende Zellen den Vitalfarbstoff Neutralrot aufnehmen können. Geschädigte Zellen erscheinen deutlich blasser.

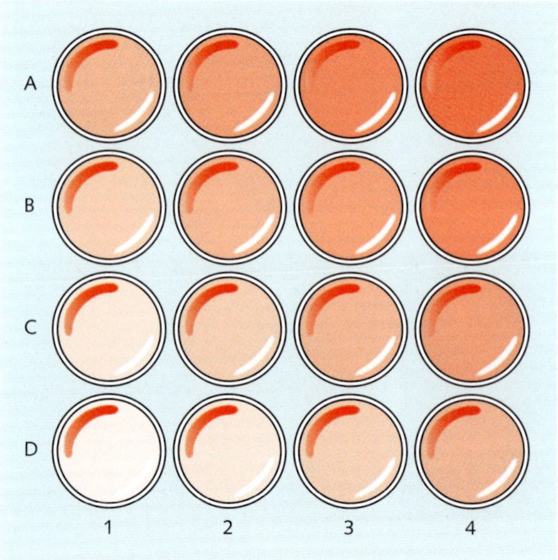

Abb. 8.16 Neutralrot-Test

8.4.3.3 MTT-Test

Intakte Mitochondrien verfügen über bestimmte Enzyme, die Succinat-Dehydrogenasen (▶ siehe auch Kapitel 5.1.2, Tab. 5.1). Diese reduzieren das gelbe MTT (3-(4,5-Dimethylthiazol-2-yl)-2,5-diphenyltetrazoliumbromid) zu einem violetten Formazan. Bei geschädigten Zellen bleibt die Gelbfärbung bestehen. Die Farbreaktion wird photometrisch gemessen.

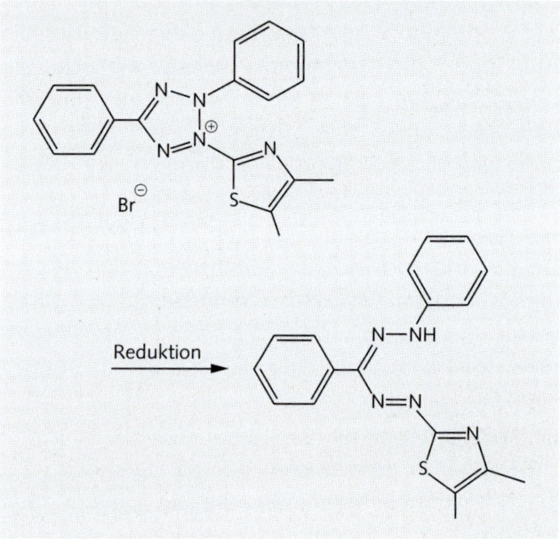

8.4.3.4 LDH-Test

In geschädigten Zellen kommt es zu einer vermehrten Ausschüttung des Enzyms Lactatdehydrogenase (LDH, ▶ siehe auch Kapitel 5.1.2, Tab. 5.1, S. 81). Die Aktivität dieses Enzyms wird durch eine Farbreaktion nachgewiesen und der Grad der Rotfärbung fotometrisch bestimmt.

8.4.4 Tissue Engineering

Unter Tissue Engineering versteht man die Erzeugung lebender Gewebe in vitro. Sie dienen in der Medizin dazu, durch Unfall oder Krankheit zerstörte Organteile durch nahezu körpereigenes Material zu ersetzen. Bisher ist es gelungen, Haut-, Knorpel und Blut auf diese Weise zu gewinnen.

Dabei werden dem Spender Gewebeteile entnommen, die gewünschten Zellen daraus isoliert und unter Laborbedingungen vermehrt. Unter dem Einfluss von Wachstumsfaktoren und biologisch abbaubaren Polymergerüsten entsteht ein dreidimensionales neues Gewebe. Dieses kann dem Patienten wieder eingesetzt werden.

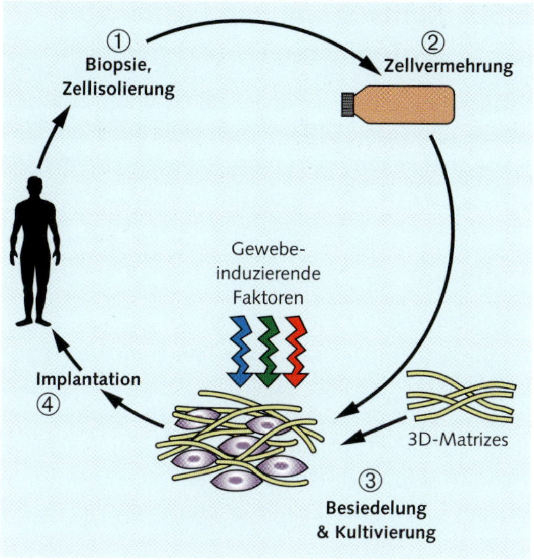

Abb. 8.17 Prinzip des Tissue Engineering

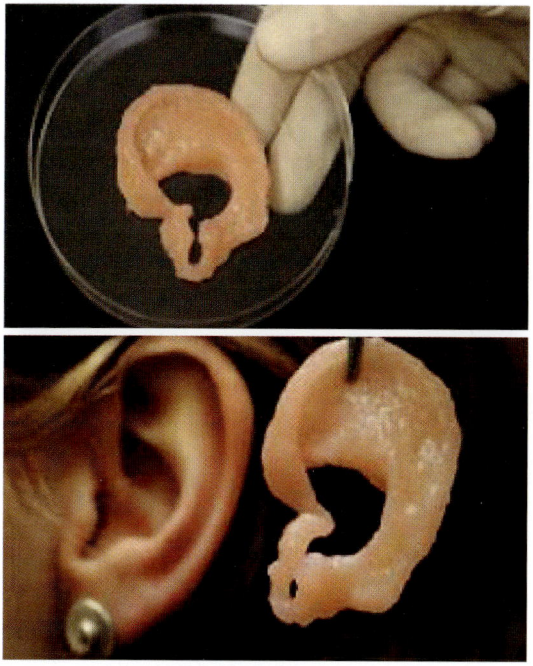

Abb. 8.18 Erzeugung einer Ohrmuschel aus Kalbsknorpelzellen

8.5 Pflanzliche Zellkulturen

Im Prinzip werden bei der Kultivierung pflanzlicher Zellen und Gewebe die gleichen Arbeitstechniken eingesetzt, wie sie schon bei den tierischen Zellkulturen beschrieben sind. Deswegen werden im Folgenden nur Verfahren aufgeführt, die sich die Besonderheiten pflanzlicher Zellen zunutze machen.

8.5.1 Besonderheiten des pflanzlichen Organismus

Pflanzenzellen gelten als totipotent (▶ siehe auch 8.2.2, S. 125), d. h. im Prinzip kann sich jede einzelne Zelle zu einer vollständigen neuen Pflanze entwickeln. Deshalb ist praktisch jeder Teil einer jungen Pflanze zu ihrer Vermehrung einsetzbar.

Grüne Pflanzen betreiben **Fotosynthese**, d. h. sie nutzen die Energie des Sonnenlichts, um organische Substanz aufzubauen (▶ siehe auch 1.2.1, S. 10). Dazu benötigen sie außer Wasser und Kohlenstoffdioxid nur noch eine Reihe von Mineralien.

Nährmedien für pflanzliche Zellkulturen stellen daher im Wesentlichen Mineralstoffmischungen dar, denen Vitamine und pflanzliche Wachstumsfaktoren zugesetzt werden. Oft werden sie noch mit Saccharose oder einem anderen Zucker angereichert.

Pflanzliche Zellen sind von einer Zellwand aus Cellulose und Pektin umgeben. Diese muss für spezielle Kulturen durch geeignete Enzyme abgebaut werden.

Abb. 8.19 Totipotenz einer Blütenpflanze

8.5.2 Kalluskulturen

Für die Vermehrung von Pflanzen mit Hilfe von Kalluskulturen nutzt man ihre Fähigkeit, nach einer Verletzung undifferenziert wucherndes Gewebe zu bilden, den so genannten Kallus (lat. *callum* Narbe). Man entnimmt dazu einer Pflanze teilungsfähiges Gewebe, beispielsweise aus dem inneren Teil einer Möhrenwurzel, und bringt dieses Explantat (lat. *explantare* auspflanzen) auf einen festen Nährboden. Unter dem Einfluss von Phytohormonen entwickelt sich im Dunkeln in wenigen Wochen genügend Kallusgewebe für eine Subkultivierung.

Abb. 8.20 Kalluskulturen aus Möhrenwurzel. Links nach 3 Wochen, rechts nach 8 Wochen

8.5.3 Kultivierung und Fusion von Protoplasten

Pflanzliche Zellen erhalten durch ihre Zellwand Schutz und Form. Entfernt man diese Hülle aus Cellulose und Pektin durch entsprechende Enzyme, die Cellulasen bzw. Pektinasen, so wird das Cytoplasma nur noch durch eine dünne Membran begrenzt. Auf diese Weise erhält man kugelige **Protoplasten**, also zellwandlose pflanzliche Zellen. Diese lassen sich als Suspensionskultur weiter vermehren.

Protoplastenfusion Unter der Wirkung von Polyethylenglykol gelingt es, Protoplasten zur Fusion anzuregen. Wenn dabei nicht nur das Plasma, sondern auch die Zellkerne verschmelzen, entstehen Hybridzellen. Nach einigen Tagen bilden die Protoplasten eine neue Zellwand aus und sind in der Lage, sich wieder zu teilen.

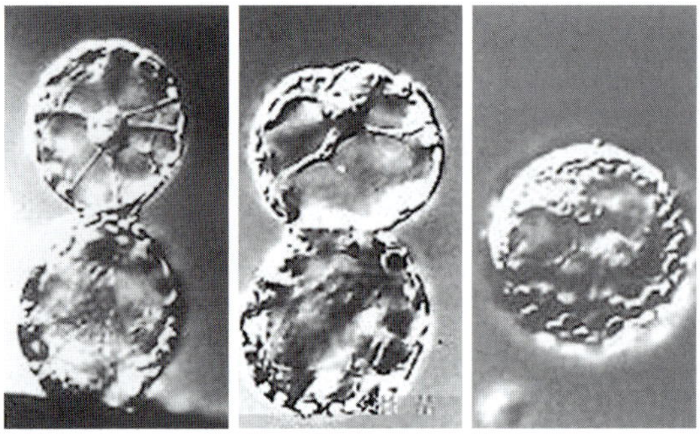

Abb. 8.21 Verschiedene Stadien einer Protoplastenfusion

8.6 Aufgaben

1. Stellen Sie die Unterschiede tierischer und pflanzlicher Gewebe unter folgenden Gesichtspunkten zusammen: Begrenzung der einzelnen Zellen, Verbindung der Zellen zum Gewebe, Stoffaustausch zwischen den Zellen.

2. Adulte Stammzellen, embryonale Stammzellen und Kalluszellen können neue Zellen hervorbringen. Geben Sie an, wo diese Zellen vorkommen und welche Fähigkeiten sie haben.

3. Bei der Subkultivierung adhärenter Kulturen mit Trypsin/EDTA werden die Zellen
- mit Ca^{2+}- und Mg^{2+}-freier, phosphatgepufferter Salzlösung (PBS-Lösung) gewaschen,
- mit Trypsin/EDTA inkubiert,
- mit frischem Medium, das einen hohen Serumanteil besitzt, versetzt.

Erläutern Sie die Bedeutung dieser Schritte.

4. Eine Zellsuspension frisch trypsinierter Zellen enthält $7{,}5 \cdot 10^5$ Zellen/mL. Davon sollen $2 \cdot 10^5$ Zellen in einem Volumen von 5 mL in eine neue Kulturflasche eingesät werden. Berechnen Sie die dazu notwendigen Volumina an Zellsuspension und Medium.

5. Für einen Versuch soll eine Zellsuspension in einer 96-Well-Platte ausgesät werden mit einer Zelldichte von $5 \cdot 10^4$ Zellen in einem Volumen von 0,2 mL je Well. Die Zellzahl der Suspension beträgt $1{,}95 \cdot 10^6$ Zellen/mL. Berechnen Sie die insgesamt notwendigen Volumina an Zellsuspension und Medium.

6. Von einer Zellsuspension der Zellzahl $1{,}5 \cdot 10^5$ Zellen/mL soll ein Teil so in zwei 25 cm^2-Kulturflaschen eingesät werden, dass je Flasche 10 mL Zellsuspension mit jeweils $3 \cdot 10^5$ Zellen vorliegen. Berechnen Sie die dazu notwendigen Volumina an Zellsuspension und Medium mit einem Überschuss von 10 %.

7. Zur Lebendzellzahlbestimmung mit einem Hämocytometer wurden 80 µL einer Zellsuspension mit 20 µL Trypanblaulösung gemischt. Diese Mischung wurde in der Neubauer-Zählkammer untersucht.

Die Auszählung von 4 Quadraten ergab folgendes Ergebnis:

Quadrat	1	2	3	4
ungefärbt	79	82	91	88
gefärbt	33	31	28	32

Berechnen Sie die Lebendzellzahl pro mL in der Zellsuspension.

Berechnen Sie den Prozentsatz an lebenden Zellen.

8. a) Erläutern Sie, warum sich Mycoplasmen mit Hilfe der zur Identifizierung von Bakterien üblichen Gramfärbung nicht sicher identifizieren lassen.

b) Beschreiben Sie die unterschiedlichen Nachweisverfahren für Mycoplasmen durch PCR und ELISA.

9. Erläutern Sie Vorgehensweise und Bedeutung der Zellfusion für tierische und pflanzliche Zellkulturen.

10. Zum Nachweis von Zellschäden werden verschiedene Farbstoffe eingesetzt.

Erläutern Sie die Bedeutung der Farbstoffe Trypanblau, Neutralrot und MTT.

Fachtheorie nach Lernfeldern für Chemielaboranten Teil 3, Aufbau des Buches

Kapitel	1	2	3	4	5	6	7	8
Überschrift	Charakterisierung und Untersuchung lebender Zellen und ihrer Inhaltsstoffe	Durchführung mikrobiologischer Arbeiten	Durchführung biotechnologischer Arbeiten	Durchführung biochemischer Arbeiten	Durchführung immunologischer und diagnostischer Arbeiten – Enzyme	Durchführung immunologischer und diagnostischer Arbeiten – Immunglobuline	Durchführung molekular-biologischer und gentechnischer Arbeiten	Durchführung zellkultur-technischer Arbeiten
Lernfeld	LF-übergreifend	LF 14/1	LF 14/2	LF 17/1	LF 17/2	LF 17/3	LF 18/1	LF 18/2
Lernfeld-bezeichnung laut Rahmen-lehrplan		Mikroorganismen identifizieren und nutzen		Immunologische und diagnostische Arbeiten durchführen			Biotechnische und zellkulturtechnische Arbeiten durchführen	
Schlagworte Lehrplan	**aus LF 14:** Zellen, Viren, Kohlenhydrate, Lipide, Proteine, Nucleinsäuren	**aus LF 14:** Lebensweise der Mikroorganismen, Nährmedien, Desinfektion, Sterilisation, biologische Sicherheitsstufen, Impf- und Kulturtechniken, Wachstumskurven, Nachweis von Mikroorganismen, Infektionskrankheiten	**aus LF 14:** Alkoholische Gärung, Biologische Kläranlage, **aus LF 18:** Biotechnische Prozesse und deren Bedeutung, Aufarbeitung von Fermentationsprodukten	**aus LF 14:** Proteine	**aus LF 17:** Enzyme, Bestimmung von Enzymaktivitäten und Substratkonzentrationen	**aus LF 17:** Immunisierung, Antigen-Antikörper-Reaktion, Blotting-Verfahren	**aus LF 14:** Nucleinsäuren **aus LF 17:** Blotting-Verfahren **aus LF 18:** spezielle Stoffwechselvorgänge, Gentechnik, PCR	**aus LF 14:** Zellkulturen **aus LF 18:** Spezielle Stoffwechselvorgänge, Entsorgung von biologisch kontaminiertem Material
Ergänzend: Schlagworte Ausbildungs-rahmenplan	Mikroskopieren mit verschiedenen Beleuchtungstechniken	Keimzahlbestimmung	biotechnische Laborverfahren, Wirkstoffkonzentrationen von Antiinfektiva und Resistenz bestimmen, Pilze kultivieren, Stoffumsetzung mit freien und immobilisierten Zellen und Enzymen, Zellen im Fermenter kultivieren, Fermentationsprodukte aufarbeiten	Enzyme und andere Proteine isolieren und elektrophoretisch trennen und nachweisen, fotometrische und chromatografische Methoden	enzymatische Analysen	Antikörper gewinnen, Antigene und Antikörper nachweisen, Blotting	Nucleinsäuren, schneiden, klonieren Gentechnikgesetz, Blotting, Gensonden, Plasmidisolierung, Nucleinsäuren elektrophoretisch trennen und nachweisen, Transformationen	Adhäsions- und Suspensionszellen kultivieren, Stammhaltung von Zellen, Untersuchungen an Zellkulturen

Sachwortverzeichnis

Abbruchnucleotid 111 f.
Abklatsch 39
Ablösungsassay 136
Abschlussgewebe 125
Absorption 75, 88
Absorptionsmaximum 75, 87
Absorptionsspektrum 87, 107
–, DNA 107
–, NADH 87
Abwasserreinigung 57
Acetat-CoA-Ligase 83
Actin 59
Adenin 17, 82, 101 f.
adhärente Kulturen 129, 133
aerob 27, 38, 44 f., 54, 56 f.
Affinität
–, Antigen/Antikörper 94
–, Enzym/Substrat 86
Aflatoxin 35
Agar-Agar 28
Agardiffusionstest 45 f.
Agglutination 94
Aktivierungsenergie 78
Alanin 60, 68, 83
Alanin-Racemase 83
Albumine 71
Aldehyddehydrogenase 80 f.
alkalische Phosphatase 82, 97
Alkoholdehydrogenase 57, 59, 80 f., 83, 88
allosterische Hemmung 87
Aminogruppe 82
Aminopeptidasen 82
Aminosäuren (2-Aminocarbonsäuren) 12, 59 ff., 76, 92, 97, 104, 112 f., 118, 129
–, Seitenketten 60 f., 67, 70, 75, 79
Aminosäuresequenz 65, 67
Amplifikation 108
Amylase 56, 79, 82, 89
anaerob 27, 38, 44 f., 54, 57
Anaphase 122
Annealing 109
Antibiotika 33, 45 f., 51, 55 f., 86, 117, 129
Anticodon 113
Antigen-Antikörper-Komplex 94, 96, 98 f.
Antigen-Antikörper-Reaktion 93 f., 96
Antigenbindungsstelle 92 f.
Antigene 91 ff., 96 ff., 135
Antikörper 84, 91 ff., 96 ff., 134 f.
–, Gewinnung 93
–, monoklonale 93, 134 f.
–, polyklonale 93 f.
–, Spezifität 94 f.
Antiserum 93
Apoenzym 80
Apoptose 122 f.
Arginin 61 f.
Asparagin 60
Asparaginsäure 61 f., 68
Aspergillus 34 f., 47, 56
Atmung 44, 54 f.
ATP (Adenosintriphosphat) 82, 84, 88
Aussalzen 70
Ausschlusschromatografie 72
Autoklav 32 f., 37
autotroph 26 f.
Avidin 71, 97
Avidität 94

Bacillus 38, 45, 47, 55 f.
Bakterien 9 ff., 16, 22, 25 ff., 29 ff., 33, 35 ff., 54 f., 57, 71, 104 f., 115 ff., 121, 123, 132
Bakterienchromosom 10, 103, 106
Bakteriophagen 38
bakteriostatisch 31
bakterizid 31
Barrierenkontakte 125
Basenpaar 103, 108
Basentriplett 113
Batch-Verfahren 53
BCA (Bicinchoninsäure) 75 f.
Belebtschlammanlage 57
Beweglichkeit 41
Bildungsgewebe 124
Bindegewebe 124
Biokatalysator 12, 78
biologische Agenzien 46
Biomembran 11
Biopsie 127, 137
Bioreaktor 51, 133
Biostoffverordnung 46, 119
Biotechnologie 49, 82
Biotin 84, 97
Biuret 66, 76
Blau-Weiß-Selektion (blue-white-screening) 117
Blotting 99, 113
–, Northern Blotting 114
–, Southern Blotting 113
–, Western Blotting (Immunoblotting) 99, 114
Blut 59, 70 f., 93, 124, 127 f., 136
B-Lymphocyten 93, 134
Bradford 75 f.
Brenztraubensäure 83
Brutschrank 29, 39, 47, 128
bunte Reihe 44

Carboanhydrase 83, 86
Carboxypeptidasen 82
Carrier 93
Casein 28, 59, 71
Cellobiose 14
Cellulose 11, 15, 63, 126, 137 f.
Centromer 122
Chemostatkultur 53
chemotroph 26 f.
Chitin 11, 14, 16, 34
Chloroplasten 10 f., 34, 124
Cholesterin (Cholesterol) 13, 71
Chromatid 122
Chromoproteine 71
Chromosom 10, 71, 104, 121 f.
Chromosomenzahl 121
Citronensäure 56
Citronensäurezyklus 56, 80 f., 83 f.
Clostridium 27, 38, 45, 54
Codon 113
Coenzym 80, 84, 87, 129
Cofaktoren 80 f., 83 f.
Colibakterien 26 f., 29, 34, 38, 44 f., 47
Collagenase 82
Cosubstrat 80, 83 ff.
CTAB (Cetyltrimethylammoniumbromid) 106
Cystein 60, 68
Cytochromoxidase 45
Cytoplasma 9, 121
Cytosin 17, 101 ff.
Cytoskelett 10, 20, 59

Dalton 69
DAPI 133
Dauergewebe 124
Denaturierung
–, DNA 109, 113, 115
–, Proteine 33, 69, 74, 79
Desinfektion 31, 33
Desmosomen 125
Desoxyribose 13, 83, 101
Detektion 112 ff.
Determination 124
Diagnostik 78, 85, 87, 91, 96, 110, 113
Dialyse 72, 76
Dictyosomen 10
Differenzierung 123 f., 128
Dipeptid 64 f.
diploid 121
Disaccharide 14
Disulfidbrücken 68, 74, 92 f.
DNA (Desoxyribonucleinsäure) 10, 13, 17, 37, 39, 82, 101 ff., 114, 117, 121 ff., 133
–, Abschnitt 104, 108, 115
–, Doppelstrang 17, 83, 106, 112, 115
–, Fragment 83, 108, 110 ff., 114, 116, 118, 123
–, Isolierung 104 f.
–, Konzentration 106
–, Ligase 83, 116
–, Polymerase 82, 84, 107 ff.
–, rekombinante 116
dNTP (Desoxynucleosidtriphosphat) 108 f., 111
Domäne 68
Doppelhelix 103, 112
Downstream Processing 54
Dünnschichtchromatografie 63
DURHAM-Röhrchen 44

*Eco*RI-Methylase 82
EDTA 105, 131
Einsalzen 70

Elastin 124, 130
Elektronenmikroskop 18, 21, 122
Elektropherogramm 64, 74, 112
Elektrophorese 64, 69, 76, 96, 111
–, Gel-Elektrophorese 74, 76, 111
–, IEF (isoelektrische Fokussierung) 74 ff.
–, Immun-Elektrophorese 96
–, Kapillar-Gel-Elektrophorese 112
–, Papier-Elektrophorese 64
–, SDS-PAGE (Polyacrylamidgel-Elektrophorese) 73, 76
ELISA (Enzyme-linked Immunosorbent Assay) 96 f., 99, 133
–, direkter 97 f.
–, ELISA-Reader 97, 99
–, kompetitiver 97 f.
–, Sandwich 97 f.
Elongation 109
Emersverfahren 53, 56
Empfängerorganismen 118
Endosporen 37
Enterobacter 38, 45, 47
enzymatische Analyse 85, 87
enzymatische Bestimmung 81 f., 84
Enzyme 28, 33, 52, 56 f., 59, 78 ff., 93, 96 ff., 104 f., 107 ff., 115 f., 118, 129, 131, 135 ff.
–, aktives Zentrum 79, 86 f.
–, Enzymaktivität 79, 84 ff., 89, 136
–, Enzymhemmung 86
–, Enzymkinetik 84 f.
–, Enzym-Substrat-Komplex 79, 85 f.
–, Nomenklatur 81
Epithelgewebe 124
Epitop 93 f.
ER (endoplasmatisches Retikulum) 10, 126
Ertrag 50 f.
Erzlaugung 57
Escherichia 34, 38, 44 f.
Essig 55, 80
Essigsäure 88
–, aktivierte 56, 80 f.
Ethanol 33, 41, 51, 54 f., 57, 80 f., 83, 87 f., 105
Ethidiumbromid 111 f.
Eukaryoten 10, 34, 71
eukaryotische Zelle 121
Exosporen 35
Explantat 127, 138
Extinktion 44, 75, 88, 106 f.
extrazelluläre Matrix 124, 131

β-**F**altblattstruktur 67 f.
Fangplatte 39
Faserprotein 124, 130
Faulschlammbehälter 57
Fed Batch Verfahren 53
Fermentation 44, 53
Fermenter 51
Festphasenassay 96
fetales Kälberserum 129
Fette 12
Fettsäuresynthase 82, 84
Fibronectin 71, 124, 130
Fluoreszenzfarbstoff 111 f., 114
Forward-Primer 109
Fotometer 43, 97
fotometrische Bestimmung 75, 87, 106 f.
Fotosynthese 137
Fructose 14, 83, 88
Fumarase 83, 86

Galactose 14
β-Galactosidase 74, 82, 86, 117
gap junctions 125
Gärung 44, 54 f.
–, alkoholische 55
–, Essigsäuregärung 55
–, Milchsäuregärung 55
Gefrierschutzmittel 132
Geißel 10 f., 26, 36
–, monotrich 36
–, peritrich 36
–, polytrich 36
Gel-Elektrophorese 73, 111, 113
Gelfiltration 72, 76
Gen-Chip 114
Gendiagnostik 114
Generationszeit 25, 29 f., 50
Genetik 101, 104
genetische Information 104
Genexpression 112, 115, 118
Genexpressionsanalyse 114
Genom 101, 104
Gensonde 113 f.
Gentechnik 49, 101, 115, 118
Gentechnikgesetz 46, 118
Gentechnik-Sicherheitsverordnung 119
gentechnisch veränderte Organismen (GVO) 115, 118 f.
Gewebe 121, 123 ff., 136, 138
Gewebekulturen 121
Globuline 71
Glucose 13 ff., 26, 28 f., 51, 56, 81 ff., 87 ff., 129, 131
Glucose-6-phosphat-Dehydrogenase 88
Glucose-6-phosphat-Isomerase 83
Glucose-Oxidase 81
Glutamin 60, 68, 129
Glutaminsäure 56, 61 f.
Glutathion 65, 82 f.
Glutathion-Reduktase 82 f.
Glycerin (Glycerol) 28, 132
Glycin 60 ff., 64 f.
Glykogen 13, 16
Glykokalyx 11, 37
Glykoproteine 11, 71, 93, 97, 130
glykosidische Bindung 15 f., 71, 82
Golgi-Apparat 10
Gramfärbung 36, 40 f.
Grundgewebe 125 f.
Guanidin 78 f.
Guanin 17, 101, 103
Haftkontakte 125
Hämoglobin 59, 71
haploid 104, 121
Hapten 93
Harnstoff 66, 78 ff., 84
Hefen 35, 51, 54
HeLa-Zellen 127, 132
Helicase 83, 107
α-Helix 67
Hemmhof 45 f.
Hemmung 31
–, allosterische 87
–, kompetitive 86 f.
–, nichtkompetitive 86 f.
Hepatocyten 126 f., 130
heterotroph 26 f.
Hexokinase 82, 84, 88
Histidin 61 f.
Histon 71, 122
Holoenzym 80
Hyaluronsäure 124, 130
Hybridisierung 109, 113 f.
Hybridomazellen 93, 134 f.
Hydrolasen 81, 84
hyperthermophil 27
Hyphe 34

Immundiffusion 95
Immunelektrophorese 96
Immunglobuline 59, 70 f., 91 ff., 95
Immunkomplex 95
Immunoassay 96
–, ELISA (Enzyme-linked Immunosorbent Assay) 96
–, RIA (Radioimmunoassay) 96
Immunoblotting 99, 114
Immunogene 93
immunologischer Test 84
immunologisches Testverfahren 95
Immunpräzipitation 95
Immunreaktion 93
Immunsystem 59, 91, 93, 128
Indol 45
Inkubation 29, 39
Inokulum 52
Insulin 59, 66 ff., 101
Interphase 122
Inversmikroskop 19
in vitro 121, 127
Ionenaustauschchromatografie 63
isoelektrische Fokussierung 74 ff., 99
isoelektrischer Punkt 61 f., 70, 74
Isoleucin 60
Isomerasen 81

Kallus 126
Kalluskulturen 138
Kapillar-Blotting 113
Kapillar-Gel-Elektrophorese 112
Kapsel 37
katal 84
Katalase 45, 82 ff., 86
Katalysator 78
Katalyse 59, 78
Keimzahl 42

Keratin 59, 67
Kettenabbruchmethode 111
Kilobasenpaar 103
Kläranlage 57
Klon 116, 134
Klonierung 116f.
KOCHscher Plattenguss 40, 42
Kohlenhydrate 13, 129
Kokken 36
Kollagen 59, 67, 124, 130
Kolonie 29, 39f., 42, 117
kompetente Zellen 116
komplementär 108f., 114
komplementäre Basenpaare 102
Konfluenz 130f.
Konformation 68, 79
Konjugat 93
Kontamination 31, 132
Krebs 123, 127, 134
Kryokonservierung 131
Kryoprotektiva 132

Lactatdehydrogenase 74, 81, 85, 136
Lactose 15, 28f., 44, 55, 81f.
Lambert-Beersches Gesetz 44, 75, 87
Laminin 124, 130
LDH-Test 136
Lecithin 12f.
Lectin 71
Leitgewebe 125f.
Leucin 60, 62, 68
Leukocyten 95
Lichtmikroskop 17f., 121f., 130
Ligasen 81, 84, 116
Lineweaver-Burk-Diagramm 85
Lipide 11f., 71
Lipoproteine 71
lithotroph 26f.
Lowry 75f.
Lyasen 81
Lymphocyten 95, 123, 127
–, B-Lymphocyten 95
–, T-Lymphocyten 95
Lysin 61f., 68, 97
Lysosom 10
Lysozym 22, 70, 74, 82, 86, 105

Makrophagen 95
Maleylacetacetat-Isomerase 83
Maltose 14, 28
Massenproduktion 133
Maßstabsvergrößerung 52, 133
Meristem 126
mesophil 27
Mesosomen 11
Metabolit 51
–, Primärmetabolit 51
–, Sekundärmetabolit 51
Metaphase 122
Methionin 60, 65
Michaelis-Konstante 85f.
Michaelis-Menten-Gleichung 85f.
Microcarrier 134
mikroaerophil 27, 38
Mikroarray 114
Mikroorganismen 25ff., 39f., 46f., 129, 132
Mikroskop 17ff., 130
–, Auflösungsvermögen 19
–, Kontrast 19
–, Vergrößerung 17
Mikrotiterplatten 96
Milchsäure 55
Milchsäurebakterien 38, 44f., 55
Mischkultur 39
Mitochondrien 10f., 80, 124, 136
Mitose 121ff.
molekulare Klonierung 116
Monolayer-Kultur 129, 131
Monosaccharide 13, 71
MTT-Test 136
Murein 11, 16, 36f., 82
Muskelgewebe 124
Mycoplasmen 129, 132f.
Myzel 34, 56

NAD (Nicotinsäureamid-Adenin-Dinucleotid) 80, 83, 87
NADP (Nicotinamid-Adenin-Dinucleotid-Phosphat) 83, 87
Nährmedien 28f., 44, 50, 128f., 131ff., 137
–, für Mikroorganismen 28f.
–, für Zellkulturen 128f., 137
Nekrose 123
Nervengewebe 124
Neutralrot-Test 136
Ninhydrin 63
Nomenklatur 81
Northern Blotting 114
Nucleinsäure 12, 17, 22, 38, 101f., 105
Nucleoproteine 71
Nucleosid 101
Nucleotid 82, 102f., 108
numerische Apertur 19

Oligopeptid 65
Oligosaccharid 82, 92f.
Ölsäure 12
optische Dichte (OD) 43f.
Organismus 9, 121ff., 127
Oxidase (Cytochrom-c-Oxidase) 45, 82
Oxidoreduktasen 81, 87

Palindrom 115
Palmitinsäure 12
Papain 82
Paratop 92ff.
Passage 131
pathogen 31
PCR (Polymerasekettenreaktion) 107ff., 133
Pellet 23, 127
Penicillin 33, 51, 53, 55, 98, 129
Penicillium 33, 35, 55
Pentapeptid 36, 65
Pepsin 59, 70, 79, 82
Peptidbindung 64, 75, 82
Peptidoglykan 36f., 83
Peroxidase 97
pflanzliche Organismen 125, 137
Phasenkontrastverfahren 20, 130
Phenylalanin 60, 62, 65, 75, 83
Phosphoglucose-Isomerase 89
Phospholipide 13
Phosphoproteine 71
phototroph 26f.
Pilze 11, 34, 46f.
Plasmide 10f., 106, 116
Plasmodesmen 126
Plastiden 11
Polyacrylamid 72f.
Polymerisation 73, 109
Polynucleotid 82, 102f., 107
Polypeptid 65ff., 70f., 92
Polypeptidkette 69
Polysaccharide 15, 72, 124
Präparationskit 106
Präzipitation 72, 94
Primärkulturen 127
Primärstruktur 66f.
Primer 108f.
Produktbildung 50
Produktisolierung 54
Prokaryoten 10, 35
prokaryotische Zelle 121
Proliferation 127f., 130
Prolin 60
Prophase 122
prosthetische Gruppe 71, 80
Protease 56
Proteid 71
Proteine 10, 12, 27, 38f., 59, 66ff., 70ff., 75f., 78, 82, 91, 93, 96, 104ff., 113, 122, 125, 129ff., 133
–, fibrilläre 70f.
–, globuläre 70f.
Proteinfaltung 68
Proteoglykan 124
Protoplast 138
psychrophil 27
Puffer 28, 62, 72, 88, 129
Purin 101
Pyrimidin 101
Pyruvat 83
– -Decarboxylase 83
– -Kinase 82

Quartärstruktur 66, 68

Reaktionsgeschwindigkeit 85
Reaktionsspezifität 78
Real-Time-PCR 110
Reinkultur 39
Reiz 36
Reizbarkeit 9
Replikation 83, 107
Restriktionsenzyme (Restriktionsendonucleasen) 83, 115, 117
Restriktionspunkt 122
Retentionsfaktor 63
Reverse-Primer 109
Reverse Transkriptase 113
RGT-Regel 79
RIA (Radioimmunoassay) 96

Ribonuclease 70, 105
Ribose 13, 102
Ribosomen 10f., 33
Rinderserumalbumin 70, 97
Risikogruppe 46
RNA (Ribonucleinsäure) 13, 39, 102, 105f., 113
–, mRNA 112
–, tRNA 112
Rollerflaschen 133

Saccharomyces 29, 35, 47, 54
Saccharose 15
Salmonellen 44
Salzfällung 70, 76
Scale-up 53
Schimmelpilz 34, 132
Schleimkapsel 11
Schleimschicht 37
Schlüssel-Schloss-Prinzip 79
SDS (Natriumdodecylsulfat) 73, 105
SDS-PAGE 69, 73f., 76
Seitenketten 68
Sekundärstruktur 66f.
–, α-Helix 67
–, β-Faltblattstruktur 68
semipermeabel 12, 72, 132
Seneszenz 123
Sequenz 67, 102
–, Aminosäuren im Protein 65, 67
–, Basen in der DNA 111
Sequenzierung 111
Serin 60, 68
Serum 96, 129, 131
Sicherheitsanforderungen 46, 118
Silage 55
Skleroproteine 71
Somatotropin 59
Southern Blotting 113
Spenderorganismen 118
Spezifität
–, Antikörper 94f.
–, Enzyme 78
Sphäroproteine 71
Spinnerflaschen 134
Spore 34
–, Endosporen 37
–, Exosporen 35
Stäbchen 36
Stammzellen 125
Staphylococcus 38, 47
Stärke 15, 78, 82
Stärkesynthase 82
statische Kultur 50, 53
Stearinsäure 12
Sterilisation 31f.
Sterilwerkbank 32
Steroide 13
Steroidhormon 93
Stoffwechsel 9, 26, 38, 44, 51, 54, 128, 131
Streptomyces 33, 55f.
Stützgewebe 124
Subkultivierung 131
Submersverfahren 53, 56
Substrat 51, 78, 96ff.
Substratspezifität 78
Succinat-Dehydrogenase 81
Suspensionskulturen 129, 131, 133

Taq-Polymerase 109
Taxis 26, 36
Teilungsrate 50
Telophase 122
Tertiärstruktur 66, 68f.
Testosteron 93, 98
Thermocycler 109
thermophil 27
Thiobacillus 26, 57
Thioharnstoff 78f.
Threonin 60
Thymin 17, 101f.
tierische Organismen 124
tight junctions 125
Tissue Engineering 136
Titrationskurve 61f.
T-Lymphocyten 95
totipotent 125, 137
toxikologische Testverfahren 135
Transaminase 82
Transferasen 81, 84
Transformation 116
transgene Organismen 115
Transkription 112
Translation 113
Triglycerid 12
Trübungsmessung 43
Trypanblau 131
Trypsin 59, 79, 82, 131
Tryptophan 60, 75
Tubulin 59
Tunnelkontakte 125
Tyrosin 60, 65, 75, 83

Unfallverhütungsvorschriften 46, 119
unit 84
Upstream Processing 53
Uracil 102
Urease 70, 78ff., 84, 86
UV-Absorption 75f.

Vakuole 10f.
Valin 60
Vaterschaftstest 101, 110
Vektoren 116
Verdopplungszeit 50
Verdünnungsausstrich 39
Vermehrung 29, 121, 128
Viren 9, 38f., 46f.

Wachstum 28f., 31, 33, 43, 121f., 127f.
–, Bedingungen 26
–, exponentielles 30, 50
–, Hemmung 31
Wachstumsfaktoren 123, 129, 136
Wachstumskurve 30, 50, 128
Wachstumsrate 50
Wasserstoffbrücken 67f., 93, 102, 109
Wasserstoffperoxid 45, 81f., 84
Wechselzahl 84
Western Blotting (Immunoblotting) 99, 114
Wirkungsspezifität 78

Zählkammer 42, 131
–, Neubauer-Zählkammer 131
–, Thoma-Zählkammer 42
Zellaufschluss 21, 54, 104
–, mechanischer 21, 54
–, nicht-mechanischer 22
Zelle
–, eukaryotische 10
–, prokaryotische 10
Zellfusion 135, 138
Zellkern 10, 34f., 101, 121
Zellkulturen 121, 128, 130, 132
–, pflanzliche 137
–, tierische 126
Zelllinie 127
Zellmasse 50f.
Zellmembran 9f., 21, 54, 105
Zellorganellen 9
Zellpol 122
Zellspreitung 130
Zellteilung 122, 128
Zelltrümmer 104
Zellverbindungen 125, 136
Zellwand 10ff., 16, 21f., 34, 54, 105, 126, 137f.
Zellzahl 42, 50, 131
Zellzyklus 122
Zentrifuge 22f., 130
Zufallsknäuel 68
Zwitterion 59, 62